I0057770

Die
Bayerischen Kartenwerke
in ihren
mathematischen Grundlagen.

Bearbeitet von

Karl Then,
Oberleutnant a. D.,
Topograph im Topographischen Bureau des Kgl. Bayer. Generalstabes.

Mit 48 Abbildungen und 5 Karten.

München und Berlin.
Druck und Verlag von R. Oldenbourg.
1905.

Vorwort.

Die bayerischen Kartenwerke sind nicht nach einem einheitlichen Gesichtspunkte bearbeitet, sondern beruhen hinsichtlich der angenommenen Erdmaße, des Kartenentwurfes und der Blatteinteilung auf drei unter sich verschiedenen Grundlagen.

Hieraus ergeben sich etwas verwickelte gegenseitige Beziehungen der drei Systeme, deren Kenntnis nicht nur für die Bearbeitung, sondern auch für die richtige Beurteilung und den sachgemäßen Gebrauch der Karten von wesentlichster Bedeutung ist.

Was die vermessungswissenschaftliche Literatur über den einschlägigen Stoff bietet, ist an verschiedenen Orten und nach verschiedenen Gesichtspunkten behandelt und entspricht keinesfalls dem vorhandenen Bedürfnisse, das sich überall geltend macht, wo Karten für wichtigere Zwecke gebraucht werden.

Diesem, seit langer Zeit bestehenden Mangel abzuhelfen, war die Aufgabe, welche ich mir, dem ehrenden Auftrage des Direktors des Topographischen Bureaus des Kgl. Bayer. Generalstabes, Herrn Generalmajor Heller, Folge leistend, in der vorliegenden Bearbeitung [1]) gestellt habe.

Was zunächst den Umfang und die Anordnung des Stoffes betrifft, so war hierfür die Rücksicht auf den logischen Zusammenhang des Ganzen und die Lückenlosigkeit der mathematischen Begründungen bestimmend. In formaler Beziehung aber erforderte der oben erwähnte Zweck dieses Buches, vor allem das praktische Bedürfnis im Auge zu behalten. Es wurde daher bei den nötigen mathematischen Ableitungen der Elementarmethode auch in jenen Fällen der Vorzug gegeben, in welchen die Hilfsmittel der Infinitesimalrechnung schneller zum Ziele geführt haben würden, und auf die Erläuterung durch Beispiele aus der Praxis besonderes Gewicht gelegt.

Schließlich darf ich es nicht unterlassen, dem Kgl. Professor an der Technischen Hochschule in München, Herrn Dr. Max Schmidt, welcher die Güte hatte, sich der Mühe der Durchsicht meines Entwurfes zu unterziehen, und welchem ich manchen schätzbaren Wink für die Verbesserung meiner Arbeit verdanke, auch an dieser Stelle den schuldigen Dank zu erstatten.

München, im November 1904.

K. Then.

---

[1]) Das Buch ist auch als „Theoretische und praktische Anleitung für den Dienst in der mathematischen Sektion", München (R. Oldenbourg) 1905, erschienen.

Inhaltsverzeichnis.

II. Teil. Die Messungen.

Bedeutung, Zweck und Aufgabe der Kartenzeichnung.

Karte nennt man einen im verjüngten Maßstab ausgeführten Grundriß der Erdoberfläche. Unter den bildlichen Darstellungen, welche für wissenschaftliche und praktische Zwecke dienen, hat die Abbildung der Erdoberfläche eine hervorragende Bedeutung. Indem sie die Vorstellung der Formen und örtlichen Beziehungen vermittelt, welche die Erdkunde durch wörtliche Beschreibung nicht, oder doch nur unvollkommen darzustellen vermag, kommt der Karte an sich schon eine *wissenschaftliche* Bedeutung zu. In *praktischer* Hinsicht dient sie als wichtiges Hilfsmittel für die verschiedenen Ziele, Aufgaben und Bedürfnisse auf wissenschaftlichem, technischem, militärischem, überhaupt auf jedem Gebiete, welches in irgend einer Beziehung zur Erdoberfläche, dem Gegenstande und Schauplatze der gesamten Kulturtätigkeit, steht.

Wenn nun von jeder bildlichen Darstellung eine um so größere Vollkommenheit gefordert werden muß, je wichtiger der abgebildete Gegenstand ist, so muß auch die Karte, wenn sie dem oben bezeichneten Zwecke entsprechen soll, einem hohen Maße von Anforderungen genügen.

Als solche erscheinen im allgemeinen: *möglichste Treue, Vollständigkeit und Übersichtlichkeit der Darstellung.*

Bei der Abbildung eines so großen Gegenstandes wie der Erdoberfläche oder größerer Teile derselben, beschränken sich aber die obigen Forderungen gegenseitig und lassen sich in der gleichen Karte nicht in gleicher Vollkommenheit erfüllen. Eine möglichst vollständige, sich auf alle wichtigen Einzelheiten erstreckende Darstellung erfordert ein *großes*, hingegen eine möglichst übersichtliche Darstellung ein *kleines* Verjüngungsverhältnis. Nach dem Maße der *Verjüngung*, d. h. dem Verhältnisse der Abbildung zur Natur, nennt man gewöhnlich eine Karte eine *topographische*, wenn sie im mittleren Maßstabe (1 : 10000 bis 1 : 250000) gezeichnet, eine *geographische*, wenn der Maßstab ein kleinerer (z. B. 1 : 500000), und einen *Plan*, wenn der Maßstab ein größerer (z. B. 1 : 5000) ist.

Durch diese etwas willkürliche Einteilung ist aber noch nicht der Begriff festgelegt, der mit den angeführten Bezeichnungen verbunden ist. Eine topographische Karte entsteht weder durch Vergrößerung einer geographischen Karte, noch durch Verkleinerung eines Planes, sondern das eigentliche Unterscheidungsmerkmal bilden die Eigenschaften dieser Karten.

Wir bezeichnen daher als topographische Karte eine solche Darstellung eines Teiles der Erdoberfläche, welche sowohl alle wichtigen Einzelheiten des Geländes nach ihrer Lage und grundrißlichen Gestalt, als auch das landschaftliche Gepräge des dargestellten Gebietes in einem möglichst treuen und übersichtlichen Gesamtbilde veranschaulicht.

Ob die Forderung einer möglichst eingehenden Darstellung oder jene der größeren Übersichtlichkeit als die wichtigere zu erachten ist, das richtet sich nach dem besonderen Zweck der Karte. Dieser kommt daher für die Wahl des geeigneten Verjüngungsverhältnisses zunächst in Betracht.

Aber selbst wenn man einen bestimmten Zweck, z. B. den militärischen, ins Auge faßt, so läßt sich das Verjüngungsverhältnis nicht so bestimmen, daß es für jeden vorkommenden Fall gleich zweckmäßig ist. Viel weniger noch kann die Frage nach dem geeignetsten Verjüngungsverhältnisse der topographischen Karten, die ja vielen und verschiedenartigen Zwecken dienen, allgemein entschieden werden, und es erscheint daher als die beste Lösung dieser Frage, die Karten eines Landes in verschiedenen Maßstäben auszuführen, wie dies z. B. in Bayern geschieht.

Es ist eine notwendige Folge der Entwicklung des geistigen und wirtschaftlichen Lebens, daß das Interesse für gute Karten und der Gebrauch derselben, aber auch die Anforderungen an diese in steter Zunahme begriffen sind. Umgekehrt sind es wieder die Fortschritte auf wissenschaftlichem und technischem Gebiete, welche der Kartographie die Mittel zu einer fortschreitenden Verbesserung der Karten gewähren, was sich leicht erkennen läßt, wenn man die Karten älterer und neuerer Zeit miteinander vergleicht.

Doch sind jene Eigenschaften, die sich unmittelbar aus der Betrachtung der Karte, d. h. aus dem Kartenbilde selbst, entnehmen lassen, für die Beurteilung der Güte und Brauchbarkeit einer Karte ebensowenig allein ausschlaggebend, als sich z. B. der Wert eines literarischen Werkes nur nach seiner typographischen und illustrativen Ausstattung bemessen läßt. Die Herstellung einer guten Karte darf daher nicht als eine mechanische Arbeit angesehen werden, die nur zeichnerische Geschicklichkeit und technische Fertigkeit erfordert, sondern besonders die Spezialkarten größerer Gebiete (topographische Atlanten) bedürfen einer nach wissenschaftlichen Grundsätzen durchgeführten sorgfältigen Bearbeitung, d. h. einer wissenschaftlichen Grundlage, deren

Kenntnis nicht nur für die Herstellung, sondern auch für die richtige Beurteilung und den sachgemäßen Gebrauch der Karte unerläßlich ist.

Von den Anforderungen, welche an jede Karte gestellt werden müssen, ist die wichtigste die Richtigkeit, d. h. die möglichste geometrische Ähnlichkeit der durch die Karte gegebenen Abbildung mit dem dargestellten Teile der Erdoberfläche. Der Erfüllung dieser Forderung stellen sich aber — außer der durch das Verjüngungsverhältnis bedingten Beschränkung — zwei Hindernisse entgegen: die Unmöglichkeit einer geometrisch völlig ähnlichen Abbildung der gekrümmten Erdoberfläche auf der Ebene, sodann die durch verschiedene unvermeidliche und unberechenbare Einflüsse hervorgerufenen Fehler der Messungen.

Um die hierdurch hervorgerufenen Mängel auf das, dem jeweiligen Zwecke einer Karte entsprechende geringste Maß zu beschränken, bedient man sich bei den Messungen, Berechnungen und Darstellungen besonderer Methoden, welche im allgemeinen für jedes Kartenwerk verschieden sein können und deren Wahl und Anwendung für die Brauchbarkeit der Karte von größter Bedeutung ist.

Die einschlägigen praktischen Aufgaben bestehen im wesentlichen:

1. in der geometrischen Bestimmung der Lage aller bemerkenswerten Punkte der natürlichen Erdoberfläche im Rahmen der — auf der mathematischen Erdoberfläche gezogen gedachten — geographischen Netzlinien;
2. in der Darstellung des Grundrisses und der Oberflächengestaltung des Vermessungsgebietes durch die ebene verjüngte Abbildung (Karte).

Wenn die natürliche Erdoberfläche eine einfache mathematische Gestalt besitzen würde, so wäre die Lage eines Punktes auf derselben durch zwei dieser Fläche angehörige Koordinaten bestimmt. Da jedoch die Messungspunkte auf der natürlichen, unregelmäßig gestalteten Erdoberfläche liegen, so hat man dieselben — wenn von der Anwendung allgemeiner Raumkoordinaten abgesehen wird — zunächst auf eine ideelle Erdoberfläche zu projizieren und außer den beiden Koordinaten der projizierten Punkte noch ihre senkrechten Abstände von der Projektionsfläche, d. i. deren Höhenkoten anzugeben.

Hiernach ergibt sich für die Lagebestimmung eines Punktes eine doppelte Aufgabe:

a) Die grundrißliche Festlegung (Horizontalvermessung) in einem bestimmten Koordinatensystem mittels geodätischer oder astronomischer Ortsbestimmung.
b) Die Höhenbestimmung durch geometrisches Nivellement oder trigonometrische Höhenmessung.

Die auf die Vermessung des Königreiches Bayern bezüglichen grundlegenden Arbeiten sind, soweit sie die Lagebestimmung der Hauptpunkte betreffen, in dem Werke: „Die bayerische Landesvermessung in ihrer wissenschaftlichen Grundlage“, herausgegeben mit höchster Genehmigung von der Kgl. Steuer-Kataster-Kommission in Gemeinschaft mit dem topographischen Bureau des Kgl. Generalstabes, München 1873 — und, soweit sie die Höhenbestimmung betreffen, in den beiden Veröffentlichungen der Kgl. B. Kommission für die internationale Erdmessung: „Das Präzisionsnivellement in Bayern rechts des Rheins und der Rheinpfalz“, bearbeitet von Dr. K. Örtel, München 1893 bzw. 1895 — eingehend beschrieben. Wir haben daher die Aufgaben, welche diesen Gebieten angehören, nur soweit zu berücksichtigen, als es der systematische Zusammenhang des Ganzen erfordert. In den engeren Rahmen der vorliegenden Arbeit fallen dagegen alle mathematischen und geodätischen Aufgaben, welche für die Bearbeitung der topographischen Karten grundlegend sind, nämlich:

1. Die Betrachtung der Kartenprojektionen im allgemeinen sowie die den bayerischen Kartenwerken zugrunde liegenden Darstellungsarten, nach ihren Eigenschaften und gegenseitigen Beziehungen, sowie die einschlägigen praktischen Aufgaben.
2. Die Messungs- und Rechnungsoperationen (Horizontal- und Vertikalmessung), welche für die topographischen Aufnahmen und die Kartenzeichnung als Grundlage dienen.

I. Teil.

Die Karten-Projektionen.

Kapitel 1. Die Grundlagen der Landesvermessung.

§ 1. Einfluß der Erdgestalt.

Für die Kartenzeichnung hat die Gestalt und Größe der Erde, je nach der Ausdehnung des darzustellenden Gebietes und dem Zwecke, welchem die Karte dienen soll, verschiedene Bedeutung. Hiernach bestimmt sich, ob man von der Erdkrümmung überhaupt absehen kann, oder ob man die Erde näherungsweise als Kugel betrachten darf, oder ob man ihre wahre sphäroidische Gestalt in aller Strenge berücksichtigen muß.

So kann z. B. bei der Darstellung eines Gebietes, das sich nach keiner Richtung weiter als etwa 100 km erstreckt, für viele Zwecke von der Erdkrümmung ganz abgesehen, d. h. die Erdoberfläche als Ebene angenommen werden, da der Unterschied zwischen den auf der krummen Oberfläche gemessenen Linien und Flächen und ihrer Projektion auf die Ebene hier so gering wird, daß er in der Kartenzeichnung nicht mehr zum Ausdruck kommt. Betrachtet man die Erde als eine Kugel vom Halbmesser $r = \frac{a+b}{2} = 6\,366\,740$ m (§ 4), so ist die auf dem Äquator oder einem Meridian gemessene Länge eines Bogens von 1°:

$$l = \frac{r\pi}{180} = 111\,120{,}6 \text{ m},$$

und die zu diesem Bogen gehörige Sehne:

$$s = 2r \sin 30' = 111\,119{,}2 \text{ m},$$

daher der Unterschied beider nur 1,4 m, welche Größe im Vergleiche zur Länge der ganzen Linie sehr gering und im Verjüngungsverhältnisse der topographischen Karten nicht mehr darstellbar ist.

Anders gestaltet sich aber das Verhältnis, wenn es sich um die Abbildung eines größeren Landstriches handelt. Für zwei Punkte der Erdoberfläche, deren Bogenabstand 5° beträgt, ist die auf der Erdoberfläche gemessene Entfernung, d. i. die Länge des Bogens 555 603,0 m, der geradlinige Abstand, d. i. die Sehne des Bogens, aber 555 426,7 m, daher der Unterschied 176,3 m, ein Betrag, welcher auch für Karten kleineren Maßstabes nicht mehr vernachlässigt werden kann. Mehr noch als die Messung der horizontalen Entfernungen wird die Höhenmessung (§ 46) durch die Erdkrümmung beeinflußt. Die Berücksichtigung letzterer wird hier also stets notwendig, doch genügt für die bis jetzt besprochenen Zwecke meist die Annahme einer kugelförmigen Erdgestalt.

Für eine größere genaue Karte ist aber auch diese Annahme nicht mehr zulässig, besonders dann, wenn auch die geographischen Netzlinien dargestellt werden sollen. Während nämlich auf der Kugel die zu gleichen Zentriwinkeln gehörigen Bögen gleiche Größe haben, sind dieselben für einen nicht kugelförmigen Körper, wie für das Ellipsoid, im allgemeinen von verschiedener Größe (z. B. die Meridianbogenlänge für 1° Breite am Äquator = 110563,8 m, in der Breite von 49° aber = 111206,8 m). Da die Größe der Meridian- und Parallelkreisbögen von der Größe und Gestalt des Erdkörpers abhängig ist, so ist die Kenntnis der Erdmaße für die Herstellung einer richtigen Karte von besonderer Wichtigkeit.

§ 2. Gestalt und Größe der Erde.

Daß die Erde keine vollkommene Kugel, sondern an den Polen abgeplattet, d. h. ein Umdrehungsellipsoid sein müsse, ist eine schon aus ihrer Achsendrehung sich ergebende theoretische Folgerung.

Die Ermittelung der Größe und Abplattung dieses Ellipsoides erfolgt durch die Gradmessungen, durch welche für eine Anzahl in verschiedenen geographischen Lagen ausgewählte Erdbögen die Amplitude (in Winkelmaß) und die Länge durch astronomische bzw. geodätische Messungen (in Längenmaß) aufs genaueste bestimmt wird.

Die bisher ausgeführten Gradmessungen haben die Zunahme der Gradlängen gegen die Pole, d. h. die Abplattung der Erde an den Polen, bestätigt und damit den Beweis geliefert, daß die Gestalt der Erde einem Umdrehungsellipsoide, entstanden durch Drehung der Erde um ihre Achse, sehr nahe kommt. Die ziffermäßigen Ergebnisse der Gradmessungen gehen indessen beträchtlich auseinander, was nicht allein in den unvermeidlichen Messungsfehlern seinen Grund hat, sondern auch auf Abweichungen der Erdfigur von der theoretisch angenommenen ellipsoidischen Gestalt schließen läßt.

Man unterscheidet daher zwischen der rein mathematischen Erdoberfläche, dem Ellipsoid oder Sphäroid, und der ideellen Erdoberfläche, dem Geoid, d. h. jener Erdoberfläche, welche durch den Meeresspiegel teilweise gegeben ist, und welchen man sich durch ein die Kontinente durchziehendes und mit dem Meere verbundenes Kanalnetz vervollständigt denkt.

Für alle kartographischen Zwecke genügt es, die Erde als ein Umdrehungsellipsoid zu betrachten, welches entsteht, wenn sich eine **Ellipse** um ihre kleine Achse dreht. Ein solcher Körper hat die Eigenschaft, daß seine Oberfläche von Ebenen, die senkrecht zur Umdrehungsachse stehen, nach Kreisen, von allen anderen Ebenen aber nach Ellipsen geschnitten wird.

Da sich die späteren Begründungen, welche sich auf den Kartenentwurf beziehen, vorwiegend auf die Eigenschaften der Ellipse stützen, so wird es nicht überflüssig erscheinen, das wichtigste hierüber hier zusammenzufassen.

§ 3. Die Ellipse.

Die Ellipse ist, geometrisch betrachtet, jener Kegelschnitt, welcher entsteht, wenn eine Ebene alle Erzeugenden des Kegels in endlicher Entfernung schneidet. Sie bildet eine in sich geschlossene Kurve, welche durch die beiden Achsen $A_1 A_2$ und $B_1 B_2$ in vier symmetrische Teile zerlegt wird.

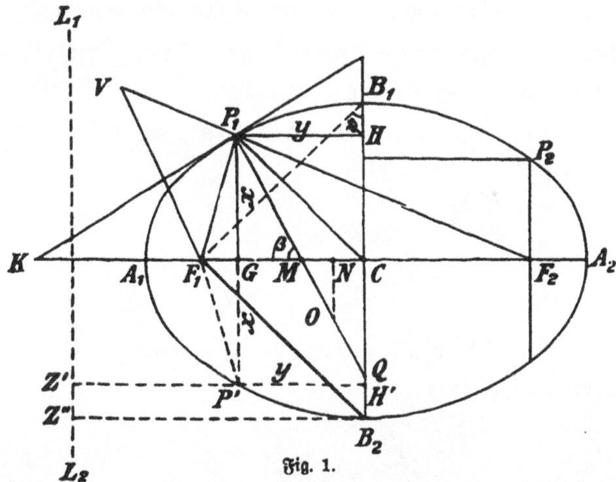

Fig. 1.

Die große Achse $A_1 A_2$ enthält die beiden Brennpunkte F_1 und F_2. Die von diesen nach dem Umfang der Ellipse gezogenen Geraden heißen Brenn- oder Leitstrahlen und besitzen die Eigenschaft, daß die Summe je zweier solcher von einem Punkte P des Umfangs gezogenen Strahlen, z. B. $P_1 F_1 + P_1 F_2$ konstant und gleich der großen Achse $A_1 A_2$ ist.

Bezeichnet man (Fig. 1) mit

a die große Halbachse $A_1 C$
b „ kleine „ $B_1 C$,

so wird (aus $\triangle F_1 B_1 C$) der Abstand eines Brennpunktes F_1 vom Mittelpunkte C

$$F_1 C = \sqrt{a^2 - b^2} = e \quad . \; . \; . \; . \; . \; . \; . \; . \quad 1)$$

die lineare Exzentrizität genannt, während das Verhältnis

$$\frac{e}{a} = \varepsilon = \frac{\sqrt{a^2 - b^2}}{a} = \sin \psi^{1)} \quad . \; . \; . \; . \; . \; . \quad 2)$$

die numerische Exzentrizität heißt. Ferner wird das Verhältnis

$$\frac{b}{a} = \cos \psi$$

als das Achsenverhältnis und

$$\frac{a - b}{a} = \eta = 2 \sin^2 \frac{\psi}{2}$$

als die Abplattung bezeichnet.

Analytisch betrachtet ist die Ellipse der geometrische Ort der Punkte in der Ebene, deren Entfernung von einer festen Geraden $L_1 L_2$ und einem festen Punkte F_1 in dem unveränderlichen Verhältnisse $\frac{e}{a} = \varepsilon$ zueinander stehen, wobei $e < a$, also $\varepsilon < 1$ ist.

Für irgend einen Kurvenpunkt P' ist daher, wenn $P'H' = P_1 H = y$ und $P'G = P_1 G = x$ gesetzt wird:

$$\frac{P'F_1}{P'Z'} = \frac{B_2 F_1}{B_2 Z''} = \frac{a}{y + P'Z'} = \varepsilon,$$

woraus

$$P'Z' = \frac{a}{\varepsilon} - y$$

und

$$\text{I)} \quad P'F_1 = \varepsilon P'Z' = a - \varepsilon y.$$

Da aber (aus Figur)

$$\text{II)} \quad P'F_1^2 = x^2 + (e - y)^2$$

und (nach 2)

$$e = a\varepsilon,$$

so wird aus I) und II)

$$(a - \varepsilon y)^2 = x^2 + (a\varepsilon - y)^2,$$

woraus durch Reduktion dieser Gleichung folgt

$$(a^2 - y^2)(1 - \varepsilon^2) = x^2$$

oder durch Einführung des Wertes $\varepsilon^2 = 1 - \frac{b^2}{a^2}$ (aus 2):

$$a^2 b^2 - y^2 b^2 = a^2 x^2$$

---

[1]) ψ ist hier der Winkel zwischen dem Leitstrahl des Pols und der kleinen Achse.

und mittels Division durch $a^2 b^2$:

$$1 = \frac{y^2}{a^2} + \frac{x^2}{b^2} \quad . \quad . \quad . \quad . \quad . \quad . \quad . \quad . \quad . \quad 3)$$

(Gleichung der Ellipse.)

Aus 3) ergeben sich sofort die Koordinaten (s. § 7) des Punktes P_1 für ein rechtwinkliges System, dessen Anfangspunkt der Mittelpunkt C der Ellipse ist:

$$x = \frac{b}{a} \sqrt{a^2 - y^2} \quad . \quad . \quad . \quad . \quad . \quad . \quad . \quad . \quad . \quad 4)$$

$$y = \frac{a}{b} \sqrt{b^2 - x^2} \quad . \quad . \quad . \quad . \quad . \quad . \quad . \quad . \quad . \quad 5)$$

Wird $y = CF_2 = e$, so wird $x = P_2F_2$, d. i. der Halbparameter der Ellipse, und da (aus 1) $e^2 = a^2 - b^2$, so wird für diesen Fall:

$$P_2F_2 = \frac{b}{a} \sqrt{a^2 - e^2} = \frac{b^2}{a} \quad . \quad . \quad . \quad . \quad . \quad . \quad . \quad . \quad 6)$$

Ist nun $P_1 Q$ die Normale im Punkt P_1 (d. i. die Gerade, welche auf der durch P_1 gelegten Kurventangente senkrecht steht), so schließt diese mit der großen Achse $A_1 A_2$ den Winkel β ein, welcher die geographische Breite von P_1 darstellt. Zieht man nun durch den Brennpunkt F_1 eine Parallele zu $P_1 Q$ bis zum Durchschnitte V mit der durch P_1 und den anderen Brennpunkt F_2 gezogenen Geraden $F_2 V$, so ist

$$\text{I)}\ F_2 V : F_1 F_2 = P_1 V : F_1 M.$$

$$F_2 V = P_1 F_2 + P_1 V = P_1 F_2 + P_1 F_1 = 2a$$

$$\text{II)}\ P_1 V = P_1 F_1 = \sqrt{x^2 + (e - y)^2}.$$

Aus 4) ist aber

$$x^2 = b^2 - \frac{b^2 y^2}{a^2}, \text{ und weil (nach 1) } b^2 = a^2 - e^2,$$

$$x^2 = \frac{a^4 - a^2 e^2 - a^2 y^2 + e^2 y^2}{a^2}.$$

Mit diesem Werte gibt die Gleichung II):

$$P_1 V = \frac{a^2 - ey}{a}.$$

Aus I) erhält man durch Einsetzung der Werte von $F_2 V$, $F_1 F_2$ und $P_1 V$:

$$2a : 2e = \frac{a^2 - ey}{a} : F_1 M, \text{ also:}$$

$$F_1 M = \frac{a^2 e - e^2 y}{a^2} \quad . \quad . \quad . \quad . \quad . \quad . \quad . \quad . \quad . \quad 7)$$

Hieraus ergibt sich für die Subnormale GM:

$GM = F_1 M - F_1 G = F_1 M - (e - y)$, und nach 7) und 1):

$$GM = \frac{a^2 e - e^2 y}{a^2} - e + y = y\left(\frac{a^2 - e^2}{a^2}\right) = y\,\frac{b^2}{a^2} \quad . \quad . \quad . \quad 8)$$

Da aber auch
$$GM = x \cot \beta,$$
so wird aus 8)
$$\frac{y b^2}{a^2} = x \cot \beta, \quad . \quad . \quad . \quad . \quad . \quad . \quad . \quad . \quad . \quad . \quad 9)$$
welche Gleichung mit dem Werte für x aus 4)
$$\frac{yb}{a} = \cot \beta \sqrt{a^2 - y^2}$$
oder
$$b^2 = \frac{a^2 (a^2 - y^2) \cot^2 \beta}{y^2}$$
gibt. Aus der Gleichung 2) ist ferner:
$$b^2 = -a^2 \varepsilon^2 + a^2 = a^2 (1 - \varepsilon^2).$$

Aus der Verbindung dieser Gleichung mit der vorigen folgt:
$$1 - \varepsilon^2 = \frac{(a^2 - y^2) \cot^2 \beta}{y^2};$$
$$y^2 = \frac{a^2 \cot^2 \beta}{1 - \varepsilon^2 + \cot^2 \beta}.$$

Multipliziert man Zähler und Nenner dieses Bruches mit $\sin^2 \beta$, so erhält man:
$$y^2 = \frac{a^2 \cos^2 \beta}{\sin^2 \beta + \cos^2 \beta - \varepsilon^2 \sin^2 \beta}$$
oder
$$y = \frac{a \cos \beta}{\sqrt{1 - \varepsilon^2 \sin^2 \beta}} \quad . \quad . \quad . \quad . \quad . \quad . \quad . \quad . \quad . \quad 10)$$

(Halbmesser des Parallelkreises in der Breite β.)

Mittels dieser Gleichung erhält man für die Strecke der Normalen $P_1 Q = \varrho_{(\beta)}$:
$$\varrho_{(\beta)} = \frac{y}{\cos \beta} = \frac{a}{\sqrt{1 - \varepsilon^2 \sin^2 \beta}}.^{1)} \quad . \quad . \quad . \quad . \quad 11)$$

Dieses von der Kurve und der kleinen Achse begrenzte Stück der Normalen ist der **Krümmungshalbmesser des Normalschnittes** in der Breite β, welcher auch als **Querkrümmungshalbmesser** bezeichnet wird.

---

[1]) Für die numerische Berechnung setzen wir:
$$\varepsilon \sin \beta = \sin \omega,$$
woraus
$$\sqrt{1 - \varepsilon^2 \sin^2 \beta} = \cos \omega$$
und
$$\varrho_{(\beta)} = a \sec \omega.$$

Im allgemeinen gelangt man zu dem Begriffe des Krümmungshalbmessers auf folgende Weise:

Sind $x_1 y_1$, xy und $x_2 y_2$ beliebige Punkte einer Kurve, so läßt sich durch dieselben stets ein Kreisbogen legen, dessen Mittelpunkt der Schnittpunkt zweier Senkrechten ist, welche auf der Mitte der je zwei Kurvenpunkte verbindenden Geraden errichtet sind. Rücken nun die beiden äußeren Kurvenpunkte immer näher nach dem mittleren, bis sie schließlich mit diesem zusammenfallen, so geht der durch sie gelegte Kreis in den Krümmungskreis über, dessen Umfang sich unter allen, die Kurve in diesem Punkte berührenden Kreisen am innigsten derselben anschmiegt. Der Halbmesser dieses Kreises wird der Krümmungshalbmesser, der Mittelpunkt desselben der Krümmungsmittelpunkt genannt.

Der Krümmungsmittelpunkt ist demnach der Durchschnitt der Normalen zweier unendlich nahen Kurvenpunkte $x_1 y_1$ und $x_2 y_2$.

Ist nun β_1 die geographische Breite des Punktes $x_1 y_1$, so hat man aus 9):

$$\frac{y_1 b^2}{x_1 a^2} = \cot \beta_1$$

oder:

$$\frac{a^2 x_1}{b^2 y_1} = \operatorname{tg} \beta_1 \quad \ldots \ldots \ldots \ldots \quad 12)$$

Ebenso erhält man für einen zweiten Ellipsenpunkt $x_2 y_2$, dessen Breite β_2 ist:

$$\frac{a^2 x_2}{b^2 y_2} = \operatorname{tg} \beta_2 \quad \ldots \ldots \ldots \ldots \quad 13)$$

Sind die Koordinaten des Krümmungsmittelpunktes O:

$$ON = x'$$
$$CN = y',$$

so folgt aus der Ähnlichkeit der Dreiecke (z. B. $\triangle MGP_1 \sim \triangle MNO$):

$$\left.\begin{aligned} \operatorname{tg} \beta_1 &= \frac{x' - x_1}{y' - y_1} \\ \operatorname{tg} \beta_2 &= \frac{x' - x_2}{y' - y_2} \end{aligned}\right| \quad \ldots \ldots \ldots \quad 14)$$

Wenn nun die Punkte $x_1 y_1$ und $x_2 y_2$ gegeneinander rücken, bis sie mit dem Punkte P_1 zusammenfallen, so wird auch $\beta_1 = \beta_2$, und man erhält aus der Verbindung der Gleichungen 12, 13 und 14, nach Elimination von x' und Einführung des Wertes $\varepsilon^2 = 1 - \frac{b^2}{a^2}$ (aus 2):

$$y' = \frac{\varepsilon^2 y_1 y_2 (x_1 - x_2)}{x_1 y_2 - x_2 y_1} \quad \ldots \ldots \ldots \quad 15)$$

Um diese Gleichung geometrisch zu deuten, hat man sich zu vergegenwärtigen, daß für die Koordinaten dreier beliebiger in einer Geraden liegenden Punkte XY, $x_1 y_1$ und $x_2 y_2$ das aus der Ähnlichkeit der Dreiecke leicht abzuleitende Verhältnis besteht:

$$\frac{Y - y_1}{X - x_1} = \frac{y_1 - y_2}{x_1 - x_2},$$

welche Gleichung für den besonderen Fall $X = O$, also Y in der Ordinatenachse, die Form

$$Y = \frac{x_1 y_2 - x_2 y_1}{x_1 - x_2} \quad \text{. . . . . 16)}$$

annimmt, wo also Y die Ordinate des Schnittpunktes einer durch $x_1 y_1$ und $x_2 y_2$ gehenden Geraden mit der Ordinatenachse bezeichnet.

Diese Ordinate Y, für unseren Fall CK, ist aber (aus Fig.):

$$CK = CG + GK = y_1 + x_1 \operatorname{tg} \beta_1$$

oder, mit Einsetzung des Wertes für $\operatorname{tg} \beta_1$ aus 12):

$$CK = \frac{a^2 x_1^2 + b^2 y_1^2}{b^2 y_1} \quad \text{. . . . . 17)}$$

Mittels der Gleichung 3) erhält man hieraus:

$$Y = CK = \frac{a^2}{y_1} \quad \text{. . . . . 18)}$$

Kehren wir nun zur Gleichung 15) zurück, so erhalten wir zunächst durch Einführung von Y aus 16):

$$y' = \frac{\varepsilon^2 y_1 y_2}{Y}$$

und mit dem Werte von Y aus 18)

$$y' = \frac{\varepsilon^2 y_1^2 y_2}{a^2}.$$

Für den Fall der Koinzidenz von y_1 und y_2 wird $y_1 = y_2 = y$, daher

$$y' = \frac{\varepsilon^2 y^3}{a^2} \quad \text{. . . . . 19)}$$

Nun ist der Krümmungshalbmesser $P_1 O$ der Meridianellipse im Punkte P_1 (nach Fig. 1):

$$P_1 O = r_{(\beta)} = \frac{CG - CN}{\cos \beta} = \frac{y - y'}{\cos \beta}.$$

Setzt man hier die Werte für y aus 10) und für y' aus 19) ein, so folgt

$$r_{(\beta)} = \frac{1}{\cos\beta}\left(\frac{a\cos\beta}{\sqrt{1-\varepsilon^2\sin^2\beta}} - \frac{a^3\varepsilon^3\cos^3\beta}{a^2\sqrt{(1-\varepsilon^2\sin^2\beta)^3}}\right)$$

$$= \frac{a\,(1-\varepsilon^2\sin^2\beta-\varepsilon^2\cos^2\beta)}{\sqrt{(1-\varepsilon^2\sin^2\beta)^3}}$$

und schließlich (da $\sin^2\beta + \cos^2\beta = 1$):

$$r_{(\beta)} = \frac{a\,(1-\varepsilon^2)}{(1-\varepsilon^2\sin^2\beta)^{3/2}}\,^{1)} \quad . \; . \; . \; . \; . \; . \; . \quad 20)$$

(Krümmungshalbmesser des Meridians.)

Aus den Gleichungen für r und ϱ (20 und 11) findet man, indem man $\beta = 0^0$ und $\beta = 90^0$, sowie aus 2) den Wert für $1 - \varepsilon^2 = \frac{b^2}{a^2}$ einführt, daß für den Äquator beide ihren kleinsten Wert

$$\varrho_{(0)} = a \quad \text{und} \quad r_{(0)} = \frac{b^2}{a}$$

und für den Pol ihren größten Wert

$$\varrho_{(90)} = r_{(90)} = \frac{a^2}{b}$$

erreichen, sowie daß für die gleiche Breite stets $r < \varrho$ ist.

Es ist nun noch die Größe des elliptischen Bogens zwischen zwei gegebenen Breiten β_1 und β_2 zu bestimmen. Dies ist im allgemeinen eine Aufgabe der Integral-Rechnung. Da aber der Wert von ε sehr klein und daher der Unterschied des elliptischen und des Kreisbogens nicht sehr bedeutend ist, so können Meridianbögen von nicht allzu großer Ausdehnung als Kreisbögen berechnet werden, welche mit dem der Mitte des Bogens entsprechenden Krümmungshalbmesser $r_{(m)}$ beschrieben sind.

Demnach ist der Meridianbogen zwischen den Breiten β_1 und β_2:

$$B_{(\beta_1-\beta_2)} = \frac{r_{(m)}\pi\,(\beta_1-\beta_2)}{180\cdot 60\cdot 60} = r_{(m)}\,(\beta_1-\beta_2)''\sin 1'' \quad . \; . \quad 21)$$

worin β_1 und β_2 in Sekunden auszudrücken, und $r_{(m)}$ der Krümmungshalbmesser für die Breite $\frac{1}{2}(\beta_1+\beta_2) = m$ ist.

B ist hier positiv, wenn $\beta_1 > \beta_2$, und negativ, wenn $\beta_1 < \beta_2$ ist.

---

[1]) Für die numerische Berechnung ist, wenn wieder $\varepsilon\sin\beta = \sin\omega$ gesetzt wird, und weil $1-\varepsilon^2 = \cos^2\psi$ ist:

$$r_{(\beta)} = a\cos^2\psi\sec^3\omega.$$

Da die Größen ϱ, r und B für geodätische Berechnungen sehr häufig gebraucht werden, so hat man Tabellen zusammengestellt, aus welchen dieselben für eine beliebige Breite (oder umgekehrt) durch einfache Interpolation entnommen werden können (vgl. Tabelle 1 am Schlusse des § 26).

§ 4. Die Erdmaße in den bayerischen Kartenwerken.

Für die bayerischen Karten kommen zwei verschiedene Annahmen der Erdmaße in Betracht:

1. Der topographische Atlas in 1 : 50000 und die 25000teilige Karte wurden zu einer Zeit begonnen, wo als verlässige Gradmessungen nur die peruanische, die lappländische und die französische auf dem Pariser Meridian zu Gebote standen.

Diese ergaben:

$$\text{Meridian-Quadrant} = 10\,000\,000 \text{ m},$$

$$\text{Abplattung } \eta = \frac{a - b}{a} = \frac{1}{306}.$$ [1]

Hieraus wurde berechnet:

große Achse $a = 6\,376\,614{,}7$ m; $\log a = 6{,}804\,5902$;
kleine Achse $b = 6\,355\,776{,}5$ m; $\log b = 6{,}803\,1686$;
numerische Exzentrizität $\varepsilon = 0{,}0807792$; $\log \varepsilon = 8{,}907\,2992 - 10$.

2. Der Reichskarte in 1 : 100000 sind dagegen die Maße zugrunde gelegt, welche Bessel (1841) aus den damals vorliegenden zehn besten Gradmessungen berechnete, nämlich:

$$\text{Meridian-Quadrant} = 10\,000\,856,$$

$$\text{Abplattung } \eta = \frac{1}{299{,}1528},$$

woraus berechnet wurde

$$a = 6\,377\,397 \text{ m}; \quad \log a = 6{,}804\,6435;$$
$$b = 6\,356\,079 \text{ m}; \quad \log b = 6{,}803\,1893;$$
$$\varepsilon = 0{,}081\,697; \quad \log \varepsilon = 8{,}912\,2052 - 10.$$

[1] Eine völlig übereinstimmende Annahme der Erdmaße für beide Kartenwerke besteht indes nicht. Für die topographische Karte in 1 : 25000 ist zwar das Achsenverhältnis 305 : 306 angenommen, der Abplattungskoeffizient aber mit $\frac{1}{305}$ in die Berechnungen eingeführt, wie ihn Laplace aus der Theorie der Mondbewegung bestimmt hat Mit diesem Koeffizienten ergibt sich $\log a = 6{,}8045948$ und $\log \varepsilon = 8{,}90799 - 10$.

Es verdient erwähnt zu werden, daß weder die ersteren, gewöhnlich als die Soldnerschen bezeichneten, noch die Besselschen Maße auf absolute Richtigkeit Anspruch machen können. Schon aus den Widersprüchen der von Bessel benutzten Ergebnisse der Gradmessung läßt sich auf eine Unsicherheit der berechneten Werte für die beiden Achsen um einige hundert Meter schließen. Neuere Bestimmungen haben auch abweichende Ergebnisse geliefert, und die hierauf bezüglichen Arbeiten sind noch nicht abgeschlossen.

Doch darf mit einiger Wahrscheinlichkeit angenommen werden, daß die von Bessel berechneten Werte des Quadranten und der Abplattung zu klein sind[1])

Aus der Vergleichung obiger Zahlen ergibt sich, daß die Soldnersche Erdfigur kleiner als die Besselsche ist, und sich mehr der Kugel nähert als letztere.

§ 5. Geographische Begriffe.

Betrachtet man den Erdkörper. als ein Umdrehungs-Ellipsoid, so ist die Erdachse die Umdrehungs- (kleine) Achse, und der Durchmesser des Äquators die große Achse desselben. Die Meridiane sind Ellipsen, deren Ebenen die kleine Achse enthalten, die Parallelkreise sind Kreise, deren Ebenen von der Erdachse senkrecht geschnitten werden.

Die geographische Breite eines Punktes P ist der Neigungswinkel der Normalen dieses Punktes gegen die Ebene des Äquators. Während auf der Kugel alle Breitegrade einander gleich sind, wachsen dieselben auf dem Ellipsoid gegen die Pole hin, weil mit der Zunahme des Krümmungshalbmessers sich der Bogen, der einem bestimmten Winkel entspricht, vergrößert.

Unter der geographischen Länge des Punktes P versteht man den Neigungswinkel der durch P gehenden Meridianebene mit der Ebene desjenigen Meridians, welcher als Ausgangs- (Null-) Meridian angenommen wurde. Man zählt, von ihm ausgehend, westliche und östliche Längen. Durch die geographische Breite und Länge (geographische Koordinaten) ist die Lage des Punktes P auf der Erdoberfläche unzweideutig bestimmt.

---

[1]) Nach dem der 14. Allgemeinen Konferenz der Internationalen Erdmessung in Kopenhagen im August 1903 erstatteten Berichte des Zentralbureaus beträgt unter Annahme der Abplattung 1 : 298,3 nach Maßgabe der Pendelmessungen der Wert der großen Halbachse der Meridianellipse sehr nahe 6378000 m.

Für den topographischen Atlas in 1 : 50000 ist der Meridian der früheren Münchner Sternwarte als Nullmeridian angenommen, deren geographische Koordinaten nach den Soldnerschen Annahmen:

$$\varphi = 48^0\,07'\,33''$$
$$\lambda_{(0)} = 0^0\,0'\,0'' = 29^0\,15'\,56'' \text{ ab Ferro}^{1)}$$

sind. Nach den neueren Bestimmungen und für Besselsche Maße ist die Lage dieses Punktes:

$$\varphi' = 48^0\,07'\,35''$$
$$\lambda'_{(0)} = 29^0\,16'\,09'' \text{ (ab Ferro).}$$

Da die Randlinien der Reichskarte, wie auch die Gradlinien der 25000teiligen Karte auf das Besselsche Ellipsoid und den Meridian von Ferro bezogen sind, so besteht zwischen den geographischen Koordinaten β', λ' eines Punktes in den letztgenannten Karten und β, λ im 50000teiligen topographischen Atlas die annähernde[2]) Beziehung:

$$\beta' = \beta + 2''$$
$$\lambda' = \pm\lambda + 29^0\,16'\,09''$$

oder

$$\lambda' = [\pm\lambda + 29^0\,15'\,56''] + 13''.$$

§ 6. Geodätische Begriffe.

Durch seine geographische Koordinaten (§ 5.) ist die Lage eines Punktes P_1 (Fig. 2) auf der Erdoberfläche mittels seiner, in Gradmaß ausgedrückten Abstände von einem bestimmten, als Ausgangspunkt angenommenen Punkte (Schnitt des Äquators mit dem Nullmeridian) gegeben.

Nun kann aber auch jeder beliebige (etwa durch seine geographischen Koordinaten) bestimmte Punkt M als Ausgangspunkt für die Festlegung eines anderen Punktes P_1 dienen, wenn die Entfernung MP_1 und die Richtung dieser Linie in Beziehung auf eine beliebig aber fest angenommene Richtung, z. B. MN bekannt ist.

---

[1]) Durch die kleinste der Kanarischen Inseln Ferro (Hierro) ließ Ludwig XIII. von Frankreich (1634), als durch den vermeintlich westlichsten Punkt der Alten Welt den ersten Meridian legen. Gegenwärtig ist die Lage dieses Meridians bestimmt durch seinen westlichen Abstand von 20° vom Pariser Meridian.

[2]) D. h. wenn vorläufig nur die konstante Verschiebung des Gradnetzes, aber nicht die mit dem Werte von $\beta'\lambda'$ veränderlichen, durch die verschiedene Annahme der Erdfigur und Orientierung entstehenden Unterschiede (vgl. § 41) berücksichtigt werden.

Diese geodätische Ortsbestimmung erfordert also im wesentlichen die Messung von Linien und Winkeln.

Nimmt man zunächst eine kugelförmige Erdfigur an, so stellen sowohl die — vorläufig beliebig angenommene — Ausgangslinie MN als auch die Entfernung MP_1 des Punktes P_1 von M Bögen größter Kreise[1]) dar.

Der von den Ebenen dieser Kreise eingeschlossene Winkel NMP_1 wird als der Richtungswinkel der Linie MP_1 bezeichnet. Für geodätische Zwecke ist es vorteilhaft, die Richtungswinkel auf bereits gegebene Netzlinien der Erdoberfläche zu beziehen. Als solche erscheinen der durch M gehende geographische Meridian und der auf diesem Meridian senkrechte, durch M gehende Großkreisbogen.

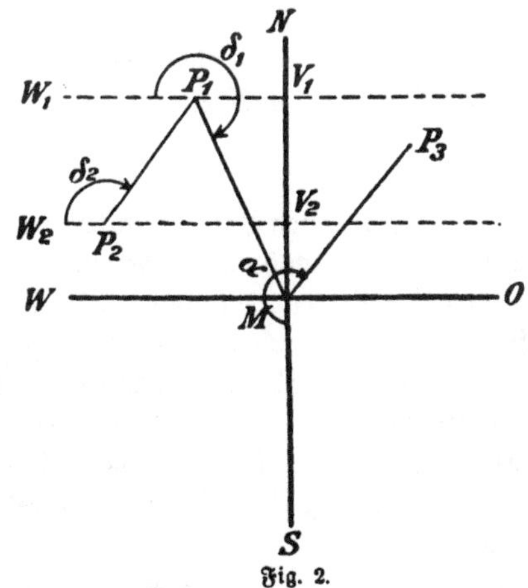

Fig. 2.

a) Betrachtet man SN als den Meridian des Ausgangspunktes M, und ist P_1 ein beliebiger Punkt der Erdoberfläche, so heißt der von der Meridianebene mit der Ebene des Großkreisbogens MP_1 eingeschlossene Winkel NMP_1 das Azimut der Linie MP_1 in M. Gezählt wird dasselbe gewöhnlich von der Südseite des Meridians über West, so daß z. B. das Azimut der Linie MP_3 der konvexe Winkel $\alpha = SMP_3$ ist.

b) Wählt man als Ausgangslinie den durch den Punkt M gelegten, auf den Meridian SN senkrechten Großkreisbogen („Perpendikel") WO, so wird der von West über Nord gezählte Winkel WMP_1 der Direktionswinkel der Seite MP_1 (im Punkte M), und der konvexe Winkel $\delta_1 = W_1 P_1 M$ der Direktionswinkel der Seite $P_1 M$ (im Punkte P_1) genannt. Bezeichnen ferner $W_1 V_1$ und $W_2 V_2$ die durch die Punkte P_1 und P_2 gehenden Perpendikel, so ist der Direktionswinkel der Linie $P_1 P_2$ der konvexe Winkel $W_1 P_1 P_2$ (in P_1) und für $P_2 P_1$ (in P_2) der stumpfe Winkel $\delta_2 = W_2 P_2 P_1$.

Liegen die Punkte M und P nicht auf der Kugel, sondern auf dem Ellipsoid, so läßt sich im allgemeinen durch ihre Normalen keine gemeinsame Ebene legen, weil diese sich nicht schneiden. Demnach kann auch die

[1]) Der durch zwei Punkte der Kugelfläche gehende größte Kreis ist jener, dessen Ebene die Kugelhalbmesser beider Punkte enthält.

kürzeste Verbindungslinie nicht in einer Ebene liegen, bzw. eine ebene Kurve sein, sondern sie wird eine Kurve von doppelter Krümmung (geodätische Linie).

Da diese aber nur sehr wenig von dem elliptischen Bogen verschieden ist, nach welchem die durch die Normale des einen Punktes und den anderen Punkt gelegte Ebene die Oberfläche schneidet, so kann für alle praktischen Zwecke dieser Bogen als die Linie der kürzesten Entfernung betrachtet werden.

Bezeichnet α das Azimut des Vertikalschnittes, ϱ den Meridian- und r den Querkrümmungshalbmesser, so ist der Krümmungshalbmesser V des Vertikalschnittes (nach einem Satz von Euler) durch die Gleichung gegeben:

$$\frac{1}{V} = \frac{\sin^2\alpha}{r} + \frac{\cos^2\alpha}{\varrho}.$$

Wie die von zwei Punkten begrenzte Seite, so wird auch das Azimut und der Direktionswinkel derselben nicht durch Kreisbögen, sondern durch geodätische Linien bestimmt. Der sich hieraus ergebende Unterschied ist aber so gering, daß derselbe für praktische Zwecke bedeutungslos wird

Ebenso sind die Änderungen der Beziehungen zwischen Azimut und Direktionswinkel und zwischen den beiden Direktionswinkeln einer Seite, welche durch die sphäroidische Erdgestalt verursacht sind, nur sehr gering und erreichen z. B. für die Ausdehnung Bayerns noch nicht den Wert von 1″.[1])

§ 7. Koordinatensysteme.

Ein Koordinatensystem entsteht im allgemeinen, wenn die Lage von Punkten durch deren Abstand von zwei beliebig, aber fest angenommenen, sich schneidenden Linien bestimmt wird.

Für die Festlegung von Punkten der Erdoberfläche kommen drei Arten von Koordinatensystemen zur Anwendung:

1. Das System der geographischen Koordinaten (§ 5).
2. Das System der Polarkoordinaten; hier wird die Lage eines Punktes in Beziehung auf einen gegebenen Punkt durch seine Entfernung und die Richtung (z. B. Azimut) festgelegt (§ 6).

---

[1]) Wenn δ_1 Direktionswinkel, α Azimut, e Entfernung, so ist:

$$\delta_1 + 90 = \alpha + \frac{\varepsilon^2 \cos^2\beta}{2a^2 \sin 1''}(x_2 - x_1)(y_1 - y_2)$$

und

$$\delta_2 = \delta_1 + 180 + \frac{\Delta x}{\varrho \sin 1''}\left(y_1 + \frac{\Delta y}{2}\right),$$

worin

$$\Delta x = e \sin \delta_1$$
$$\Delta y = e \cos \delta_1$$
y = Bogenmaß (vgl. § 32).

3. Das System der sphärischen Orthogonalkoordinaten, welches wir hier näher betrachten wollen. Ein solches System entsteht aus jenem der geographischen Koordinaten, wenn man die in Gradmaß gegebenen Winkelgrößen β, λ durch die zu diesen Winkeln gehörigen, im Längenmaß ausgedrückten Großkreisbögen ersetzt. Hierbei ist es keineswegs notwendig, daß die beiden Ausgangslinien der geographische Äquator und ein Meridian seien, sondern dieselben können — eine kugelförmige Erdfigur vorausgesetzt — zwei ganz beliebige, zueinander senkrechte Großkreisbögen sein.

Ein solches, für die Landesvermessung höchst zweckmäßiges System wurde durch Soldner (1810) in Bayern angewendet und daher als das Soldnersche System bezeichnet. Die näheren Angaben über die Einrichtung und Eigenschaften desselben sind in Kap. 6 enthalten. Hier sind nur noch einige allgemeine Begriffe und Bezeichnungen zu erläutern (Fig. 3).

Ist M der gegebene Ausgangspunkt und sind NS, WO die beiden durch denselben gelegten, zueinander senkrechten Großkreisbögen, so wird die Lage eines anderen Punktes P_1 bestimmt, wenn sein Abstand $B_1P_1 = y$ von NS und die auf NS abgeschnittene Strecke $B_1M = x$, und außerdem bekannt ist, in welchem der vier durch NS und WO gebildeten Quadranten (Regionen) der Punkt P_1 liegt.

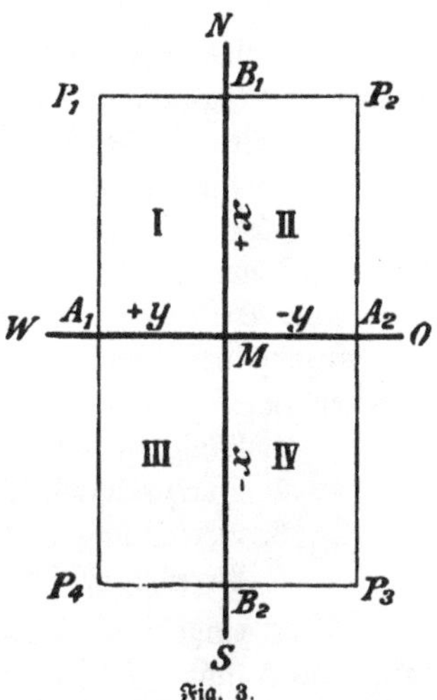

Fig. 3.

Die beiden Linien NS und WO heißen die Achsen, ihr Durchschnitt M der Anfangs- (Null-) Punkt oder Ursprung des Koordinatensystems. Die Linie P_1A_1 heißt die Abszisse, die Linie P_1B_1 die Ordinate, beide zusammen die Koordinaten des Punktes P_1. Analog bezeichnet man NS als Abszissen- und WO als Ordinaten-Achse.

Da es in jedem der vier Quadranten je einen Punkt gibt, dem die Koordinaten von der Größe x, y zukommen, so ist es zur eindeutigen Bestimmung der Lage des Punktes P_1 noch nötig, eine Unterscheidung einzuführen, durch welche ersichtlich wird, in welchem Quadranten der Punkt liegt. Dieses geschieht durch Bezeichnung der Richtung der Koordinatenachsen mittels der Vorzeichen + und —, und zwar gilt für die bayerische Vermessung das + Zeichen für die Nord- und Westrichtung, das — Zeichen für die Süd- und Ostrichtung.

Setzt man $A_1P_1 = A_2P_2 = \ldots \pm AP$ und $B_1P_1 = B, P_2 = \ldots \pm BP$, so hat man für die Lage eines Punktes:

$$\text{im I. Quadranten} \begin{cases} x = + AP \\ y = + BP \end{cases}$$

$$\text{II. „} \begin{cases} x = + AP \\ y = - BP \end{cases}$$

$$\text{III. „} \begin{cases} x = - AP \\ y = - BP \end{cases}$$

$$\text{IV. „} \begin{cases} x = - AP \\ y = + BP. \end{cases}$$

Bei geringer Entfernung des Punktes P vom Anfangspunkte M werden auch die Koordinaten so klein, daß dieselben als gerade, mit den Achsen in einer Ebene liegende Linien angesehen werden dürfen. In diesem Falle verwandelt sich das oben beschriebene sphärische System in das ebene rechtwinklige Koordinatensystem.

§ 8. Haupttriangulierung.

Die Gesamtheit aller Arbeiten, welche für die Bestimmung der Koordinaten der Hauptpunkte einer Landesvermessung notwendig sind, faßt man unter dem Begriffe der Haupttriangulierung zusammen. Wie schon der Name sagt, besteht diese im wesentlichen in der Bestimmung der Seiten und Winkel von Dreiecken. Da ein Dreieck durch drei Stücke, worunter mindestens eine Seite, bestimmt ist, so erfordert die vorliegende Aufgabe die Messung wenigstens einer Dreieckseite (Grundlinie) sowie einer, dem Dreiecknetze entsprechenden Anzahl von Horizontalwinkeln. Demnach gliedern sich die einzelnen Arbeiten in:

1. Messung der Grundlinie;
2. Horizontalwinkelmessung;
3. Berechnung der Dreieckseiten und Ausgleichung des Netzes;
4. Berechnung der Koordinaten der Dreieckpunkte.

Eine eingehende Behandlung dieser Aufgaben der Landesvermessung gehört, aus schon früher angegebenen Gründen, nicht in den Rahmen der vorliegenden Arbeit. Für den von uns verfolgten Zweck wird eine ganz allgemeine Betrachtung derselben genügen.[1])

[1]) Näheres hierüber und insbesondere über die bayerische trigonometrische Vermessung s. Dr. H. J. Franke, „Grundlehren der trigonometrischen Vermessung", Leipzig (Teubner) 1879.

1. **Messung der Grundlinie.** Unter Grundlinie versteht man die auf die Meeresfläche projizierte Entfernung zweier Punkte, welche für die Berechnung der übrigen Entfernungen der Dreieckpunkte die Grundlage bildet. Ihre Bestimmung erfolgt mit besonderen Meßwerkzeugen (Basismeßapparat) mit der größten Sorgfalt und unter Berücksichtigung der durch Temperatur &c. bewirkten Änderungen der Meßstangen. Die Endpunkte werden genau bezeichnet und dauerhaft versichert. Die gemessene Grundlinie b (Fig. 4) stellt sich nunmehr (bei Annahme der Erde als Kugel) als ein Kreisbogen vom Halbmesser $r_1 = r + h$ dar, wenn h die **mittlere** absolute Höhe der Endpunkte der Grundlinie und r der Radius der von der Meeresoberfläche begrenzten Kugel ist. Um die Triangulierungen, die von verschiedenen Grundlinien ausgehen, direkt miteinander verbinden zu können, ist es nötig, dieselben auf ein bestimmtes Niveau, am geeignetsten das des Meeresspiegels, zu reduzieren. Man hat dann, wenn x den Reduktionswert bedeutet (Fig. 4):

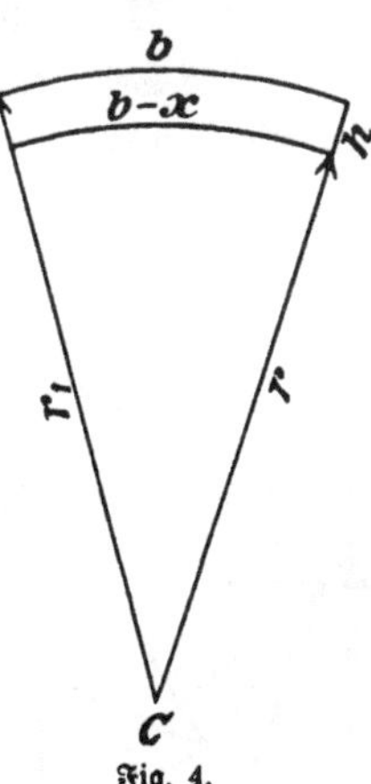

Fig. 4.

$$\frac{b - x}{b} = \frac{r_1 - h}{r_1} \text{ oder } 1 - \frac{x}{b} = 1 - \frac{h}{r_1}, \text{ woraus } x = \frac{bh}{r_1}$$

oder, hinreichend genau $x = \frac{bh}{r}$ wird.

2. **Die Winkelmessung.** Ist (Fig. 5) AB die gemessene Grundlinie, und stellen C, D, E, F, G die zu bestimmenden Netzpunkte vor, welche, sofern sie nicht schon in der Natur bezeichnet sind (wie Türme, Schornsteine &c.), durch Signale (Stangen, Gerüste &c.) bezeichnet werden, so können diese Punkte aus der einzigen Grundlinie lediglich durch Winkelmessung[1]) bestimmt werden.

Werden in A und B die der Seite AB anliegenden Winkel CAB und CBA gemessen, so können aus diesen, sowie der direkt gemessenen Grundlinie AB die beiden Seiten AC und BC mittels Rechnung gefunden werden.

---

[1]) Die Messung der Winkel erfolgt mittels eines Theodoliten, welcher mit einem stark vergrößernden Fernrohr und großem Horizontalkreise versehen ist, in beiden Lagen des Fernrohrs und mit mehrfacher Wiederholung. Die erhaltenen Mittelwerte werden auf die Summe der um einen Punkt liegenden Winkel = 360° ausgeglichen (Horizontalabschluß).

Aus den Seiten AC und BC kann nun in gleicher Weise durch Messung der anliegenden Winkel DAC und ACD bzw. DCB und CBD die Seite CD doppelt bestimmt werden.

Die Seite CD und die in C und D gemessenen Winkel dienen sodann zur Berechnung von CE, DE, CF, DF usw.

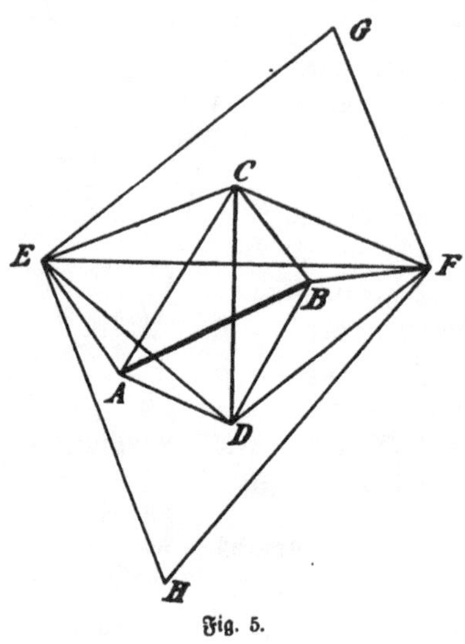

Fig. 5.

Auf diese Weise entsteht das Dreiecknetz I. Ordnung; werden in dieses wieder Punkte eingeschaltet, so erhält man das Netz II. Ordnung, und durch dessen weitere Verdichtung das Netz III., IV. Ordnung usw.

Bei der Berechnung der Dreiecke I. Ordnung, sowie auch der größeren II. Ordnung muß auf deren Eigenschaft als geodätische Dreiecke Rücksicht genommen werden. Dieser Forderung wird (nach Legendre) dadurch genügt, daß man sich an jenen Teil der sphäroidischen Erdoberfläche, welche das betreffende Dreieck (bzw. ein nicht allzu ausgedehntes Dreiecknetz) enthält, eine Berührungskugel gelegt denkt, auf welche die Dreieckpunkte durch ihre Lotlinien projiziert werden. Hiermit werden die geodätischen Dreiecke auf sphärische zurückgeführt und können als solche berechnet werden.

3. Die Notwendigkeit der Ausgleichung ersieht man aus nachstehender Betrachtung:

Die Strecken AC, BC, CD .... werden aus den verschiedenen Dreieckverbindungen des Netzes nicht nur einfach, sondern mehrfach erhalten, wie z. B. die Seite CD aus $\triangle ACD$ und $\triangle BCD$.

$$1.\quad CD = \frac{AC \sin CAD}{\sin CDA}$$

$$2.\quad CD = \frac{BC \sin CBD}{\sin CDB}.$$

Werden diese beiden Werte aus den Messungsergebnissen berechnet, so werden dieselben einander nicht absolut gleich sein. Die Ursache hiervon liegt darin, daß die Summe der gemessenen Winkel nicht völlig genau

$180 + E$ (worin E sphärischer Exzeß)[1]) ist. Die Beseitigung der sich hieraus ergebenden Widersprüche der berechneten Werte ist die Aufgabe der Ausgleichsrechnung.

Durch dieselbe wird jede Dreieckseite auf einen einzigen, und zwar auf denjenigen Wert gebracht, welcher den durch die Anzahl der Punkte bestimmten Bedingungsgleichungen am besten entspricht.

4. Es folgt nun die Berechnung der Koordinaten, worüber das Nähere in § 13, 7 angegeben ist.

Kapitel 2. Kartenentwurf (Projektion).

§ 9. Allgemeines.

Die graphische Darstellung der Triangulierungsergebnisse wäre sehr einfach und bestünde nur in dem Auftragen der Koordinaten der gemessenen Hauptnetzpunkte, wenn diese auf einer Ebene statt auf der gekrümmten Erdoberfläche liegen würden.

Wie aber schon früher (S. 3) erwähnt wurde, kann eine auf der gekrümmten Erdoberfläche liegende Figur auf der ebenen Papierfläche nie so abgebildet werden, daß eine volle geometrische Ähnlichkeit des Bildes mit dem Original erreicht wird, sondern es wird stets eine gewisse Verzerrung eintreten.

Zur besseren Veranschaulichung der Art und Größe der Verzerrung wollen wir zunächst versuchen, ein Netzviereck der Kugel, d. i. einen von zwei Meridian- und zwei Parallelkreisbögen begrenzten Teil der Kugelfläche auf der Ebene abzubilden (Fig. 6). Da sich die Netzlinien auf der Kugel normal schneiden, beträgt in einem solchen Vierecke jeder Winkel 90°; die von den Meridianbögen gebildeten (West- und Ost-) Seiten besitzen gleiche Länge, dagegen ist von den, durch die Parallelbögen gebildeten (Nord-

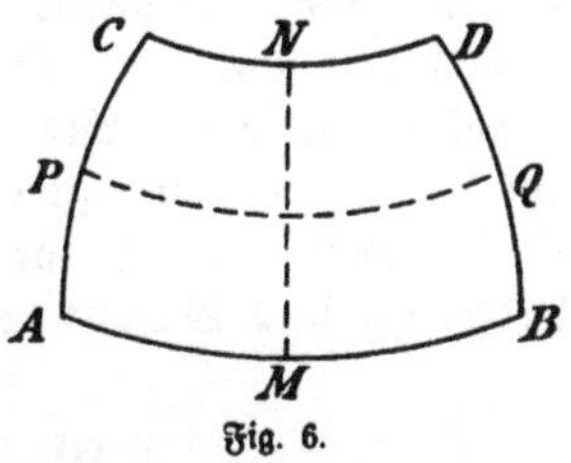

Fig. 6.

---

[1]) Der Überschuß der Summe der Winkel eines sphärischen Dreiecks über 180°. Der Wert desselben beträgt, wenn F die Fläche des Dreiecks, r der Radius ist: $E = \frac{F}{r^2 \sin 1''}$ oder, wenn zwei Seiten a und b, sowie der von denselben eingeschlossene Winkel C gegeben sind:

$$E = \frac{ab \sin C}{2r^2 \sin 1''}.$$

Süd-) Seiten die dem Pole zugekehrte Seite kleiner als die entgegengesetzte, die Gestalt des Vierecks ist also trapezförmig. Ferner sind alle Meridianbögen zwischen dem Parallel CD und AB von gleicher Länge, nämlich $AC = MN = BD$.

Versucht man, ein solches Viereck in der Ebene abzubilden, so wird man stets auf eine oder die andere der angeführten Eigenschaften des Originals verzichten müssen. Der Forderung von 4 rechten Winkeln genügt unter den geradlinigen Figuren nur das Rechteck, aber nicht das Trapez; man ist also auf eine krummlinig begrenzte Figur angewiesen. Wie man diese aber auch wählen mag, so wird die Übereinstimmung des äußeren Rahmens doch nur auf Kosten einer Verzerrung der innerhalb desselben liegenden Linien z. B. MN und PQ erreicht werden können. Selbstverständlich ist auch ein richtiges Verhältnis der Flächen des gewölbten Originals und der ebenen Abbildung bei gleichzeitigem richtigen Verhältnisse der Begrenzungslinien nicht möglich.

Was für ein Netzviereck gilt, das gilt auch für jeden beliebig begrenzten Teil der Erdoberfläche, und es ist leicht einzusehen, daß die Fehler der zusammenhängenden ebenen Abbildung eines Gebietes mit der Größe desselben zunehmen müssen.

Die nach geometrischen Gesetzen festgelegte Darstellungsweise der Erdoberfläche wird als Kartenentwurf (Projektion) bezeichnet. Da alle auf der Erdoberfläche befindlichen Figuren sich durch Linien begrenzt denken lassen, welche ihrerseits wieder durch Punkte bestimmt werden, so besteht die Aufgabe des Kartenentwurfes im engeren Sinne in der Abbildung einer Anzahl von Punkten. Und da (nach § 7) die Lage aller Punkte auf der Erdoberfläche durch ihre geographischen Koordinaten — im Rahmen eines auf der Erdoberfläche gezogen gedachten Netzes von Gradlinien — bestimmt ist, so handelt es sich für den Kartenentwurf im wesentlichen um die Abbildung des Gradnetzes.

§ 10. Winkel- und Flächentreue.

Nachdem feststeht, daß bei der Kartenzeichnung gewisse Verzerrungen hinsichtlich der Längen, der Flächen oder der Winkel nicht zu vermeiden sind, so entsteht zunächst die Frage, welche Bedeutung diese Verzerrungen für den praktischen Gebrauch der Karten haben.

Diese Frage ist dahin zu beantworten, daß die Nachteile der Verzerrungen je nach dem Zwecke der Karte, verschieden zu beurteilen sind.

So erfordern z. B. Karten, welche zum Nachweis der Begrenzung des Grundeigentums dienen sollen, die höchste Genauigkeit hinsichtlich der richtigen

Darstellung der Flächen (Flächentreue); dagegen tritt z. B. bei den Seekarten, mittels welchen der Kurs des Schiffes bestimmt wird, die Forderung der Flächentreue weit zurück hinter jener der Übereinstimmung der Winkel (Winkeltreue). Für topographische Karten aber ist, ihrer vielseitigen Verwendung wegen, sowohl jede dieser Forderungen, als auch die einer möglichst richtigen Darstellung der Längen, (d. h. Entfernung je zweier Punkte) von Wichtigkeit, so daß also für diese Karten sich eine solche Darstellungsweise empfiehlt, bei welcher die Abweichungen der Winkel, Längen und Flächen auf das geringste Maß beschränkt werden.

Aus diesen Forderungen bestimmen sich die Grundsätze, nach welchen der Kartenentwurf erfolgt, und welche unendlich mannigfach sein können, je nachdem z. B. die Projektion unmittelbar auf die Ebene oder zunächst auf eine abwickelbare Fläche (Kegel, Zylinder) ausgeführt wird, oder je nachdem die Darstellung eines Gebietes als Ganzes, d. h. in einem geometrisch zusammenhängenden Bilde oder in einzelnen, in der Ebene nicht zusammenfügbaren Blättern erfolgen soll 2c.

Es empfiehlt sich, zur Veranschaulichung der für den Kartenentwurf besonders wichtigen Eigenschaften der Winkel- oder Flächentreue zunächst zwei Arten der Projektion zu betrachten, welche als Typen für die winkel- bzw. flächentreuen Abbildungen gelten können.

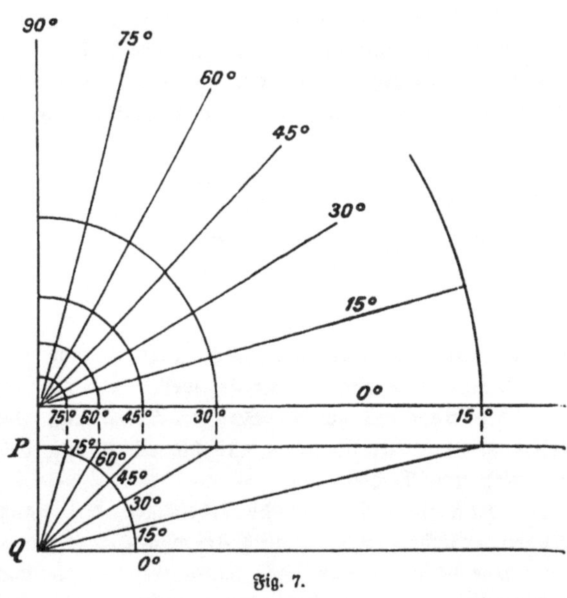

Fig. 7.

1. Projiziert man (Fig. 7) das geographische Gradnetz mittels vom Erdmittelpunkt Q ausgehender Strahlen auf eine Ebene, welche die Erde im Pol P berührt, so erscheinen die Parallelkreise als konzentrische Kreise, die Meridiane als Radien. Die Winkel, welche letztere in der Abbildung unter sich im Mittelpunkt Q, sowie mit den Parallelen bilden, sind genau den entsprechenden Winkeln auf der Erdoberfläche gleich. Alle Bögen größter Kreise

erscheinen in der Projektion als gerade Linien (Schnitte der Ebenen der größten Kreise mit der Projektionsebene). Da der, von zwei sich schneidenden Großkreisbögen auf der Erdoberfläche gebildete Winkel der von ihren Tangenten im Schnittpunkte gebildete Winkel ist, dessen Schenkel in der Ebene der Großkreisbögen liegen, so schneiden diese Großkreisbögen sich auf der Erdoberfläche unter denselben Winkeln wie in der Projektion, d. h. letztere ist winkeltreu.

Dagegen wächst in der Projektion der Abstand der Parallelkreise ungleichmäßig, nämlich im Verhältnisse der Kotangente der geographischen Breite, während auf der Kugel diese Abstände gleich groß sind. Es entsteht daher eine mit der Entfernung vom Pole zunehmende Vergrößerung der Längen und Flächen, d. h. die Projektion ist nicht flächentreu.

Dieser, als gnomonische Polarprojektion bezeichnete Kartenentwurf dient zugleich als Beispiel für die Abbildung unmittelbar auf die Ebene.

2. Denkt man sich (Fig. 8) die Kugel von einem Zylinder umhüllt, welcher sie im Äquator berührt, und projiziert das geographische Netz in der Weise auf den Zylindermantel, daß man die Ebenen der Parallelkreise und Meridiane bis zum Schnitte mit dem Zylindermantel verlängert, so erscheinen

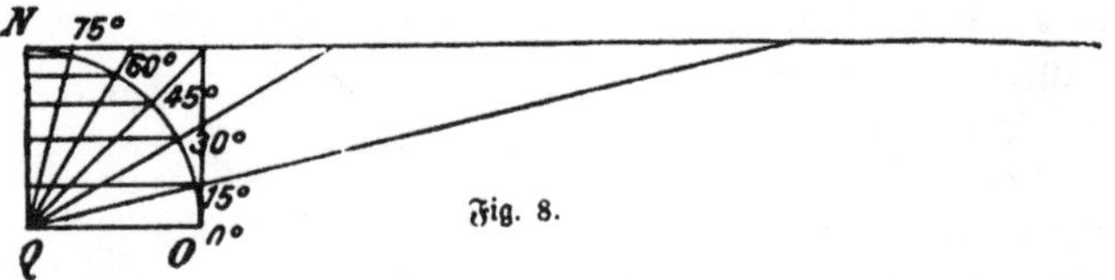

Fig. 8.

auf letzterem die Meridiane als parallele Gerade (Erzeugende des Zylinders), die Parallelkreise aber als Kreise, welche alle die Größe des Richtungskreises, d. i. des Äquators haben. In der Abwicklung werden auch die Parallelkreise zu parallelen Geraden und die Abbildung des Gradnetzes wird daher ein Netz von Rechtecken.

Nun ist nicht nur die Oberfläche des ganzen Zylindermantels der Kugeloberfläche gleich, nämlich $4r^2\pi = 4r\pi h$ (da $h = r$), sondern es wird auch jede beliebige Zone des Zylinders der gleichnamigen der Kugel gleich. Es werden daher alle Teile der Kugelfläche flächentreu abgebildet.

Weil aber die Abstände der Parallelkreise, welche auf der Kugelfläche von gleicher Größe sind, in der Projektion um so näher zusammenrücken, je näher sie den Polen liegen, und die Abstände der Meridiane, welche sich auf der Kugel gegen die Pole verkleinern, in der Projektion alle gleich groß werden, so geht die Ähnlichkeit der abgebildeten Netzvierecke mit jenen der Kugel verloren, d. h. die Projektion ist nicht winkeltreu.

Dieser, unter dem Namen der Lambertschen flächentreuen Zylinderprojektion bekannte Kartenentwurf kann zugleich als Beispiel für eine Projektion auf abwickelbare Flächen dienen.

Obige Beispiele lassen erkennen, daß eine Projektion nie gleichzeitig flächentreu und winkeltreu sein kann, und daß vollkommen längentreue Projektionen überhaupt nicht möglich sind.

§ 11. Projektion auf abwickelbare Flächen.

Da unserem 50000teiligen topographischen Atlas von Bayern eine Projektion auf eine abwickelbare Fläche zugrunde liegt, so haben wir diese näher zu betrachten, was zunächst unter Annahme einer kugelförmigen Erdgestalt geschehen soll.

Wie aus dem in § 10 besprochenen Beispiele 1 zu erkennen ist, liefert die Projektion eines Teils der Kugelfläche unmittelbar auf die Ebene eine verzerrte Abbildung, und zwar werden die Verzerrungen um so bedeutender, je größer der dargestellte Teil der Erdoberfläche ist. Dagegen zeigt das Beispiel 2, daß bei der Projektion der Kugelfläche auf den berührenden Zylindermantel nicht nur für die ganze Abbildung Flächentreue vorhanden ist, sondern daß auch die Winkelverzerrung in der Nähe des Berührungskreises sehr klein wird und in diesem ganz verschwindet.

Es liegt daher nahe — sofern es sich nicht um die Abbildung der ganzen Erdoberfläche oder eines sehr großen Teiles derselben, sondern um eine nicht allzubreite Zone derselben handelt — als Bildfläche eine krumme Fläche zu wählen, welche mit der Kugel einen Berührungskreis gemeinsam hat und sich in der Ebene ausbreiten (abwickeln) läßt.

Als solche abwickelbare Fläche erscheint im allgemeinen der normale Kegel, welcher für den besonderen Fall, daß als Berührungskreis ein größter Kreis gewählt wird, in den Zylinder übergeht, der ja auch als ein Kegel mit unendlich entfernter Spitze angesehen werden kann.

§ 12. Die Kegelprojektion im allgemeinen.

Legt man um die Kugel einen Kreiskegel (Fig. 9), der erstere längs eines Parallelkreises CO der Breite φ berührt, und verlängert die Ebenen der Parallelkreise und Meridiane bis zum Durchschnitte mit dem Kegelmantel, so erscheinen auf der längs eines Meridians aufgeschnittenen und in der Ebene ausgebreiteten (abgewickelten) Kegelfläche die Parallelkreise als konzentrische Kreise, deren gemeinsamer Mittelpunkt die Kegelspitze ist, die

Meridiane hingegen als gerade Linien, welche mit den Erzeugenden des Kegels identisch sind und ihren gemeinsamen Schnittpunkt in der Kegelspitze haben.

Bezeichnet

$CQ = QN_1' = r$ den Kugelhalbmesser,

$CN = R$ die Mantellinie des Kegels, und

$CO = y$ den Halbmesser des Parallelkreises der Breite φ,

so ergibt sich der Winkel μ am Mittelpunkte des Sektors, welch letzterer durch Abwickelung des Kegelmantels entsteht, aus der Proportion

$$\mu : 360^0 = 2y\pi : 2R\pi$$

und, da $\frac{y}{R} = \sin\varphi$,

$$\mu = 360^0 \frac{y}{R} = 360^0 \sin\varphi.$$

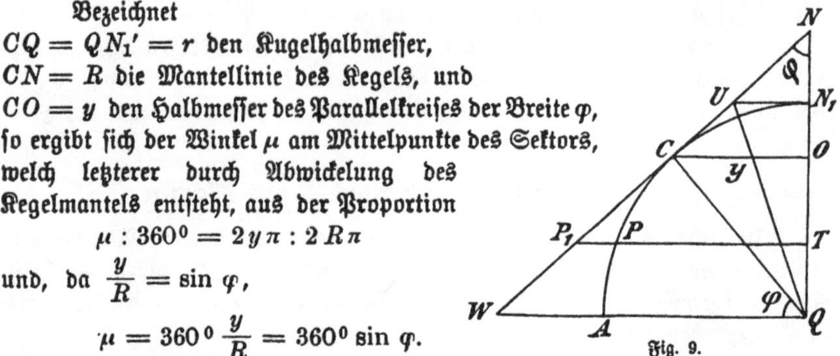

Fig. 9.

Diese, für den ganzen Umfang des Parallelkreises aufgestellte Gleichung gilt, weil die Zentriwinkel sich wie die zugehörigen Bögen verhalten, auch für jeden beliebigen Längenbogen λ_1, nämlich

$$\mu_1 = \lambda_1 \sin\varphi.$$

Durch Abwickelung des längs einer Mantellinie aufgeschnittenen Kegelmantels erhält man eine Abbildung des geographischen Netzes, in welcher sich, wie auf der Kugel, die Netzlinien senkrecht durchschneiden, wodurch Netzvierecke entstehen, welche sich gegen die Pole verkleinern. Indes besteht zwischen der Abbildung eines solchen Netzviereckes und seinem Urbilde auf der Kugel keine geometrische Ähnlichkeit. Die Längenbögen werden in der Abbildung — mit Ausnahme der auf dem Berührungsparallel liegenden — vergrößert, da der Kegelmantel außerhalb der Kugelfläche liegt und daher für irgend einen Parallelkreis der Breite β der Halbmesser P_1T des Kegelparallelkreises stets größer ist als der Halbmesser PT des Kugelparallelkreises. Auch die Meridianbögen, welche alle auf der Kugel gleiche Größe haben, erscheinen in der Projektion nicht in ihrem richtigen Verhältnisse, sondern werden nördlich vom Berührungsparallel verkleinert ($CU < \text{arc } CN_1$) und südlich desselben vergrößert ($CW > \text{arc } CA$).

Diese **echte** Kegelprojektion, deren Erfindung Claudius Ptolemäus zugeschrieben wird, entspricht also keineswegs der Forderung möglichster Ähnlichkeit der Abbildung mit dem Urbilde, sondern bedarf, um für topographische Zwecke geeignet zu werden, noch einiger Verbesserungen („Modifikationen").

Dieser Aufgabe wird durch die sog. **modifizierte** Kegelprojektion entsprochen, welche in nachstehendem, und zwar sogleich unter Zugrundelegung der **sphäroidischen** Erdgestalt betrachtet werden soll.

Kapitel 3. Die Bonnesche Projektion.

§ 13. Begriff und Name.

Ist (Fig. 10) C der Mittelpunkt des darzustellenden Teiles der Erdoberfläche (Kartenmittelpunkt, auch Normalpunkt genannt), NV der Hauptmeridian, und bezeichnet hier, wie in den folgenden Paragraphen:

a die große Halbachse,

ε die numerische Exzentrizität,

φ die geographische Breite des mittleren Kartenparallels CH, in welchem der Kegel das Sphäroid berührt,

$\beta_1, \beta_2 \ldots$ die geographische Breite irgend eines Punktes P_1, $P_2 \ldots$,

$\lambda_1, \lambda_1 \ldots$ die geographische Länge irgend eines Punktes P_1, $P_2 \ldots$,

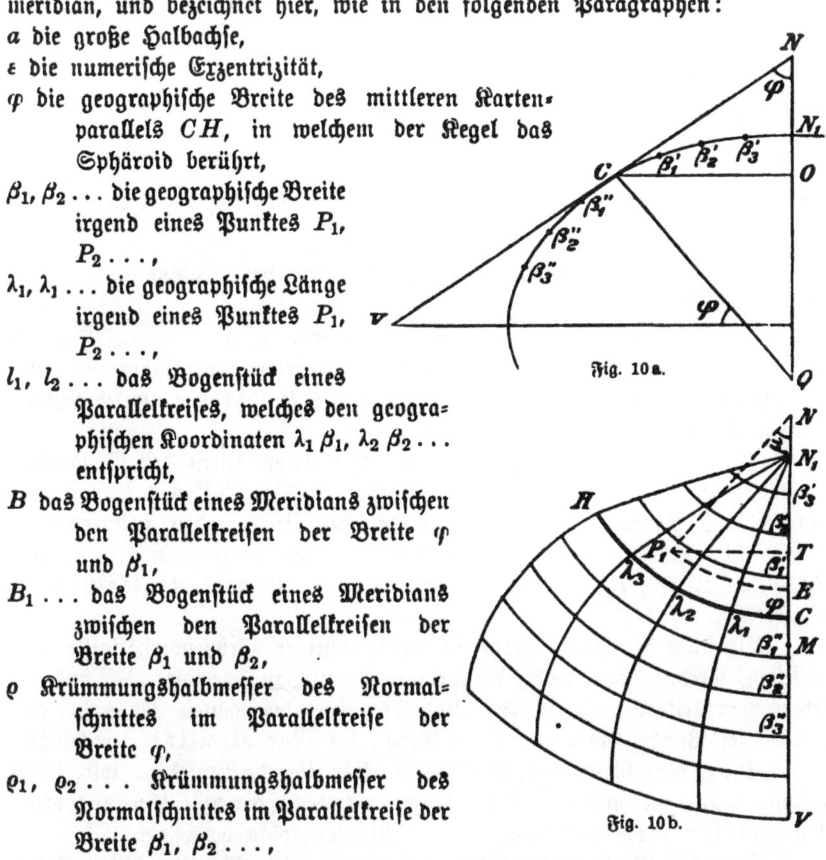

Fig. 10a.

Fig. 10b.

$l_1, l_2 \ldots$ das Bogenstück eines Parallelkreises, welches den geographischen Koordinaten $\lambda_1 \beta_1$, $\lambda_2 \beta_2 \ldots$ entspricht,

B das Bogenstück eines Meridians zwischen den Parallelkreisen der Breite φ und β_1,

$B_1 \ldots$ das Bogenstück eines Meridians zwischen den Parallelkreisen der Breite β_1 und β_2,

ϱ Krümmungshalbmesser des Normalschnittes im Parallelkreise der Breite φ,

ϱ_1, $\varrho_2 \ldots$ Krümmungshalbmesser des Normalschnittes im Parallelkreise der Breite β_1, $\beta_2 \ldots$,

r Krümmungshalbmesser des Meridians im Parallelkreise der Breite φ,

r_1, $r_2 \ldots$ Krümmungshalbmesser des Meridians im Parallelkreise der Breite β_1, β_2,

R Projektionsradius für einen Punkt der Breite φ,

R_1, $R_2 \ldots$ Projektionsradius für einen Punkt der Breite β_1, $\beta_2 \ldots$

$\mu_1, \mu_2 \ldots$ Mittelpunktswinkel (Meridiankonvergenz), d. i. der Winkel, welchen ein vom Punkte $\beta_1 \lambda_1, \beta_2 \lambda_2 \ldots$ nach dem Projektionsmittelpunkte N gezogener Strahl mit dem Hauptmeridian einschließt (z. B. $P_1 NT$),

$NT = x$ die Abszisse, bezogen auf den Projektionsmittelpunkt N | Projektions-
$MT = x_1$ „ „ „ „ Punkt M | Koordinaten,
$P_1 T = y$ „ Ordinate, „ „ „ Hauptmeridian NV |

D der Abstand CM des mittleren Kartenparallels vom Koordinatenausgangspunkte M,

α ein Azimut auf dem Sphäroid,

A die Projektion des Azimuts α,

m eine Richtungslinie auf dem Sphäroid,

m_1 die Projektion von m,

$v = \frac{m_1}{m}$ das Verzerrungsverhältnis der Länge einer Richtungslinie,

ϑ die Winkelverzerrung in der Meridianrichtung,

u „ „ einer Richtungslinie unter dem Azimut α,

so ist zunächst aus Fig. 10a:

$$CN = R = \varrho \cot \varphi \quad . \quad . \quad . \quad . \quad . \quad . \quad . \quad . \quad 22)$$

Man erhält also die Abwickelung des Kegelmantels, indem man mit der Strecke NC als Halbmesser den Kreisbogen CH beschreibt, welch letzterer dem mittleren Parallelkreise entspricht.

Damit nun die Breitegrade in der Projektion jenen des Sphäroides gleich werden, trägt man auf dem mittleren Meridian NV von C aus nach Norden und Süden die wahre Größe der den Breitegraden entsprechenden Meridianbögen $C\beta_1'$, $\beta_1'\beta_2' \ldots C\beta_1''$, $\beta_1''\beta_2''$ auf und zieht durch die Punkte β_1', $\beta_2' \ldots$, β_1'', $\beta_2'' \ldots$ konzentrische Kreise, die Parallelkreise der Projektion.

Um auch die Längengrade in ihrem richtigen Größenverhältnisse darzustellen, werden deren wahre Bogenlängen vom Hauptmeridian NV aus auf jedem Parallelkreise aufgetragen, und die einer bestimmten Länge $\lambda_{(n)}$ entsprechenden Punkte durch eine stetige Kurve, die Meridianlinie, verbunden.

Diese, hinsichtlich ihrer Konstruktion sehr einfache Projektion wird daher zutreffend als eine modifizierte Kegelprojektion mit längentreuen Parallelkreisen und längentreuem Mittelmeridian bezeichnet.

Obwohl als ihr Erfinder Gerhard Kremer (Mercator 1512—1594) anzusehen ist[1]), wird dieselbe in der Kartographie gewöhnlich die Bonnesche

[1]) Ob die der besprochenen Projektion zugrunde liegende Idee, bzw. die erste längentreue Abbildung sämtlicher Parallelkreise von Mercator herrührt, kann übrigens hier unentschieden bleiben; es genügt, einen Blick auf die jedenfalls von

genannt, weil durch Rigobert Bonne (1727—1795) ihre Anwendung für wichtigere Kartenwerke angeregt wurde. Noch weniger zutreffend ist die (von Henry und Puissant stammende) Bezeichnung als „modifizierte Flamsteedsche Projektion", da diese nur ein besonderer Fall der Bonneschen Projektion ist, in welchem $\varphi = 0$, also $R = \infty$, d. h. der Berührungskreis der Äquator ist, wodurch der Kegel in den Zylinder übergeht.

Da diese Projektion, für welche wir den üblichen Namen der Bonneschen beibehalten wollen, nicht nur dem topographischen Atlas von Bayern in 1 : 50000 und der Karte von Südwestdeutschland zugrunde liegt, sondern auch für viele andere topographische Kartenwerke[1]) und für die meisten geographischen Karten der Atlanten Anwendung gefunden hat, so verdient sie ein allgemeines Interesse.

§ 14. Entwicklung der Formeln für die Projektionskoordinaten.

Die im vorigen Paragraph angegebene Konstruktion der Parallelkreise läßt sich selbstverständlich nicht mit dem Zirkel ausführen, da z. B. der Halbmesser des Parallelkreises φ im Maßstabe 1 : 50000 eine Länge von 111 m hat. Es ist daher notwendig, die Knotenpunkte des Gradnetzes mittels ihrer Koordinaten aufzutragen, zu welchem Zwecke wir die Beziehungen zwischen den geographischen und den ebenen rechtwinkligen (Projektions-) Koordinaten kennen müssen.

Mercator stammende und nach ihm benannte Kegelprojektion zu werfen, welche darin besteht, daß zwei Parallelkreise (die Mittelparallele der nördlichen und der südlichen Kartenblatthälften) längentreu geteilt und durch die Teilpunkte die Meridiane geradlinig gezogen werden. Das auf diese Weise entstehende Netz unterscheidet sich, wenn nicht sehr große Teile der Erdoberfläche auf einem Kartenblatte dargestellt werden, nur wenig von dem Bonneschen. In den Blättern der topographischen Karten aber, — und um diese handelt es sich hier, — stimmt, weil ja in diesen die Darstellung der Meridiankrümmung ganz unmöglich ist (§ 23), die Bonnesche Netzkonstruktion mit jener der Mercatorschen Kegelprojektion vollständig überein. (Vgl. S. 40 u. Fig. 14b S. 49.)

[1]) Außer dem topographischen Atlasse von Bayern, dem ersten (1808 begonnenen) größeren Kartenwerke in Bonnescher Projektion, und der (1856 begonnenen) Karte von Südwestdeutschland liegt den Kartenwerken nachstehender Staaten die genannte Projektion zugrunde: Baden (1825—46); Frankreich (Carte de France 1 : 80000, 1833—81); Schweiz (Dufour-Karte 1 : 100000 1842—64); außerdem fand dieselbe Anwendung in Belgien, den Niederlanden sowie für einzelne Kartenwerke bzw. Gebietsteile in Österreich, England und Rußland.

Der Konstruktion gemäß ist der Projektionsradius für den Parallelkreis der Breite β_1:

$$R_1 = R + B \quad \ldots \ldots \ldots \quad 23)$$

Der Halbmesser eines Parallelkreises der Breite β_1 ist nach 10):

$$CO = \varrho_1 \cos \beta_1,$$

daher ein Bogenstück dieses Parallelkreises, welches der Breite β_1 und der Länge λ_1 entspricht:

$$l_1 = \lambda_1 \varrho_1 \cos \beta_1 \quad \ldots \ldots \ldots \quad 24)$$

worin λ_1 Bogenmaß ist. Wenn λ_1 in Gradmaß, z. B. in Sekunden gegeben ist, so ist statt λ_1 zu setzen $\frac{\lambda_1'' \pi}{180 \cdot 60 \cdot 60} = \lambda_1'' \sin 1''$.

Ferner ist aus Fig. 10:

$$\mu_1 = \frac{l_1}{R_1} \quad \ldots \ldots \ldots \quad 25)$$

oder, mit Einführung der Werte aus 22 bis 25) für Winkelsekunden:

$$\mu_1 = \frac{\lambda_1 \varrho_1 \cos \beta_1}{\varrho \cot \varphi - B'' \sin 1''} \quad \ldots \ldots \quad 26)$$

in welcher Gleichung der Wert für B aus 21):

$$B = r_{(m)} (\beta_1 - \varphi)'' \sin 1'',$$

ferner nach 11 und 20):

$$\varrho = \frac{a}{\sqrt{1 - \varepsilon^2 \sin^2 \varphi}}; \quad \varrho_1 = \frac{a}{\sqrt{1 - \varepsilon^2 \sin^2 \beta_1}}; \quad r_{(m)} = \frac{a(1 - \varepsilon^2)}{\left(1 - \varepsilon^2 \sin^2 \frac{1}{2} (\varphi + \beta_1)\right)^{\frac{3}{2}}}$$

bestimmt sind. Man hat nun für die, auf den Projektionsmittelpunkt N bezogenen rechtwinkligen ebenen (Projektions-) Koordinaten eines aufzutragenden Kartenpunktes P_1:

$$\left.\begin{aligned} NT &= x = R_1 \cos \mu_1 \\ P_1 T &= y = R_1 \sin \mu_1 \end{aligned}\right\} \quad \ldots \ldots \quad 27)$$

Wird der Punkt M als Ausgangspunkt des Koordinatensystems gewählt, so wird die Abszisse

$$MT = x_1 = - R_1 \cos \mu_1 + R + D \quad \ldots \quad 28)$$

während die Ordinate unverändert bleibt. In dieser Gleichung ist $D = CM$ der konstante Breitenunterschied der Punkte C und M. Werden die Richtungen nach Norden und Westen positiv, jene nach Süden und Osten negativ gezählt (§ 7), so wird x stets positiv, während x_1 positiv oder negativ werden kann, je nachdem P_1 nördlich oder südlich von M liegt; analog erhält y einen positiven Wert, wenn P_1 westlich, und einen negativen Wert, wenn P_1 östlich vom Hauptmeridian liegt.

In obigen einfachen Formeln ist alles enthalten, was für die Berechnung und Konstruktion des Gradnetzes, sowie für den Eintrag der gemessenen Hauptpunkte in das projizierte Netz erforderlich ist.

§ 15. Eigenschaften der Bonneschen Abbildung.

(Flächen- und Winkeltreue.)

Der Konstruktion gemäß werden alle Parallelkreisbögen in der Projektion (von der Verjüngung abgesehen) in ihrer wahren Länge, also längentreu abgebildet. Irgend ein, von zwei solchen Parallelbögen und den Meridianbögen h, h begrenzter Streifen geht für ein unendlich kleines h in den Parallelbogen selbst über. Da aber eine beliebig begrenzte Fläche als eine Summe solcher unendlich schmaler Streifen zu betrachten ist, welche wegen der gleichgroßen Abstände der Parallelkreise auf dem Sphäroid und in der Projektion gleich groß werden muß, so folgt, daß jede Fläche in ihrer richtigen Größe abgebildet wird, d. h. daß die Projektion flächentreu ist.

Da aber die Parallelkreise nur von dem, vom Mittelpunkt N ausgehenden Hauptmeridian (als Halbmesser des Kreises), nicht aber von den übrigen Meridiankurven normal geschnitten werden, letztere vielmehr die Parallele um so schräger schneiden, je weiter sie vom Hauptmeridian entfernt sind, so folgt, daß die Projektion nicht winkeltreu ist.

Ebenso läßt sich aus der mit der geographischen Länge zunehmenden schrägen Lage der zwischen zwei Parallelkreisen liegenden Meridianstücke schließen, daß diese, auf den Sphäroid gleich großen Stücke in der Projektion um so mehr vergrößert werden, je größer ihre Entfernung vom Hauptmeridian, d. h. daß die Projektion nicht längentreu ist (vgl. § 10 am Schlusse).

Es handelt sich nun darum, die Verzerrungen, die sich hieraus ergeben, näher zu untersuchen, zu welchem Zwecke zunächst die Form der Netzlinien im allgemeinen betrachtet werden soll.

§ 16. Form der Netzlinien.

Im nachstehenden stellen wir uns die Aufgabe, die Form der Netzlinien allgemein zu untersuchen, indem wir diese durch eine analytische Gleichung ausdrücken. (Vgl. auch Fig. 14.)

a) Für den Parallelkreis gestaltet sich die Aufgabe sehr einfach; derselbe erscheint auch in der Projektion als Kreisbogen vom Halbmesser R_1, wenn β_1 die zugehörige geographische Breite bedeutet. Derselbe ist also für die, auf den Hauptmeridian und den Projektionsmittelpunkt bezogenen ebenen rechtwinkligen Koordinaten durch die Gleichung bestimmt:

$$x^2 + y^2 = R_1^2 \quad \ldots\ldots\ldots \quad 29)$$

b) Für die Untersuchung der Form des **Meridians** kann von der sphäroidischen Gestalt der Erde abgesehen werden, da der Einfluß der Exzentrizität hier von ganz unwesentlicher Bedeutung ist. Setzt man also für die Kugel:

$$\varrho = r = \text{Halbmesser der Kugel}$$

und ist ferner (Fig. 11):

$HC = l =$ Parallelkreisbogen der Breite φ und Länge λ_1,

$EP_1 = l_1 =$ Parallelkreisbogen der Breite β_1 und Länge λ_1,

$HN = CN = R$ der Projektionsradius für die Breite φ,

$H_1 N = EN = R_1$ der Projektionsradius für die Breite β_1,

$H_1 P_1 = \mathfrak{y}$ die Differenz der Länge des Parallelbogens EP_1 gegen die Bogenlänge $H_1 E$ des Sektors $H_1 NE$,

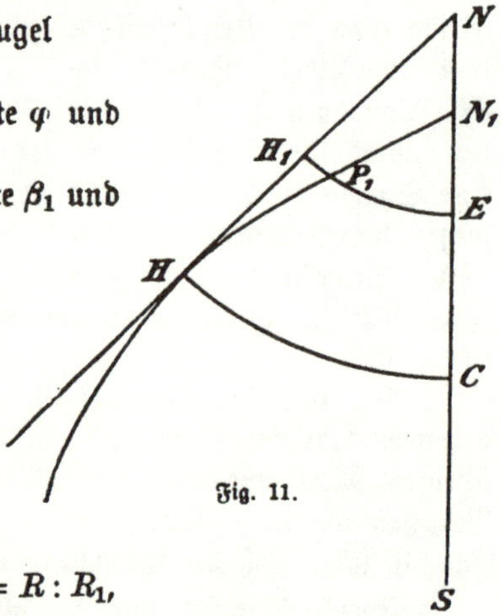

Fig. 11.

so ist in diesem Sektor:

$$l : (l_1 + \mathfrak{y}) = R : R_1,$$

$$l_1 + \mathfrak{y} = \frac{l R_1}{R} = \frac{l(R - B)}{R} = l\left(1 - \frac{B}{R}\right),$$

wo B positiv oder negativ ist, je nachdem φ kleiner oder größer als β_1 ist (vgl. Formel 21).

Nun ist, wenn $\varrho = r$ ist, nach 21 und 22:

$$B = r(\beta_1 - \varphi) \text{ und } R = r \cot \varphi,$$

daher

$$l_1 + \mathfrak{y} = l\left(1 - \frac{\beta_1 - \varphi}{\cot \varphi}\right) = l\,(1 - (\beta - \varphi) \operatorname{tg} \varphi).$$

Und weil (nach 24):

$$l = \lambda_1 r \cos \varphi,$$
$$l_1 = \lambda_1 r \cos \beta_1,$$

so wird

$$\mathfrak{y} = \lambda_1 r \cos \varphi\, (1 - \beta_1) \operatorname{tg} \varphi - \lambda_1 r \cos \beta_1,$$

oder

$$\mathfrak{y} = \lambda_1 r\, (\cos \varphi - \cos \beta_1 - (\beta_1 - \varphi) \sin \varphi).$$

Setzt man

$$\beta_1 = \varphi + \mathfrak{x},$$

wo die in Teilen des Halbmessers ausgedrückte Größe $\mathfrak{x}$ positiv oder negativ sein kann, je nachdem P_1 nördlich oder südlich vom mittleren Kartenparallel liegt, so wird:

$$\mathfrak{y} = \lambda_1 r\, (\cos \varphi - \cos (\varphi + \mathfrak{x}) - \mathfrak{x} \sin \varphi) = \lambda_1 r\, (\cos \varphi\, (1 - \cos \mathfrak{x}) - \sin \varphi\, (\mathfrak{x} - \sin \mathfrak{x})).$$

Da allgemein:

$$1 - \cos \mathfrak{x} = \frac{\mathfrak{x}^2}{2!} - \frac{\mathfrak{x}^4}{4!} + \ldots,$$

$$\mathfrak{x} - \sin \mathfrak{x} = \frac{\mathfrak{x}^3}{3!} - \frac{\mathfrak{x}^5}{5!} + \ldots,$$

so erhält man:

$$\mathfrak{y} = \lambda_1 r \left(\frac{\mathfrak{x}^2}{2!} \cos \varphi - \frac{\mathfrak{x}^3}{3!} \sin \varphi - \frac{\mathfrak{x}^4}{4!} \cos \varphi + \frac{\mathfrak{x}^5}{5!} \sin \varphi + \ldots\right) \quad . \quad . \quad 30)$$

Dieses ist die Gleichung einer transzendenten Kurve, in welcher aber noch die Abszisse $\mathfrak{x}$ in Bogenmaß ausgedrückt ist, und zwar ist (für den Halbmesser 1):

$$\mathfrak{x} = \beta_1 - \varphi = B = R_1 - R = CE = HH_1,$$

d. h. $\mathfrak{x}$ ist eine gerade Linie, während y der Parallelkreisbogen $H_1 P_1$ ist.

Zur leichteren Veranschaulichung wollen wir zunächst die Gleichung 30 für einen bestimmten Mittelparallel, z. B. für $\varphi = 45^0$ betrachten. Dann ist $\sin \varphi = \cos \varphi = \frac{1}{2}\sqrt{2}$, und die Einführung dieses Wertes in die Gleichung 30 gibt:

$$\mathfrak{y} = \frac{\lambda_1 r \sqrt{2}}{2}\left(\frac{\mathfrak{x}^2}{2!} - \frac{\mathfrak{x}^3}{3!} - \frac{\mathfrak{x}^4}{4!} + \frac{\mathfrak{x}^5}{5!} + \ldots\right)$$

Nimmt man ferner an, daß die Projektion auf ein Gebiet beschränkt wird, welches sich z. B. vom Kartenmittelpunkt aus je 18 Grade nach Norden und Süden und ebensoweit nach Osten und Westen erstreckt, so wird für diesen Fall, weil $\mathfrak{x} = \frac{\pi}{10}$ und $\lambda_1 = \frac{\pi}{10}$, die vorige Gleichung:

$$\mathfrak{y} = \frac{r\pi\sqrt{2}}{20}\left(\frac{\pi^2}{200} - \frac{\pi^3}{6000} - \frac{\pi^4}{240\,000} + \frac{\pi^5}{12\,000\,000} + \ldots\right)$$

oder

$$\mathfrak{y} = \frac{r\pi^3\sqrt{2}}{4000}\left(1 - \frac{\pi}{30} - \frac{\pi^2}{1200} + \frac{\pi^5}{60\,000} + \ldots\right).$$

In dieser, sehr konvergenten Reihenformel ist aber:

$$\mathfrak{y} < \frac{r\pi^3\sqrt{2}}{4000}\left(1 + \frac{\pi}{30}\right)$$

oder, weil

$$4000 = 129{,}01\ \pi^3$$

und

$$1 = 0{,}318\ \pi,$$

$$\mathfrak{y} < \frac{r\pi\sqrt{2}}{129{,}01}\left(0{,}318 + 0{,}033\right),$$

d. h.:

$$\frac{\mathfrak{y}}{r} < 0{,}00386\,\pi,$$

und daher

$$\mathfrak{y} < 0^0 41' 33''.$$

Bei diesem kleinen Winkel darf man aber Bogen und Sehne als gleichgroß annehmen (§ 1); man kann daher auch $\mathfrak{y}$ als Sehne, d. h. als eine Gerade betrachten.

Demnach stellt die Gleichung 30

$$\mathfrak{y} = \lambda_1 r\left(\frac{\mathfrak{x}^2}{2!}\cos\varphi - \frac{\mathfrak{x}^3}{3!}\sin\varphi - \frac{\mathfrak{x}^4}{4!}\cos\varphi + \ldots.\right)$$

die Gleichung der Meridiankurve λ_1 für ein rechtwinkliges Koordinatensystem vor, dessen Nullpunkt O der Durchschnitt des Meridians λ_1 mit dem mittleren Parallel φ, und dessen X-Achse den Projektionsradius des Punktes O ist.

Für $\mathfrak{x} = 0$ ergibt die Gleichung: $\mathfrak{y} = 0$, und da die in Klammer gesetzte Reihe stets einen positiven, mit $\mathfrak{x}$ wachsenden Wert hat, so wendet die Kurve — innerhalb der angenommenen Grenze — dem Hauptmeridian ihre konkave Seite zu und hat ihren Scheitel im mitleren Parallel.

Ist das abzubildende Gebiet noch kleiner, z. B. je 3 Grade nach beiden Richtungen, so ist $\mathfrak{x} = \lambda_1 = \frac{\pi}{60}$; in diesem Falle haben die höheren als zweiten Potenzen von $\mathfrak{x}$ auf den Wert von $\mathfrak{y}$ keinen Einfluß mehr, und man kann setzen:

$$\mathfrak{y} = \frac{\lambda_1 r \mathfrak{x}^2 \cos\varphi}{2}$$

oder mittels 24):

$$\mathfrak{y} = \frac{l\mathfrak{x}^2}{2}.$$

Hier ist $\mathfrak{x}$ noch in Teilen des Halbmessers ausgedrückt; für Längenmaß ist daher statt $\mathfrak{x}$ zu setzen $\frac{\mathfrak{x}}{r}$, also:

$$\mathfrak{y} = \frac{l\mathfrak{x}^2}{2r^2} \quad \ldots\ldots\ldots\ldots \quad 31)$$

Dieser Wert stellt, wie leicht aus der Fig. 12 zu ersehen ist, die Pfeilhöhe der Meridiankurve für die Sehne $2\mathfrak{x}$ vor.

Die Gleichung zeigt aber auch, daß die Krümmung der Meridiane um so größer wird, je näher dem Äquator der mittlere Kartenparallel gewählt wird.

Aus 31) folgt:

$$\mathfrak{x}^2 = \frac{2 r^2 \mathfrak{y}}{l} \quad . \quad . \quad . \quad . \quad 32)$$

Die Kurve ist daher für diesen Fall eine Parabel, deren Halbparameter $\frac{r^2}{l}$ ist.[1])

Aus der Gleichung 26):

$$\mu_1 = \frac{\lambda_1 \varrho_1 \cos \beta_1}{\varrho \cot \varphi - B'' \sin 1''}$$

welche für die Kugel die einfachere Form:

$$\mu_1 = \frac{\lambda_1 \cos \beta_1}{\cot \varphi - B'' \sin 1''}$$

$$= \frac{\lambda_1 \cos \beta_1}{\cot \varphi - (\beta_1 - \varphi)'' \sin 1''}$$

annimmt, ersieht man, daß für einen Meridian λ_1 der Mittelpunktswinkel μ_1 seinen größten Wert erreicht, wenn $\beta_1 = \varphi$ wird, nämlich:

$$\mu_{(\varphi \lambda_1)} = \lambda_1 \sin \varphi ,$$

d. h. für den Durchschnittspunkt H (Fig. 11) des Meridians λ_1 mit dem mittleren Parallelkreis. In diesem Falle wird der Projektionsradius zur Tangente der Meridiankurve.

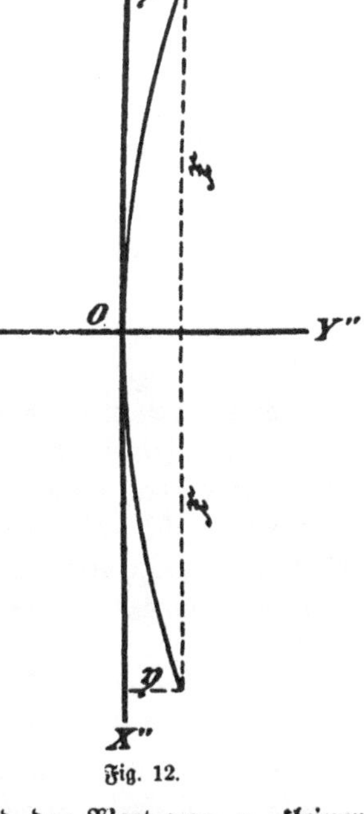

Fig. 12.

Wird β_1 kleiner oder größer als φ, so wird der Wert von μ_1 kleiner als $\lambda_1 \sin \varphi$, und für $\beta_1 = 90^0$ wird $\mu_1 = O$, d. h. die Projektion der beiden Pole fällt in den Hauptmeridian.

---

[1]) Setzt man $\varphi = 0$, so erhält man die Gleichung für die Flamsteedsche Projektion:

$$\mathfrak{y} = \lambda_1 r \left(\frac{\mathfrak{x}^2}{2!} - \frac{\mathfrak{x}^4}{4!} - \ldots\right) = \lambda_1 r\,(1 - \cos \mathfrak{x}) = 2 \lambda_1 r \sin^2 \frac{\mathfrak{x}}{2},$$

und für kleine Gebiete:

$$\mathfrak{y} = \frac{\lambda_1 r \mathfrak{x}^2}{2} \quad \text{oder} \quad \mathfrak{x}^2 = \frac{2 \mathfrak{y}}{\lambda_1 r},$$

und da hier $\lambda_1 r = l$ ist:

$$\mathfrak{x}^2 = \frac{2 \mathfrak{y}}{l}$$

für Bogenmaß, und

$$\mathfrak{x}^2 = \frac{2 r^2 \mathfrak{y}}{}$$

für Längenmaß, wie oben.

Für eine kleine Ausdehnung der Karte ändert sich μ_1 nur sehr wenig, z. B. für die Größe von Bayern erreicht die Änderung von μ_1 nur den Wert von 3'',145, so daß man für die Darstellung eines kleinen Gebietes in kleinem Maßstabe (beispielsweise für eine Übersichtskarte von Bayern in 1 : 1000000) die Größe μ als konstant:

$$\mu_{(\beta_1 \lambda_1)} = \mu_{(\varphi \lambda_1)} = \lambda_1 \sin \varphi$$

annehmen kann. In diesem Falle erhält, wenn der mittlere Meridian als X-Achse und der Projektionsmittelpunkt N als Nullpunkt des Koordinatensystems angenommen wird, die Gleichung des Meridians die Form:

$$\frac{\mathfrak{y}}{\mathfrak{x}} = \operatorname{tg} \mu_{(\varphi \lambda_1)}$$

d. h der Meridian ist eine gerade Linie.

§ 17. Verzerrungsgesetze.

Wie schon in § 15 erwähnt wurde, schneiden sich die Meridiane und Parallelkreise im allgemeinen nicht normal, sondern um so schräger, je größer der Abstand des Schnittpunktes vom mittleren Meridian und mittleren Parallelkreis ist. Hierdurch entsteht eine Verzerrung der Richtungen (Winkel) und der Längen, welche hier, und zwar wieder unter Annahme einer kugelförmigen Erdgestalt, näher untersucht werden sollen.

A. Winkelverzerrung.

a) In der Meridianrichtung.

Man hat aus Fig. 11, wenn die im vorigen Paragraph eingeführten Bezeichnungen im allgemeinen beibehalten werden, jedoch, da hier HC ein beliebiger Parallelkreisbogen sein soll:

$HC = l_2 =$ Parallelkreis der Breite β_2 (statt l bzw. φ) und
$NH = R_2$ (statt R)

gesetzt wird:

$$\text{arc } H_1E = l_1 + \mathfrak{y} = \frac{l_2 R_1}{R_2}.$$

Mit Einführung der Werte von l_1 und l_2 aus 24) wird für $\lambda_1 = \lambda_2$ und $\varrho = r$:

$$\mathfrak{y} = \lambda_1 r \left(\cos \beta_2 \cdot \frac{R_1}{R_2} - \cos \beta_1\right).$$

Der Projektionsradius NH, welcher die Parallele normal schneidet, schließt mit der Meridiankurve N_1H den Winkel $P_1HH_1 = \vartheta$ ein, welcher offenbar das Maß der Winkelverzerrung in der Meridianrichtung ist.

Wird nun der Abstand $\beta_1 - \beta_2$ so klein gewählt, daß $P_1 H$ als geradlinig betrachtet werden kann, so ist:

$$\operatorname{tg} \vartheta = \frac{\mathfrak{y}}{R_2 - R_1} = \frac{\lambda_1 r (R_1 \cos \beta_2 - R_2 \cos \beta_1)}{R_2 (R_2 - R_1)}.$$

Nun ist (aus 21 und 23) für Bogenmaß:

$$R_1 = R - r (\beta_1 - \varphi)$$
$$R_2 = R - r (\beta_2 - \varphi),$$

daher:

$$R_2 - R_1 = r (\beta_1 - \beta_2).$$

Mit diesem Werte wird:

$$\operatorname{tg} \vartheta = \frac{\lambda_1 (R_2 \cos \beta_2 - r (\beta_1 - \beta_2) \cos \beta_2 - R_2 \cos \beta_1}{R_2 (\beta_1 - \beta_2)}$$
$$= \lambda_1 \left(\frac{\cos \beta_2}{\beta_1 - \beta_2} - \frac{r \cos \beta_2}{R_2} - \frac{\cos \beta_1}{\beta_1 - \beta_2} \right)$$

oder

$$\operatorname{tg} \vartheta = \lambda_1 \left(\frac{\cos \beta_2 - \cos \beta_1}{\beta_1 - \beta_2} - \frac{r \cos \beta_2}{R_2} \right).$$

Nun ist allgemein:

$$\cos \beta_2 - \cos \beta_1 = 2 \sin \frac{\beta_1 + \beta_2}{2} \sin \frac{\beta_1 - \beta_2}{2},$$

daher:

$$\operatorname{tg} \vartheta = \lambda_1 \left(\frac{2 \sin \frac{\beta_1 + \beta_2}{2} \sin \frac{\beta_1 - \beta_2}{2}}{\beta_1 - \beta_2} - \frac{r \cos \beta_2}{R_2} \right).$$

Wird nun $\beta_1 - \beta_2$ unendlich klein, so ist:

$$\beta_1 - \beta_2 = \sin (\beta_1 - \beta_2) = 2 \sin \frac{\beta_1 - \beta_2}{2},$$

und

$$\sin \frac{\beta_1 + \beta_2}{2} = \sin \beta_1,$$

daher:

$$\operatorname{tg} \vartheta = \lambda_1 \left(\sin \beta_1 - \frac{r \cos \beta_2}{R_2} \right) \quad \ldots \ldots \quad 33)$$

Da nun nach 25 und 26):

$$\frac{\lambda_1 r \cos \beta_2}{R_2} = \mu_2$$

und für den unendlich kleinen Wert $\beta_1 - \beta_2$ auch $\mu_2 = \mu_1$ wird, so erhält man:

$$\operatorname{tg} \vartheta = \lambda_1 \sin \beta_1 - \mu_1 \quad \ldots \ldots \quad 34)$$

d. i. die Winkelverzerrung in der Meridianrichtung.

Diese Formel ist streng richtig. Für die Berechnung der Winkelverzerrung in kleinen Gebieten läßt sich dieselbe indes noch etwas vereinfachen. Führt man in die Gleichung 33) den Wert von R_2 (aus 21 u. 23) ein, so wird für $\beta_1 = \beta_2$:

$$\operatorname{tg} \vartheta = \lambda_1 \left(\sin \beta_1 - \frac{\cos \beta_1}{\cot \varphi - (\beta_1 - \varphi)}\right)$$

oder

$$\operatorname{tg} \vartheta = \lambda_1 \left(\sin \beta_1 - \frac{\cos \beta_1 \sin \varphi}{\cos \varphi - (\beta_1 - \varphi) \sin \varphi}\right).$$

Wenn nun $\beta_1 - \varphi$ ein **kleiner** Bogen ist, so kann man setzen:

$$\beta_1 - \varphi = \sin (\beta_1 - \varphi) = B$$

und führt man für β_1 den Wert

$$\beta_1 = \varphi + B$$

ein, so ist:

$$\operatorname{tg} \vartheta = \lambda_1 \left(\sin (\varphi + B) - \frac{\cos (\varphi + B) \sin \varphi}{\cos \varphi - \sin \varphi \sin B}\right).$$

Nun ist allgemein:

$$\sin (\varphi + B) - \sin \varphi = \sin \varphi (\cos B - 1) + \cos \varphi \sin B$$
$$\cos (\varphi + B) - \cos \varphi = \cos \varphi (\cos B - 1) - \sin \varphi \sin B.$$

Wenn B ein kleiner Winkel ist, so kann man $\cos B = 1$ setzen und erhält:

$$\sin (\varphi + B) - \sin \varphi = \cos \varphi \sin B$$
$$\cos (\varphi + B) = \cos \varphi - \sin \varphi \sin B.$$

Mit Einführung dieser Werte in die obige Gleichung für $\operatorname{tg} \vartheta$ wird:

$$\operatorname{tg} \vartheta = \lambda_1 \sin B \cos \varphi = \lambda_1 \sin (\beta_1 - \varphi) \cos \varphi \quad . \quad . \quad . \quad 35)$$

Folgerungen aus Formel 33):

Wird $\lambda_1 = 0^0$, so wird $\vartheta = 0$, d. h. der mittlere Meridian schneidet sämtliche Parallelkreise normal. Für den mittleren Parallelkreis ist $\beta_1 = \varphi$ und $\mu_1 = \lambda_1 \sin \varphi = \lambda_1 \sin \beta_1$, also $\vartheta = 0$, d. h. der mittlere Parallelkreis wird von sämtlichen Meridianen normal geschnitten. Für $\beta = 90^0$, d. h. für den Pol wird $\operatorname{tg} \vartheta = \lambda_1$, woraus folgt, daß die Abweichung der Schnitte der Netzlinien vom rechten Winkel mit dem Breitenunterschied $\beta_1 - \varphi$ und für die gleiche Breite im Verhältnisse des Längenwinkels zunimmt. Hat das in der Bonneschen Projektion dargestellte Gebiet die Gestalt eines Rechteckes, so erreicht die Winkelverzerrung ihren größten Betrag in den Ecken desselben. Für $\beta_1 < \varphi$, also für die südlich vom Mittelparallel liegenden Breiten wird $\operatorname{tg} \vartheta$ negativ und für $\beta_1 = -90^0$ ist $\operatorname{tg} \vartheta = -\lambda_1$.

b) Winkelverzerrung unter einem beliebigen Azimut.

Eine Richtungslinie m, deren von Nord über West gezähltes Azimut α ist, und deren Endpunkte auf den Parallelkreisen $P_1 E$ bzw. FG liegen, wird auf der Erdoberfläche für Strecken, welche noch als geradlinig betrachtet werden können, wenn man den von den genannten Parallelkreisen eingeschlossenen Meridianbogen wieder mit B bezeichnet:

$$m = \frac{B}{\cos\alpha}.$$

Ist nun in der Projektion (Fig. 13) wieder:
$P_2 N$ der Projektionsradius,
$P_2 N_1$ die Meridiankurve, ferner
$P_2 P_1 = m_1$ die Abbildung der Linie m,
$N_1 P_2 P_1 = A$ die Abbildung des Azimuts α,
$N P_2 N_1 = \vartheta$ die Winkeländerung für den Meridian $N_1 P_2$ in P_2,
so wird auf der Erdoberfläche, weil der Meridian $P_2 N_1$ den Parallelkreis $P_1 E$ senkrecht in K schneidet:

$$P_1 K = B \operatorname{tg} \alpha.$$

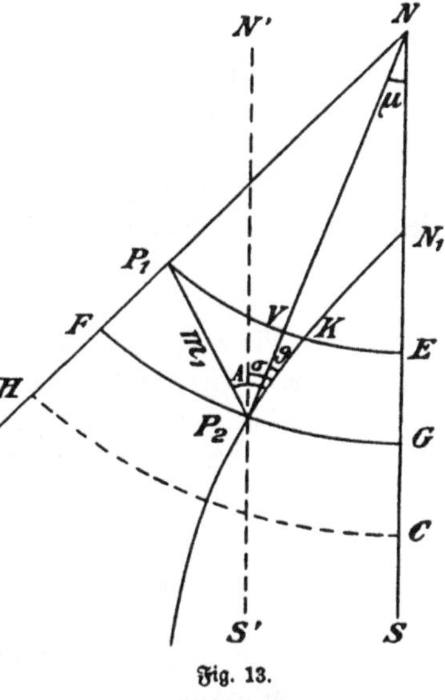

Fig. 13.

In der Projektion ist dieser Bogen:

$$P_1 K = P_1 V + VK,$$

ferner:

$$P_1 V = B \operatorname{tg}(A - \vartheta)$$
$$VK = B \operatorname{tg} \vartheta,$$

daher:

$$B \operatorname{tg}(A - \vartheta) + B \operatorname{tg} \vartheta = B \operatorname{tg} \alpha$$

oder:

$$\operatorname{tg}(A - \vartheta) = \operatorname{tg} \alpha - \operatorname{tg} \vartheta \quad . \quad 36)$$

Wird die Karte auf ein mäßig großes Gebiet beschränkt, so bleibt ϑ ein kleiner Winkel, und man darf $\operatorname{tg} \vartheta = \vartheta$ setzen und die höheren Potenzen von ϑ vernachlässigen. Dann ist:

$$\operatorname{tg} A - \vartheta = (\operatorname{tg} \alpha - \vartheta)(1 + \vartheta \operatorname{tg} A) = \operatorname{tg} \alpha - \vartheta + \vartheta \operatorname{tg} A \operatorname{tg} \alpha - \vartheta^2 \operatorname{tg} A.$$

Nach Vernachlässigung des letzten Gliedes der rechten Seite, Reduktion und Auflösung dieser Gleichung ergibt sich:

$$\operatorname{tg} A = \operatorname{tg} \alpha + \vartheta \operatorname{tg}^2 \alpha + \ldots$$

Nennt man den Unterschied des Azimuts auf der Erdoberfläche und in der Projektion u, also

$$A - \alpha = u \quad \text{und} \quad A = \alpha + u,$$

so ist:

$$\operatorname{tg}(\alpha + u) = \frac{\operatorname{tg}\alpha + \operatorname{tg} u}{1 - \operatorname{tg}\alpha \operatorname{tg} u} = \operatorname{tg}\alpha + \vartheta \operatorname{tg}^2 \alpha$$

oder

$$\operatorname{tg}\alpha + \operatorname{tg} u = \operatorname{tg}\alpha - \vartheta \operatorname{tg}^2 \alpha \operatorname{tg} u - \vartheta \operatorname{tg}^3 \alpha \operatorname{tg} u$$

und, mit Vernachlässigung des letzten Gliedes:

$$\operatorname{tg} u (1 + \operatorname{tg}^2 \alpha) = \vartheta \operatorname{tg}^2 \alpha$$

$$\operatorname{tg} u = \vartheta \operatorname{tg}^2 \alpha \cos^2 \alpha$$

$$\operatorname{tg} u = \vartheta \sin^2 \alpha \quad \ldots \ldots \ldots \quad 37)$$

d. i. die Winkeländerung einer Richtungslinie unter dem Azimut α, wo ϑ die in 33 mit 35) gefundene Winkelverzerrung in der Meridianrichtung ist.

Der Wert von u wird ein Maximum, nämlich $\operatorname{tg} u = \vartheta$ für $\alpha = 90^0$ und $\alpha = 270^0$, während er für $\alpha = 0^0$ und $\alpha = 180^0$ Null wird. Die Änderung eines Azimuts erreicht daher in der Projektion ihren größten Betrag, wenn die Richtungslinie mit dem Parallelkreise zusammenfällt.

B. Längenverzerrung.

Eine Linie $P_1 P_2 = m$, deren Azimut α ist und deren Endpunkte die geographischen Breiten β_1 und β_2 haben, wird auf der Erdoberfläche für Strecken, welche noch als geradlinig betrachtet werden können, wenn wieder $B = \beta_1 - \beta_2$ den Breitenabstand der Endpunkte der Linie m bezeichnet:

$$m = \frac{B}{\cos\alpha}.$$

In der Projektion (Fig. 13) erscheint diese Linie:

$$m_1 = \frac{B}{\cos(\alpha + \vartheta)}.$$

Das Verhältnis:

$$\frac{m_1}{m} = \frac{\cos\alpha}{\cos(\alpha + \vartheta)} = v$$

ist das Maß für die Längenverzerrung unter dem Azimut α. Ferner ist auf der Erdoberfläche:

$$m = \frac{P_1 K}{\sin\alpha}$$

und in der Projektion:

$$m_1 = \frac{P_1 K - VK}{\sin(A - \vartheta)}$$

also

$$v = \frac{m_1}{m} = \frac{(P_1 K - VK)\sin\alpha}{P_1 K \sin(A - \vartheta)}.$$

Für Strecken, die noch als geradlinig betrachtet werden können, ist:

$$P_1K = (R_2 - R_1) \operatorname{tg} \alpha$$
$$VK = (R_2 - R_1) \operatorname{tg} \vartheta.$$

Mit diesen Werten gibt die obige Gleichung:

$$v = \frac{(R_2 - R_1)(\operatorname{tg} \alpha - \operatorname{tg} \vartheta) \sin \alpha}{(R_2 - R_1) \operatorname{tg} \alpha \sin (A - \vartheta)} = \frac{(\operatorname{tg} \alpha - \operatorname{tg} \vartheta) \cos \alpha}{\sin (A - \vartheta)} \qquad 38)$$

Nun ist aber nach 36:

$$\operatorname{tg} (A - \vartheta) = \operatorname{tg} \alpha - \operatorname{tg} \vartheta$$

oder, nach einfacher Umformung (weil allgemein $\sin \psi = \frac{\operatorname{tg} \psi}{\sqrt{1 + \operatorname{tg}^2 \psi}}$ ist):

$$\sin (A - \vartheta) = \frac{\operatorname{tg} \alpha - \operatorname{tg} \vartheta}{\sqrt{1 + (\operatorname{tg} \alpha - \operatorname{tg} \vartheta)^2}}.$$

Die Einführung dieses Wertes in Gleichung 38) gibt:

$$v = \frac{\sqrt{1 + (\operatorname{tg} \alpha - \operatorname{tg} \vartheta)^2} \cos \alpha (\operatorname{tg} \alpha - \operatorname{tg} \vartheta)}{\operatorname{tg} \alpha - \operatorname{tg} \vartheta}$$
$$= \sqrt{\cos^2 \alpha + \sin^2 \alpha - 2 \sin \alpha \cos \alpha \operatorname{tg} \vartheta + \cos^2 \alpha \operatorname{tg}^2 \vartheta},$$

woraus schließlich:

$$v = \sqrt{1 - \sin 2\alpha \operatorname{tg} \vartheta + \cos^2 \alpha \operatorname{tg}^2 \vartheta} \quad . \ . \ . \ . \quad 39)$$

d. i. das Verzerrungsverhältnis einer Linie unter dem Azimut α.

Anmerkung. In dieser Formel ist der Wert ϑ für die beiden Endpunkte der Linie $P_1 P_2$ als gleich groß angenommen, was für nicht sehr große Entfernungen (z. B. innerhalb eines Kartenblattes) wegen der geringen Änderung von ϑ zulässig ist. Für die exakte Berechnung von v wäre aber für ϑ der Mittelwert $\frac{1}{2}(\vartheta_1 + \vartheta_2)$ einzuführen, wenn ϑ_1 die Änderung der Meridianrichtung in P_1 und ϑ_2 in P_2 bezeichnet.

Aus der Gleichung 39) folgt:

I. Wenn $\beta_1 > \varphi$ ist, wird ϑ positiv, und man erhält für v:

1. Auf dem Meridian, d. h. wenn $\alpha = \left| \begin{matrix} 0^0 \\ 180^0 \end{matrix} \right.$ wird (weil $\sin 2\alpha = 0$; $\cos^2 \alpha = 1$),

$$v = \sqrt{1 + \operatorname{tg}^2 \vartheta} = \frac{1}{\cos \vartheta}, \text{ also } v > 1,$$

d. h. in der Meridianrichtung werden die Linien im allgemeinen vergrößert. Für den mittleren Meridian ist aber (Folgerung aus 33) $\vartheta = 0$, also $v = 1$, dieser erscheint daher in seiner wahren Größe.

2. Auf dem Parallelkreise, d. h. wenn $\alpha = \begin{cases} 90^0 \\ 270^0 \end{cases}$ wird (weil $\sin 2\alpha = 0$; $\cos^2 \alpha = 0$)

$$v = 1,$$

d. h. auf dem Parallelkreise findet keine Verzerrung statt.

3. Ist $\alpha = \begin{cases} 45^0 \\ 225^0 \end{cases}$, so wird, weil $\sin 2\alpha = 1$ und $\cos^2 \alpha = \frac{1}{2}$

$$v = \sqrt{1 - \operatorname{tg} \vartheta + \frac{1}{2} \operatorname{tg}^2 \vartheta}, \text{ also } v < 1.$$

4. Ist $\alpha = \begin{cases} 135^0 \\ 315^0 \end{cases}$, so wird, weil $\sin 2\alpha = -1$ und $\cos^2 \alpha = \frac{1}{2}$,

$$v = \sqrt{1 + \operatorname{tg} \vartheta + \frac{1}{2} \operatorname{tg}^2 \vartheta}, \text{ also } v > 1.$$

II. Wird $\beta < \varphi$, so wird ϑ negativ und die Werte ad 3 und 4 tauschen ihren Platz.

In der Bonneschen Projektion werden also nur jene Linien in ihrem wahren Größenverhältnisse abgebildet, welche entweder auf dem mittleren Meridian oder auf irgend einem Parallelkreise liegen. In allen anderen Richtungen tritt eine Vergrößerung oder eine Verkleinerung ein, welche ihren größten Betrag in der Oktantenrichtung erreicht, d. h. für jene Linien, welche mit den Netzlinien einen Winkel von 45° bilden.

Für ein Gebiet von mäßiger Ausdehnung darf wieder

$$\operatorname{tg} \vartheta = \vartheta \text{ und } \operatorname{tg}^2 \vartheta = 0$$

gesetzt werden, und es ergibt sich dann für die Längenverzerrung der einfache Ausdruck:

$$v = \sqrt{1 - \vartheta \sin 2\alpha} \quad \dots\dots\dots \quad 40)$$

und für das Maximum der Verzerrung bei $\alpha = n\pi \pm 45^0$

$$v' = \sqrt{1 - \vartheta} \quad \dots\dots\dots \quad 41)$$

Führt man für den kleinen Winkel ϑ seinen Sinus ein, so läßt sich diese Formel auch schreiben:

$$v' = \sin\left(45 + \frac{\vartheta}{2}\right)\sqrt{2} \quad \dots\dots \quad 42\text{a})$$

Ist ϑ ein sehr kleiner Winkel, so wird aus 41) $v' = (1 - \vartheta)^{\frac{1}{2}}$ mit Vernachlässigung der höheren Potenzen:

$$v' = 1 - \frac{\vartheta}{2} \quad \dots\dots\dots \quad 42\text{b})$$

§ 18. Kritische Betrachtung der Bonneschen Projektion.

Wie aus den vorstehenden Untersuchungen zu ersehen ist, sind die Verzerrungen in der Nähe des Kartenmittelpunktes verschwindend klein, wachsen aber mit zunehmender Entfernung von diesem und erreichen für

Das Gradnetz des Erdsphäroides in der Bonneschen Projektion.

(Mittlerer Kartenparallel $\varphi = 49^{0}$ n. Br.)

Maßstab in 1 : 250000000.

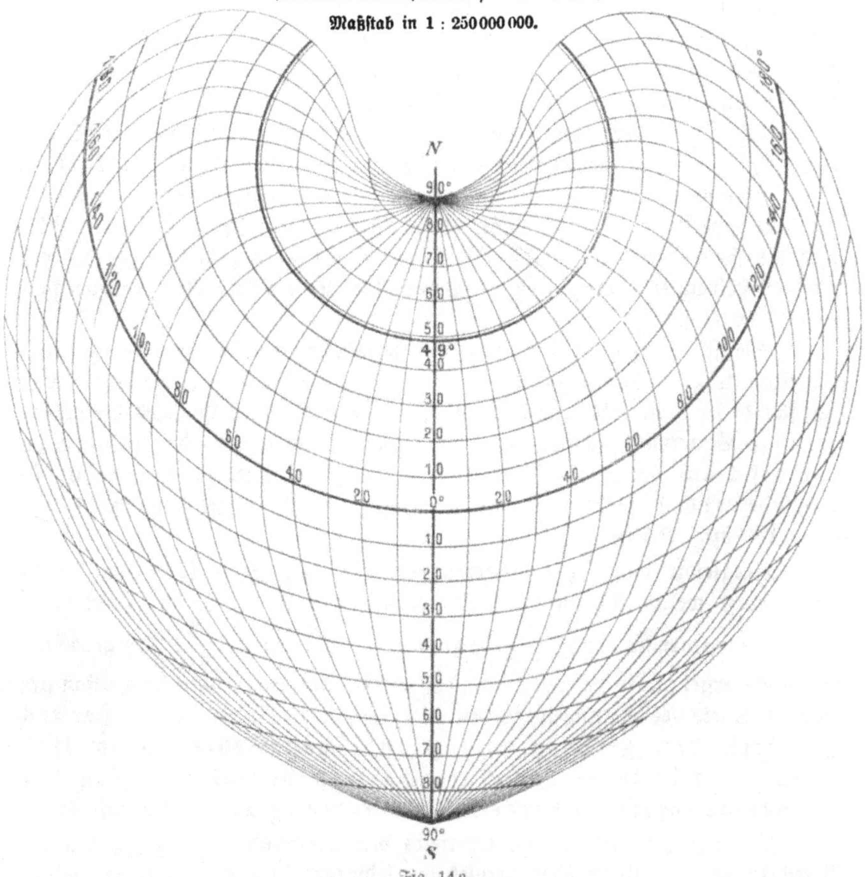

Fig. 14a.

große Gebiete sehr bedeutende Beträge. Betrachtet man die obige Abbildung des Bonneschen Netzes, so sprechen die bedeutenden Verzerrungen, welche in den weit vom Kartenmittelpunkte liegenden Gegenden auftreten, nicht zugunsten der Bonneschen Projektion, und dies mag auch der Grund sein, daß sich Stimmen erhoben haben, welche ihr jede Berechtigung für Karten sowohl größerer als auch kleinerer Gebiete absprechen.

Indes kommen für die Beantwortung der Frage nach der Berechtigung einer Projektion nicht nur die absoluten Verzerrungsgrößen, sondern auch der Zweck der Karte, die sonstigen Eigenschaften der Projektion und das Verjüngungsverhältnis der Karte in Betracht.

Es kann keinem Zweifel unterliegen, daß etwaige Verzerrungen doch nur dann als ein Nachteil zu betrachten sind, wenn sie Beträge erreichen, die in der Kartenzeichnung, d. h. auf graphischem Wege noch nachgewiesen werden können. Nun sind aber z. B. im Maßstabe 1 : 50000 Linien unter 5 m und Winkel von wenigen Minuten Größen, welche sich überhaupt nicht mehr graphisch darstellen lassen. Die Verzerrung kann daher, so lange sie in solchen Grenzen bleibt — wie dies bei dem bayerischen topographischen Atlas in 1 : 50000 der Fall ist (vgl. § 24 und die Rechnungsbeispiele IV, V, VI in § 26) — um so weniger als ein Nachteil betrachtet werden, als es Projektionen ohne Verzerrungen überhaupt nicht gibt.

Selbst bei einer Ausdehnung des bayerischen Atlasses mit dem Kartenmittelpunkte $\varphi = 49^{0}$, $\lambda = 29^{0}\,16'$ auf das ganze Deutsche Reich würde trotz der für diesen Fall sehr ungünstigen Wahl des Kartenmittelpunktes die größte anguläre Verzerrung in der Gegend von Memel etwa 48', die lineare etwa 6 m auf 1 km betragen. Wird Berlin als Kartenmittelpunkt gewählt, so vermindern sich diese Beträge (der Verzerrungen bei Memel oder Basel) auf rund 18' bzw. 2,5 m auf 1 km.

Vergleicht man diese Verzerrungsgrößen mit jenen (11' bzw. 1,6 m auf 1 km), welche sich in der Polyederprojektion (§ 40, 1), und zwar schon in jeder einzelnen (geradlinig begrenzten) Sektion $= \frac{1}{675}$ der gedachten Bildfläche ergeben, so erkennt man, daß eine in der Bonneschen Projektion gezeichnete Karte des Deutschen Reiches in 1 : 160000 erst in den äußersten Blättern den gleichen kartographischen Fehler aufweisen würde, der in jeder einzelnen Sektion der gleichen, in der Polyederprojektion hergestellten Karte in 1 : 100000 auftritt.

Diese Zahlen widerlegen einerseits den Einwand, den man gegen die Berechtigung der Bonneschen Projektion lediglich ihrer Verzerrungen halber erhebt, lassen anderseits aber auch die Grenze erkennen, innerhalb welcher diese Projektion noch eine dem Zwecke der Karte entsprechende Anwendung finden kann.

Wenn die Projektion auf ein, im Verhältnisse zur Verjüngung der Karte genügend kleines Gebiet beschränkt wird, so sind als Nachteil der Bonneschen Abbildung nicht die Verzerrungen zu betrachten, sondern vielmehr die ungünstige Lage des Gradnetzes zu den Rändern der Kartenblätter, welche den Anschluß der Blätter an Kartenwerke von Nachbarstaaten erschwert. (Vgl. Fig. 14 b).

Nr. 101. Ebernburg.

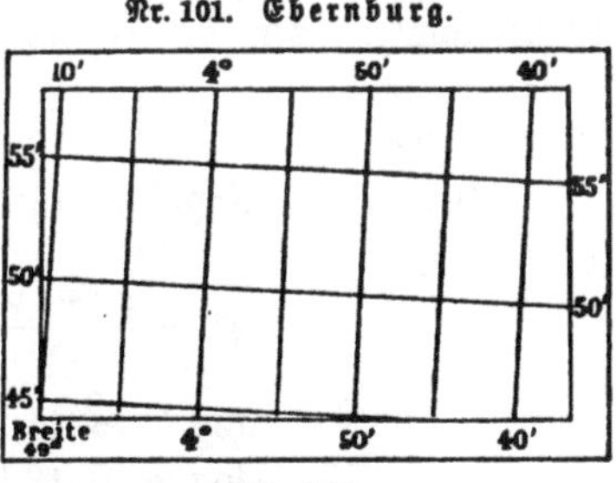

Fig. 14 b.

Diesem Mangel stehen indessen sehr wichtige Vorzüge gegenüber, als welche wir die absolute Flächentreue, die geometrisch zusammenhängende ebene Darstellung des ganzen abzubildenden Gebietes, die Möglichkeit eines sehr bequemen Eintrages der durch ebene rechtwinklige Koordinaten gegebenen Dreieckspunkte, die Einfachheit der Konstruktion und die kongruente Form der einzelnen Blätter betrachten.

Diese Vorzüge sind es auch, denen die Bonnesche Projektion ihre häufige Anwendung für geographische Karten verdankt.

Kapitel 4. Der bayerische topographische Atlas und die Karte von Südwestdeutschland.

§ 19. Konstanten.

Der Konstruktion des topographischen Atlasses von Bayern in 1 : 50000 sind die schon in § 4 angegebenen Erdmaße zugrunde gelegt worden, nämlich:

Große Achse $a = 6\,376\,614{,}7$ $\log a = 6{,}8045902$ . . I)

Kleine Achse $b = 6\,355\,776{,}5$ $\log b = 6{,}8031686$ . . II)

Abplattung $\eta = \frac{a-b}{a} = \frac{1}{306}$ $\log \eta = 7{,}51499-10$ [1]) III)

---

[1]) In den älteren Berechnungen ist angenommen:

$$\log a = 6{,}80459$$

$$\eta = \frac{1}{305{,}5},$$

woraus

$$\log b = 6{,}8031671.$$

Als mittlerer Kartenparallel, in welchem der Kegel das Sphäroid berührt, ist der Parallelkreis der Breite $\varphi = 49^0$, als **Nullmeridian** der Meridian der **alten Münchner Sternwarte**, die auf dem heutigen Areal des Münchner Ostbahnhofes lag, und als geographische Breite dieses Punktes M, welcher zugleich der **Ursprung des Koordinatensystems** ist,

$$\beta_1 = 48^0 07' 33''$$

angenommen.

Aus obigen Angaben ergibt sich für die **numerische Exzentrizität** (Formel 2):

$$\varepsilon^2 = \frac{a^2 - b^2}{a^2} = 1 - \frac{b^2}{a^2} = \sin \psi$$

$$\log b^2 = 13{,}6063372$$
$$\log a^2 = 13{,}6091803$$
$$\log 1 - \varepsilon^2 = \log \frac{b^2}{a^2} = 9{,}9971569 - 10$$
$$\frac{b^2}{a^2} = 0{,}9934747$$
$$\varepsilon^2 = 0{,}0065253 \qquad \log \varepsilon^2 = 7{,}8145984 - 10 \qquad \text{IV)}$$

Für den **Querkrümmungshalbmesser** ϱ **des Mittelparallels** φ berechnen wir nach 11):

$$\varrho = \frac{a}{\sqrt{1 - \varepsilon^2 \sin^2 \varphi}}$$

$$\log \varepsilon^2 = 7{,}8145984 - 10$$
$$\log \sin^2 49^0 = 9{,}7555598 - 10$$
$$7{,}5701582 - 10$$
$$\varepsilon^2 \sin^2 \varphi = 0{,}0037167$$
$$1 - \varepsilon^2 \sin^2 \varphi = 0{,}9962833 \qquad \log (1 - \varepsilon^2 \sin^2 \varphi) = 9{,}9983829 - 10 \text{ [1]}$$
$$\log \sqrt{1 - \varepsilon^2 \sin^2 \varphi} = 9{,}9991915 - 10$$
$$\log a = 6{,}8045902$$
$$\log \varrho = 6{,}8053987 \quad \ldots\ldots\ldots \quad \text{V)}$$

[1]) Etwas kürzer gestaltet sich die Berechnung, wenn $\varepsilon \sin \varphi = \sin \omega$ gesetzt wird. Dann ist:

$$\sqrt{1 - \varepsilon^2 \sin^2 \varphi} = \cos \omega$$
$$\varrho = a \sec \omega,$$

ebenso wird, weil $1 - \varepsilon^2 = \cos^2 \psi$ ist,

$$r = a \cos^2 \psi \sec^3 \omega.$$

Für den Projektions-Radius R des mittleren Parallels φ finden wir nach 22):

$$R = \varrho \cot \varphi$$
$$\log \varrho = 6{,}8053987$$
$$\log \cot \varphi = 9{,}9391631-10$$
$$\log R = 6{,}7445618 \qquad R = 5553435 \quad . \; . \; . \text{ VI)}$$

Der Meridianbogen D zwischen dem Parallel $\varphi = 49^0$ und dem Koordinatenursprung M (Sternwarte) ist nach 21):

$$D = r_{(m)} (\beta_1 - \varphi)'' \sin 1'',$$

wo nach 20 und 21:

$$r_{(m)} = \frac{a (1 - \varepsilon^2)}{(1 - \varepsilon^2 \sin^2 \beta_{(m)})^{\frac{3}{2}}}$$

der Meridiankrümmungshalbmesser für die Breite

$$\beta_{(m)} = \frac{1}{2} (\beta_1 + \varphi)$$

ist. Nun ist die geographische Breite der alten Sternwarte nach obiger Annahme:

$$\beta_1 = 48^0\, 07'\, 33'',$$

demnach die in Winkelmaß ausgedrückte Bogenlänge $D = \beta_1 - \varphi$:

$$D = 52'\, 27'' = 3147'', \text{ und}$$
$$\beta_{(m)} = 49^0 - \frac{D}{2} = 48^0\, 33'\, 16{,}''5.$$

Für diese Breite $\beta_{(m)}$ finden wir den Wert von $r_{(m)}$ mit Benutzung der unter IV) berechneten Werte für ε^2 und $\log (1 - \varepsilon^2)$:

$\log a = 6{,}8045902$	$\log \varepsilon^2 = 7{,}8145984-10$
$\log (1 - \varepsilon^2) = 9{,}9971570-10$	$\log \sin^2 \beta_{(m)} = 9{,}7496434$
$6{,}8017472$	$7{,}5642418-10$
	$\varepsilon^2 \sin^2 \beta_{(m)} = 0{,}0036664$
	$1 - \varepsilon^2 \sin^2 \beta_{(m)} = 0{,}9963336$
	$\log (1 - \varepsilon^2 \sin^2 \beta_{(m)}) = 9{,}9984048-10$
$9{,}9976072-10$	$\frac{3}{2} \log (1 - \varepsilon^2 \sin^2 \beta_{(m)}) = 9{,}9976072-10$
$\log r_{(m)} = 6{,}8041400$	

$$\log (\beta_1 - \varphi)'' = 3{,}4978967$$
$$\log \sin 1'' = 4{,}6855749-10$$
$$\log r_{(m)} = 6{,}8041400$$
$$\log D = 4{,}9876116; \qquad D = 97188 \qquad \text{VII)}$$

Mit den obigen Konstanten und Formeln lassen sich nun die in nachstehender Tabelle zusammengestellten Zahlenwerte berechnen, deren Kenntnis für die Konstruktion des Atlasses notwendig ist.

Tabelle I.

Die Krümmungshalbmesser, Projektionsradien, Mittelpunktswinkel, Meridian- und Parallelbogenlängen.

β Geographische Breite, λ Längenunterschied gegen den Hauptmeridian,
$r_{(\beta)}$ Krümmungshalbmesser des elliptischen Meridians in Meter (20),
$\varrho_{(\beta)}$ Querkrümmungshalbmesser in Meter (11),
$\mu_{(\beta)}$ Mittelpunktswinkel für $\lambda = 10'$ in Sekunden (26),
$R_{(\beta)}$ Projektionsradius in Meter (22),
$B_{(m)} = R_{(\varphi)} - R_{(\beta)}$ Meridianbogen B zwischen dem Parallel 49° und dem Parallel β in Meter (21),
$l_{(\beta)}$ Parallelbogen für $\lambda = 10'$ in Meter (24).

1 β	2 $\log r_{(\beta)}$	3 $\log \varrho_{(\beta)}$	4 $\mu_{(\beta)}$ für $\lambda = 10'$	5 $R_{(\beta)}$	6 $\log R_{(\beta)}$	7 $B_{(m)}$ = arc $(\beta - \varphi)$	8 $l_{(\beta)}$ für $\lambda = 10'$
50° 30′	6,8042825	6,8054353	452″,668	5386637	6,7313177	166798	11821,49
50° 20′	2700	4312	702	5405171	328095	148264	863,04
50° 10′	2575	4272	731	23706	342962	129729	904,49
50° 00′	2465	4232	756	42240	357777	111195	945,87
49° 50′	2342	4191	777	60774	372542	92661	987,09
49° 40′	2220	4150	795	79307	387256	74128	12028,23
49° 30′	2097	4109	808	97840	401921	55595	069,27
49° 20′	1975	4069	818	5516372	416536	37063	110,21
49° 10′	1852	4028	823	34904	431101	18531	151,05
49° 00′	1730	3987	826	53435	445618	0	191,79
48° 50′	1607	3946	823	71965	460084	18530	232,42
48° 40′	1484	3905	818	90495	474502	37060	272,95
48° 30′	1361	3864	809	5609025	488874	55590	313,38
48° 20′	1238	3823	796	27554	503196	74119	353,69
48° 10′	1115	3782	779	46083	517473	92648	393,90
48° 00′	0992	3741	758	64611	531701	111176	434,01
47° 50′	0868	3700	734	83139	545882	129704	474,01
47° 40′	0745	3659	706	5701666	560018	148231	513,90
47° 30′	0621	3618	674	20193	574106	166758	553,68
47° 20′	0498	3577	640	38719	588149	185284	593,36
47° 10′	0374	3536	602	57245	602147	203810	632,94
47° 00′	0250	3495	564	75771	616099	222335	672,40

§ 20. Astronomische Orientierung.

Der astronomischen Orientierung wurde die in den Jahren 1801 und 1802 von Henry ausgeführte Azimutmessung: München—Aufkirchen zugrunde gelegt, welche ergab:

$$\alpha = 48^0\, 59'\, 53'' \text{ (von Nord über Ost gezählt).}$$

Aus späteren Bestimmungen (Soldner 1813, Orff 1863/64) ergab sich aber, daß dieses Henrysche Azimut um etwa 14″,5 zu klein ist.

Das ganze Gradnetz des bayerischen Atlasses muß daher um diesen Betrag in der Richtung: Nord—West—Süd gedreht werden, damit dasselbe die richtige Orientierung erhält.

Die Gleichung 37) der Winkeländerung einer Richtung unter dem Azimut α wird daher mit Berücksichtigung der wegen der unrichtigen Orientierung nötigen Verbesserung, wenn man für die Tangente des sehr kleinen Winkels u seinen Bogen setzt:

$$u_1 = \vartheta \sin^2 \alpha + 14'',5.$$

§ 21. Einteilung und Größe der Kartenblätter.

a) Topographischer Atlas in 1 : 50000.

Die Bildfläche wird, vom Hauptmeridian ausgehend, durch Parallele zu diesem in Streifen von je 80 cm, und durch hierzu senkrechte Linien in Streifen von je 50 cm geteilt. Die hierdurch entstehenden Atlasblätter sind demnach kongruente Rechtecke, deren Fläche 4000 qcm beträgt. Dieselben sind so angeordnet, daß die alte Münchner Sternwarte genau in die Mitte des Atlasblattes Nr. 77, München, zu liegen kommt.

In neuerer Zeit kommen die Blätter als Atlashalbblätter zur Ausgabe, welche also je ein rechteckig begrenztes Gebiet von nachstehenden Maßen in natürlicher Länge darstellen:

Nord- und Südrand	20 km,
West- „ Ostrand	25 „
Fläche	500 qkm,
Diagonale . . .	32,0156 km.

b) Die Karte von Südwestdeutschland in 1 : 250000,

welche, den politischen Grenzen des Deutschen Reiches entsprechend, jetzt eigentlich als Karte von Süddeutschland zu bezeichnen wäre, besteht aus Rechtecken, deren Ränder je 3 Atlasblattseiten enthalten. Die Länge der Blattseiten von 48 cm bzw. 30 cm entspricht daher in der Natur 120 km bzw. 75 km, und einer Fläche von 9000 qkm.

§ 22. Orientierung der einzelnen Blätter.

Bezeichnet σ (Fig. 13 S. 43) den Winkel, unter dem die Ost- und Westränder der Blätter von den Meridianen geschnitten werden, und $N'S'$ den zum Hauptmeridian NS parallelen Kartenrand, so ist

$$\sigma = N'P_2N_1 = N'P_2N + NP_2N_1.$$

Da aber $N'P_2N = P_2NS = \mu_1$ und $NP_2N_1 = \vartheta$ ist, so wird

$$\sigma = \mu_1 + \vartheta.$$

Nun ist nach 34):

$$\operatorname{tg}\vartheta = \lambda_1 \sin\beta_1 - \mu_1.$$

Wenn ϑ genügend klein ist und $\operatorname{tg}\vartheta = \vartheta$ gesetzt werden kann, so ist:

$$\sigma = \mu_1 + \lambda_1 \sin\beta_1 - \mu_1$$

oder

$$\sigma = \lambda_1 \sin\beta_1.$$

Im bayerischen topographischen Atlas erreicht der Winkel σ, unter welchem die West- und Ostränder der Blätter vom Meridian geschnitten werden, seinen größten Betrag im Atlasblatt Ebernburg (genähert $\beta_1 = 49^\circ 50'$, $\lambda_1 = 4^\circ 30'$), nämlich:

$$\sigma = 4{,}5 \cdot \sin 49^\circ 50' = 3^\circ 26' 15''.$$

Um diesen Winkel weichen die Ost- und Westränder dieses Blattes von der Nordrichtung ab (s. Fig. 14b S. 49).

§ 23. Gestalt der Netzlinien innerhalb des bayerischen Atlasses.

a) Parallelkreis.

Die **Pfeilhöhe** des Parallelkreisbogens ist nach 80):

$$p = \frac{l^2}{8R_1}.$$

Für ein Atlashalbblatt ist $l = 20000$ und für den am stärksten gekrümmten Parallelkreisbogen ($\beta_1 = 50^\circ 30'$) ist $R_1 = 5386637$ (Tabelle 1), daher:

$$p = \frac{20000^2}{8 \cdot 5386637} = 9{,}2 \text{ m}.$$

Die Krümmung des Parallelkreises ist daher innerhalb eines Halbblattes kaum merklich, da der Abstand des Bogens von seiner Sehne im Kartenmaßstab nur 0,2 mm, d. h. die Dicke einer mittelstarken Linie erreicht.

b) Meridian.

Für die Meridiankurve ist nach 31) für die Sehne $2\mathfrak{x}$ (für Bogenmaß) die **Pfeilhöhe**:

$$\mathfrak{y} = \frac{1}{2}\lambda_1 r \mathfrak{x}^2 \cos\varphi.$$

Ist λ_1 und $\mathfrak{x}$ in Sekunden gegeben, so wird

$$\mathfrak{y} = \frac{1}{2}\,\lambda_1''\, r\,\mathfrak{x}^2 \sin^3 1'' \cos\varphi = [0{,}37809-10]\,\lambda_1\mathfrak{x}^2.$$ [1])

Ist λ_1 in Sekunden, $\mathfrak{x}$ aber in Meter gegeben, so wird

$$\mathfrak{y} = \frac{1}{2r}\,\lambda'' \sin 1''\,\mathfrak{x}^2 \cos\varphi = [7{,}39611-20]\,\lambda_1\mathfrak{x}^2.$$

Für den größten Längenunterschied $\lambda_1 = 4^1/_2{}^0$ und die Blatthöhe $2\mathfrak{x} = 25000$ m ist daher der Pfeil des in das Blatt fallenden Meridianbogens:

$$\mathfrak{y} = [7{,}39\,611 - 20]\ 16\,200'' \cdot 12\,500^2 = 0{,}6 \text{ m},$$

d. h. im Kartenmaßstabe $^1/_{80}$ mm, eine Größe welche in der Kartenzeichnung nicht mehr dargestellt werden kann. Man darf daher innerhalb eines Atlasblattes die Meridiane als gerade Linien betrachten.

Es ist auch von Interesse, die größte Pfeilhöhe der Meridiankurve für die Projektion des ganzen Königreiches (d. h. für sämtliche aneinandergefügte Blätter) zu bestimmen. Man hat dann für den größten Längenunterschied $\lambda_1 = 4^1/_2{}^0$ und für den Meridianbogen zwischen $\beta_1 = 47^0$ und $\beta_2 = 50^0\,30'$ die Pfeilhöhe in Meter

$$\mathfrak{y} = [0{,}37809-10]\ 16200'' \cdot \left(\frac{12\,600}{2}\right)''^2 = 153{,}6,$$

d. h. die Größe des Pfeiles der am stärksten gekrümmten Meridiankurve beträgt im Maßstabe der Karte bei einer Länge der Kurve von 7,78 m nur 3,07 mm.

§ 24. Größe der Verzerrungen im topographischen Atlas in 1 : 50000 und in der Karte von Südwestdeutschland in 1 : 250000.

a) Im Atlas.

Die größte Winkeländerung entsteht im nordwestlichsten Blatte des Kartenwerkes: Nr. 101 Ebernburg, nämlich:

$$\vartheta = 2'\,17'',37.$$

Um diesen Betrag weichen die Winkel je eines Netzvierecks vom rechten Winkel ab.

---

[1]) In dieser Gleichung, wie auch in den folgenden, bezeichnen wir mit der in eckige Klammern gesetzten Zahl den Logarithmus der betreffenden Zahl, so daß also:

$$[a] = \text{num log } a.$$

Die größte Längenverzerrung in dem gleichen Blatte beträgt:

0,33 m auf 1 Kilometer,

und zwar werden um diesen Betrag die Linien unter dem Azimut $\alpha = 135^0$ bzw. $\alpha = 315^0$ vergrößert, dagegen unter dem Azimut $\alpha = 45^0$ bzw. $\alpha = 225^0$ verkleinert (wobei das Azimut α von Nord über West gezählt ist; vgl. das Rechn.-Beispiel V in § 26).

Etwas geringer ist die Verzerrung im südwestlichsten Blatte Nr. 87 Lindau, nämlich Maximum der Winkeländerung 2′ 3″,97 und der Längenänderung 0,30 m auf 1 km, und zwar Verkleinerung unter $\alpha = 135^0$ bzw. 315^0 und Vergrößerung unter $\alpha = 45^0$ bzw. 225^0. (Rechn.-Beisp. IV in § 26.)

b) In der Karte von Südwestdeutschland.

Die Verzerrungen erreichen ihren höchsten Betrag in der Südwestecke des Kartenwerkes $\beta = 47^0$, $\lambda = 23^0 45$ (Gegend von Besançon) mit 7′ 34″ Änderung der Winkel und 1,1 m auf 1 km Änderung der Längen. (Vgl. Rechn.-Beisp. VI in § 26.)

Alle diese Beträge sind so klein, daß sie in der Kartenzeichnung nicht mehr zum Vorschein kommen.

Kapitel 5. Der Eintrag der Dreieckspunkte in die Kartenblätter.

§ 25. Eintrag der Dreieckspunkte und Knotenpunkte des Gradnetzes.

Um einen Punkt P_1, dessen geographische Koordinaten β_1, λ_1 gegeben sind, in das von den Atlasblättern gebildete Netz von Rechtecken eintragen zu können, ist es nötig, die rechtwinkligen ebenen (Projektions-) Koordinaten dieses Punktes zu kennen.

Wir haben für diese in 28) und 27) die Formeln abgeleitet:

$$x_1 = -R_1 \cos \mu_1 + R + D$$
$$y = R_1 \sin \mu_1.$$

In diesen Gleichungen sind zwei konstante Werte enthalten:

$$R = 5\,553\,435 \text{ m}; \ (\S\ 19,\ \text{VI})$$
$$D = \quad 97\,188 \text{ m}; \ (\S\ 19,\ \text{VII}).$$

Ferner ist nach 25) und 26):

$$\mu_1 = \frac{\varrho_1 \lambda_1 \cos \beta_1}{R_1}.$$

Für die Berechnung von μ benötigen wir noch der Formeln 11), 23) und 20), nämlich:

$$\varrho_1 = \frac{a}{\sqrt{1 - \varepsilon^2 \sin^2 \beta_1}}$$

$$R_1 = R + r_1 (\beta_1 - \varphi)'' \sin 1''$$

$$r_1 = \frac{a (1 - \varepsilon^2)}{(1 - \varepsilon^2 \sin^2 \beta_1)^{\frac{3}{2}}}.$$

(Rechnungsbeispiel siehe II. Aufgabe S. 61.)

§ 26. Berechnung der geographischen Koordinaten β_1, λ_1 eines Punktes P_1, wenn die Projektions-Koordinaten $x_1 y$ gegeben sind.

Diese Aufgabe ist von praktischer Bedeutung für die Einfügung der Knotenpunkte des Gradnetzes in die Atlasblätter, sowie für die Berechnung der geographischen Koordinaten der Atlasblatt-Eckpunkte.

Durch Division der Gleichungen 27 : 28) erhält man:

$$\operatorname{tg} \mu_1 = \frac{y}{R + D - x_1}.$$

Hier sind wieder R und D die obigen Konstanten (§ 19, VI, VII), daher ist μ_1 bestimmt.

Nun kann

$$R_1 = \frac{y}{\sin \mu_1}$$

ebenfalls berechnet werden. Da ferner $R_1 \mu_1 = l_1$ ist, und dieser Parallelbogen der Konstruktion gemäß in seinem richtigen Größenverhältnisse erscheint, so ist:

$$l_1 = \lambda_1 \varrho_1 \cos \beta_1 = R_1 \mu_1 = \frac{y \mu_1}{\sin \mu_1}$$

$$\lambda_1 = \frac{l_1}{\varrho_1 \cos \beta_1} = \frac{y \mu_1}{\varrho_1 \sin \mu_1 \cos \beta_1},$$

womit die geographische Länge λ_1 bestimmt ist. Die geographische Breite β_1 ist nun einfach:

$$\beta_1 = 49^0 - (R_1 - R) \frac{\pi}{180}.$$

Diese Gleichung, welche den Winkel β_1 in Gradeinheiten liefert, kann zur Berechnung der Breite benutzt werden; wenn aber die dem Breitebogen $R_1 - R = B$ entsprechenden Größen schon (nach § 3 am Schlusse) in analytischem Maße berechnet und in Tafeln zusammengestellt sind (s. Tabelle I,

Spalte 4), so ist die Berechnung von β_1 gar nicht nötig, sondern man hat nur den, dem Bogen (x — 49°) entsprechenden Winkel den Tafeln zu entnehmen.

Anmerkung. Die Aufstellung von Gleichungen für x, y als unmittelbare Funktionen von β_1, λ_1 und umgekehrt, erfordert die Entwickelung von:

$$R_1 = R + r B'' \sin 1'' = R + \int_{\varphi}^{\varphi + B} \varrho_1 \delta \varphi \quad \text{und}$$

$$\mu_1 = \frac{l_1}{R_1} = \frac{\varrho_1 \lambda_1 \cos(\varphi + B)}{R_1}$$

in nach Potenzen der Variablen B, λ_1 fortschreitenden Reihen, woraus die Koordinaten:

$$x = R_1 \cos \mu_1 = R_1 \left(1 - \frac{\mu_1^2}{2} + \ldots\right.$$

$$y = R_1 \sin \mu_1 = R_1 \left(\mu_1 - \frac{\mu_1^3}{3} + \ldots\right)$$

als Funktionen dieser Variablen in Form von Potenzreihen erhalten werden.

Da diese Reihenformeln aber immerhin nur Näherungswerte geben und die für den Eintrag der Atlasblatteckpunkte in die 2500 teiligen Katasterblätter (s. § 35) nötige Genauigkeit eine Berechnung von mindestens 5 Gliedern der Reihe erfordern würde, so gewähren solche Formeln kaum einen praktischen Vorteil, weshalb von deren Ableitung hier abgesehen werden kann.

Beispiele für die Berechnung.

I. Aufgabe.

Gegeben: Die geographischen Koordinaten des Punktes $P_1 \begin{cases} \beta_1 = 50^0\,15' \\ \lambda_1 = \;\;0^0\,50' \end{cases}$

Gesucht: Die Projektions-Koordinaten x, y, und zwar unter der Annahme, daß die Meridianbogenlängen aus Hilfstafeln entnommen werden können.

Lösung: Aus Tabelle I Spalte 7 findet man als Meridianbogenlänge

	für 50° 10′	129 729
	„ 50° 20′	148 264
Hieraus ergibt sich mittels Interpolation	„ 50° 15′	138 996
Ferner ist (§ 19, VI)		$R = 5\,553\,435$
Hieraus ist		$R_1 = 5\,414\,439$
Aus Spalte 3 findet man		$\varrho_1 = [6{,}8054292]$.

Mit den Formeln 25 bis 28) und den Konstanten § 19 VI, VII ergibt sich nachstehende Rechnung:

$\log \cos \beta_1 = 9{,}8057991$	$\log y = 4{,}7739154$	$y = 59417{,}6$
$\log \varrho_1 = 6{,}8054292$	$\log \sin \mu_1 = 8{,}0403620$	
$\log \lambda''_1 = 3{,}4771213$	$\log R_1 = 6{,}7335534$	
$\log \frac{1}{R_1} = 3{,}2664466$	$\log \cos \mu_1 = 9{,}9999739$	
	$\log(-x+R+D)$	$-x+R+D = 5414112{,}5$
$\log \mu_1 = 3{,}3547962$	$= 6{,}7335273$	$R+D = 5650623{,}0$
$\mu_1 = \begin{cases} 2263'',583 \\ 0^0\,37'\,43'',583 \end{cases}$		$x = 236510{,}5$

Wie obiges Beispiel zeigt, gestaltet sich die Berechnung, welche die gesuchten Koordinaten mit einer für alle Zwecke ausreichenden Genauigkeit liefert, schon sehr einfach, wenn nur ein einzelner Knotenpunkt zu bestimmen ist. Die rechnerische Arbeit wird aber noch erleichtert, wenn die Aufgabe gegeben ist, die Koordinaten mehrerer oder aller Knotenpunkte des Netzes zu berechnen. Da nämlich für sämtliche auf dem gleichen Parallel der Breite β_1 liegenden Punkte die Werte R_1 ϱ_1 und $\cos \beta_1$ konstant sind, so ergeben sich nach einmaliger Berechnung des konstanten Wertes

$$R_1 \varrho_1 \cos \beta_1 = \varkappa_1$$

die Koordinaten eines Punktes $\beta_1 \lambda_{(n)}$ aus den Gleichungen

$$\text{I)}\ \mu_{(\lambda)} = \varkappa_1 \lambda_{(n)}$$
$$\text{II)}\ y = R_1 \sin \mu_{(\lambda)}$$
$$\text{III)}\ x = R_1 \cos \mu_{(\lambda)}.$$

In I) kann $\lambda_{(n)}$ sowohl positiv als negativ sein (§ 14); im letzteren Falle ändern sich in II) und III) nicht die Werte der Koordinaten, sondern nur das Vorzeichen von y, welches — wird. Man braucht daher nicht alle, sondern nur die auf einer Seite (westlich oder östlich) des Hauptmeridians liegenden Knotenpunkte zu berechnen. Das gleiche gilt, weil der Hauptmeridian (bzw. die Abszissenachse) mit der Halbierungslinie der mittleren Blattreihe zusammenfällt, für die Gradnetze der einzelnen Atlasblätter.

(Die Gradnetze je zweier symmetrisch zur Abszissenachse liegenden Blätter — z. B. Nr. 76 Landsberg und Nr. 78 Wasserburg, oder Nr. 88 Immenstadt und Nr. 94 Berchtesgaden — sind symmetrisch, d. h. Rand- und Netzlinien decken sich, wenn diese Blätter im Raume so gedreht werden, daß ihre Bildseiten aufeinander zu liegen kommen.)

Sind die Knotenpunkte des in die Karte einzutragenden Gradnetzes — im bayerischen Atlas für je 5 Minuten Breite und Länge — berechnet, so können dieselben auf nachstehende Art tabellarisch zusammengestellt werden

Tabelle II.

Koordinaten der Netz-Knotenpunkte in Meter,

bezogen auf den Hauptmeridian als X-Achse und den Kartenmittelpunkt C als Anfangspunkt des Koordinatensystems.

(S. § 14 und das Rechnungsbeispiel I in § 26.)

Breite β	Länge λ									
	0°		0° 30′		1°		1° 30′		2°	
	Abszisse x	Ordinate y	Abszisse x	Ordinate y	Abszisse x	Ordinate y	Abszisse x	Ordinate y	Abszisse x	Ordinate y
50° 30′	166798	0	166915	35464	167266	70927	167852	106386	168664	141843
20′	148264	0	148381	35589	148733	71176	149321	106760	150137	142340
10′	129729	0	129846	35713	130200	71425	130789	107134	131608	142837
0′	111195	0	111312	35837	111668	71673	112259	107505	113082	143334
49° 50′	92661	0	92778	35961	93136	71921	93728	107876	94556	143828
40′	74128	0	74245	36085	74605	72167	75198	108247	76029	144322
30′	55595	0	55713	36208	56073	72414	56670	108616	57504	144815
20′	37063	0	37181	36330	37543	72659	38141	108985	38978	145305
10′	18531	0	18649	36453	19013	72904	19612	109352	20452	145797
0′	0	0	119	36575	483	73149	1084	109719	1926	146285
48° 50′	18530	0	18411	36697	18046	73393	17443	110085	16600	146772
40′	37060	0	36940	36819	36575	73636	35869	110450	35126	147258
30′	55590	0	55469	36940	55103	73878	54495	110813	53650	147744
20′	74119	0	73997	37061	73631	74120	73021	111176	72176	148229
10′	92648	0	92526	37181	92158	74361	91547	111538	90700	148712
0′	111176	0	111054	37302	110685	74602	110072	111899	109224	149193
47° 50′	129704	0	129581	37422	129211	74842	128596	112259	127747	149673
40′	148231	0	148108	37541	147738	75081	147119	112618	146269	150151
30′	166758	0	166634	37661	166264	75319	165642	112976	164792	150627
20′	185284	0	185159	37781	184788	75558	184164	113333	183313	151101
10′	203810	0	203684	37900	203312	75797	202687	113689	207834	151575
0′	222335	0	222209	38119	221836	76036	221210	114045	220355	152049

II. Aufgabe.

Gegeben: Die geographischen Koordinaten eines Punktes $\begin{cases} \beta_1 = 50^0 09' 57'',311 \\ \lambda_1 = \ \ 2^0 42' 33'',812 \end{cases}$

Gesucht: Die Projektions-Koordinaten x, y.

Lösung: Aus Tabelle I, Spalte 6 u. 3 ist:

$$\log R_1 = 6{,}7343029$$
$$\log \varrho_1 = 6{,}8054272.$$

Mit Benutzung derselben Formeln wie in der I. Aufgabe, ergibt sich nachstehende Rechnung:

$\log\cos\beta = 9{,}8065643$	$\log y = 5{,}2866485$	$y = 193\,485$
$\log\varrho_1 = 6{,}8054272$	$\log\sin\mu_1 = 8{,}5523456$	
$\log\lambda = 3{,}9891743$	$\log R_1 = 6{,}7343029$	
$\log\frac{1}{R_1} = 3{,}2656971$	$\log\cos\mu_1 = 9{,}9997235$	
$\log\mu_1 = 3{,}8668629$	$\log(-x+R+D) = 6{,}7340264$	$-x+R+D = 5\,420\,339$
$\mu_1 = \begin{cases} 7359'',749 \\ 2^0\,2'\,39'',749 \end{cases}$		$R+D = 5\,650\,623$
		$x = 230\,284$

III. Aufgabe.

Für den NW-Eckpunkt des Atlasblattes Nr. 13 (Lichtenfels) die geographischen Koordinaten zu berechnen.

Lösung: Die Projektions-Koordinaten für diesen Eckpunkt sind:

$$x = 9\tfrac{1}{2} \cdot 25\,000 = 237\,500$$
$$y = 1\tfrac{1}{2} \cdot 40\,000 = \ \ 60\,000$$

$R = 5553435$	$\log y = 4{,}7781513$	
$D = \ \ 97188$		
$x = \ \ 237500$	$\log x = 6{,}7334480$	
$R+D-x = 5413123$	$\log\operatorname{tg}\mu_1 = 8{,}0447033$	$\mu_1 = 2286'',2 = 0^0\,38'\,6'',2$
$\log y = 4{,}7781513$		Aus Spalte 7 der Tabelle
$\log\sin\mu_1 = 8{,}0446766$		entnimmt man für $50^0\,10'$
$\log R_1 = 6{,}7334747$	$R_1 = 5413457$	$\operatorname{arc} B_1 = 129\,729$
	$R = 5553435$	
	$\operatorname{arc} B = 139978$	
	$\operatorname{arc} B_1 = 129729$	
	$\operatorname{arc}(B - B_1) = 10249$	

Aus der Tabelle I, Spalte 7 findet man für arc 10′ zwischen $50^0\,10'$ und $50^0\,20'$ (durch Subtraktion) 18535, also arc 1″ = 30,892.

$$1.\ \beta_1 = 50^0\,10' + \left[\frac{10249}{30{,}892}\right]'' = 50^0\,10' + 5'\,31'',76 = 50^0\,15'\,31'',76.$$

Aus Spalte 3 ergibt sich für $50^0 15'$ mittels Interpolation:

$$\log \varrho = 6{,}8054294.$$

$$\log \mu_1 = 3{,}3591142 \qquad \log \sin \mu_1 = 8{,}0446744$$

$$\log y = 4{,}7781513 \qquad \log \cos \beta_1 = 9{,}8057207$$

$$\log A = \log (\mu y) = 8{,}1372655 \qquad \log \varrho_1 = 6{,}8054294$$

$$\log B = 4{,}6558245 \qquad \log B = \log(\varrho_1 \sin \mu_1 \cos \beta_1) = 4{,}6558245$$

$$\log \lambda_1 = 3{,}4814410$$

2. $\lambda_1 = 3029'',99 = 0^0 50' 29'',99.$

Da die Koordinaten der Blatteckpunkte häufig gebraucht werden, so ist es zweckmäßig, dieselben in einer Tabelle, etwa in nachstehender Art zusammenzustellen:

Tabelle III.

Geographische Koordinaten der Nordwesteckpunkte der Atlasblätter.

Atlasblatt		Projektions-Koordinaten		Geographische Koordinaten					
Nr.	Name	Abszisse x km	Ordinate y km	Breite β °	′	″	Länge λ °	′	″
9	Dettingen . . .	237,5	220,0	50	13	18,3	3	5	7,3
10	Partenstein . . .	237,5	180,0	50	14	5,7	2	31	26,5
11	Hammelburg . ꝛc.	237,5	140,0	50	14	44,0	1	57	48,6
101	Ebernburg . . .	212,5	300,0	49	57	45,7	4	11	4,0
—	(Ausland) . . .	212,5	260,0	49	58	52,1	3	37	37,9
16	Stockstadt . . .	212,5	220,0	49	59	49,5	3	4	13,5
17	Aschaffenburg . .	212,5	180,0	50	0	36,9	2	30	44,3
18	Karlstadt . . ꝛc.	212,5	140,0	50	1	14,9	1	57	15,5
102	Kusel	187,5	340,0	49	43	2,1	4	43	9,5
103	Lauterecken . . .	187,5	300,0	49	44	17,5	4	9	54,4
104	Kirchheimbolanden	187,5	260,0	49	45	23,7	3	36	38,0
24	Breitenbuch . . .	187,5	220,0	49	46	20,7	3	3	21,3
25	Miltenberg . . .	187,5	180,0	49	47	8,0	2	30	2,5
26	Würzburg . . ꝛc.	187,5	140,0	49	47	45,9	1	56	42,9
105	Homburg . . .	162,5	340,0	49	29	33,9	4	41	51,4
106	Kaiserslautern . .	162,5	300,0	49	30	49,3	4	8	45,6
107	Frankenthal . ꝛc.	162,5	260,0	49	31	55,3	3	35	38,6
108	Zweibrücken . . .	137,5	340,0	49	16	6,0	4	40	34,2
109	Pirmasens . . .	137,5	300,0	49	17	21,1	4	7	37,6
110	Speyer . . . ꝛc.	137,5	260,0	49	18	26,8	3	34	39,7
111	Bobenthal . . .	112,5	300,0	49	3	52,9	4	6	30,4
112	Kandel . . . ꝛc.	112,5	260,0	49	4	58,3	3	33	41,5

IV. Aufgabe.

Die Größe der Verzerrungen im Atlasblatte Nr. 87 (Lindau) zu berechnen.

Lösung: Die genäherte geographische Position ist $\beta_1 = 47^0\,30'$, $\lambda_1 = 2^0$. Wir berechnen hierfür oder entnehmen aus der Tabelle: $\mu_1 = 5432'',1$.

Die Berechnung nach den Formeln 34) und 41) gestaltet sich wie folgt:

$\log \mu_1 = 3{,}73498$	$\log \lambda_1'' = 3{,}85733$
$\log \sin 1'' = 4{,}68557$	$\log \sin 1'' = 4{,}68557$
$8{,}42055$	$\log \lambda = 8{,}54290$
$\mu_1 = 0{,}02633$	$\log \sin \beta_1 = 9{,}86763$
$\lambda_1 \sin \beta_1 = 0{,}02573$	$\log(\lambda \sin \beta_1) = 8{,}41053$
$\vartheta_1 = 0{,}00060$	
$\log \vartheta_1 = 6{,}77887$	$v_1^2 = 1 + z = 1{,}000601$
$\log \sin 1'' = 4{,}68557$	$v_2^2 = 1 - z = 0{,}999399$
$2{,}09330$	$\log v_1^2 = 0{,}0002604$ $\quad \log v_1 = 0{,}0001302$
$\vartheta = 123'',965 = 2'\,3'',965$	$\log v_2^2 = 9{,}9997389$ $\quad \log v_2 = 9{,}9998695$
Größe der Winkelverzerrung.	$v_1 = 1{,}000300$
(Verschiedenheit des schrägen Schnittes der Netzlinien gegenüber 90^0.)	$v_2 = 0{,}999700$
	Koeffizienten der Längenverzerrung.
	Daher Betrag der größten Verzerrung: 0,3 m auf das Kilometer.

V. Aufgabe.

Die Größe der Verzerrungen für das Atlasblatt Nr. 101 (Ebernburg) zu berechnen.

Lösung: (Zahlenfolge wie im vorigen Beispiele).

Genäherte Positionen: $\varphi_1 = 49^0\,50'$, $\lambda_1 = 4^0$.

$\mu_1 = 10866'',7$

4,03610	4,15836
4,68557	4,68557
8,72167	8,84393
0,05268	9,88319
0,05335	8,72112
0,00067	
6,82335	
4,68556	
2,13779	$\vartheta = 137'',37 = 2'\,17'',37$
	Winkelverzerrung.

1,00067	0,99933
0,00029	9,99971
0,00014	9,99986
$v_1 = 1,00033$	$v_2 = 0,99967$,

d. h. auf das Kilometer 0,33 m Längenverzerrung.

VI. Aufgabe.

Die Größe der Verzerrungen für die Position $\beta_1 = 47^0$; $\lambda_1 = 23^0\,45'$ (Gegend bei Besançon) in der Karte von Südwestdeutschland zu berechnen.

Lösung: Für die Breitendifferenz 2^0 und die Längendifferenz $5^0\,30'$ hat man (Tab. I):

$$\mu = 14934'',5$$

$$\log(\mu \sin 1'') = 8,8597622 \qquad \log(\lambda \sin 1'') = 8,9822401$$

$$\log \sin \beta = 9,8641275$$

$$8,8463676$$

$+\,0,0724049$	7,34242	
$-\,0,0702049$	4,68557	
0,0022000	2,65685	$\vartheta = 453'',79 = 7'\,33'',79$ Winkelverzerrung.
0,0009544		
0,0004772		
$v_1 = 1,0011$;	$v_2 = 0,99890$	

daher Längenverzerrung = 1,1 m auf das Kilometer.

Bei den obigen (IV, V, VI) Berechnungen der Verzerrungsgrößen haben wir uns der strengen Formel (34) für den Wert ϑ bedient. Für die Ausdehnung der bayerischen Kartenwerke genügen jedoch auch die Näherungsformeln 35) und 42 b).

Mit letzteren berechnet man z. B. für obiges Beispiel VI:

$$\log \lambda_1 = 8,98224$$
$$\log \cos \varphi = 9,81694$$
$$\log \sin B = 8,54282$$
$$7,34200$$

$$\vartheta = \begin{cases} 0,002199 \\ 7'\,34'' \end{cases}$$

Winkelverzerrung

$$+\,1,0$$
$$\frac{\vartheta}{2} = \mp\,0,0011$$

$$v = \begin{cases} 1,0011 \\ 0,9989 \end{cases}$$

Längenverzerrungs-Koeffizienten

d. h. man erhält fast genau dieselben Werte wie bei der Berechnung mit der strengen Formel.

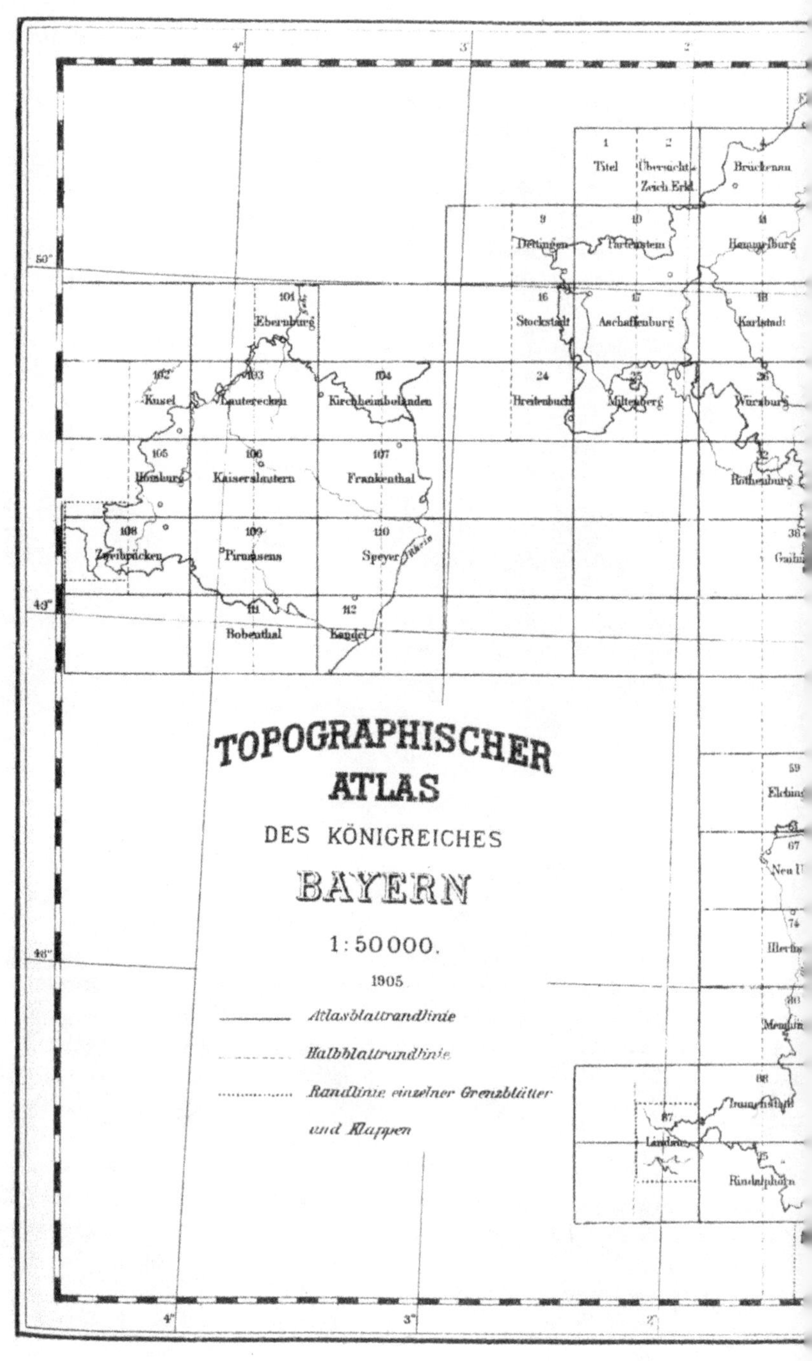

TOPOGRAPHISCHER ATLAS
DES KÖNIGREICHES
BAYERN
1:50000.
1905
Atlasblattrandlinie
Halbblattrandlinie
Randlinie einzelner Grenzblätter und Klappen
1 Titel
2 Übersicht-Zeich. Erkl.
4 Brückenau
9 Dettingen
10 Partenstein
11 Hammelburg
16 Stockstadt
17 Aschaffenburg
18 Karlstadt
24 Breitenbuch
25 Miltenberg
26 Würzburg
Rothenburg
101 Ebernburg
102 Kusel
103 Lauterecken
104 Kirchheimbolanden
105 Homburg
106 Kaiserslautern
107 Frankenthal
108 Zweibrücken
109 Pirmasens
110 Speyer
Rhein
111 Bobenthal
112 Kandel
59
67
74
80
88 Immenstadt
87 Lindau
95 Rindalphorn

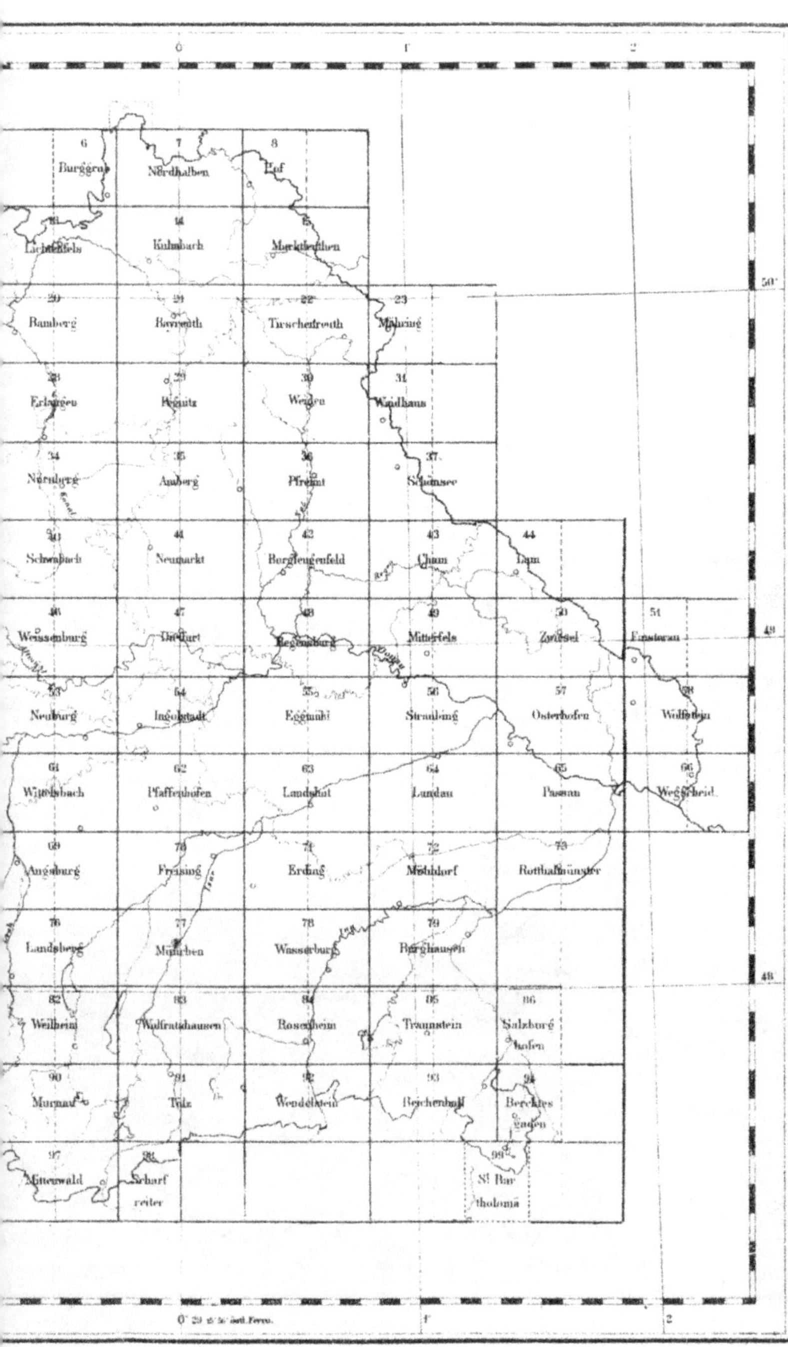
0
1°
2
6
7 Nordhalben
8 Hof
14 Kulmbach
20 Bamberg
22 Tirschenreuth
23 Mähring
34 Nürnberg
35 Amberg
37 Schönsee
43 Cham
44 Lam
Neumarkt
Burglengenfeld
Schwabach
Weissenburg
Regensburg
Mitterfels
51 Finsterau
Neuburg
Ingolstadt
Eggmühl
Straubing
57 Osterhofen
61 Wittelsbach
62 Pfaffenhofen
63 Landshut
64 Landau
65 Passau
66 Wegscheid
Augsburg
Freising
Erding
72 Mühldorf
73 Rotthalmünster
76 Landsberg
77 München
78 Wasserburg
79 Burghausen
82 Weilheim
83 Wolfratshausen
Rosenheim
85 Traunstein
86 Salzburghofen
90 Murnau
91 Tölz
Wendelstein
93 Reichenhall
94 Berchtesgaden
97 Mittenwald
Scharfreiter
St. Bartholomä
50°
49
48
0° 20' 15" östl. Ferro.
1°
2

Übersichtskarte v…

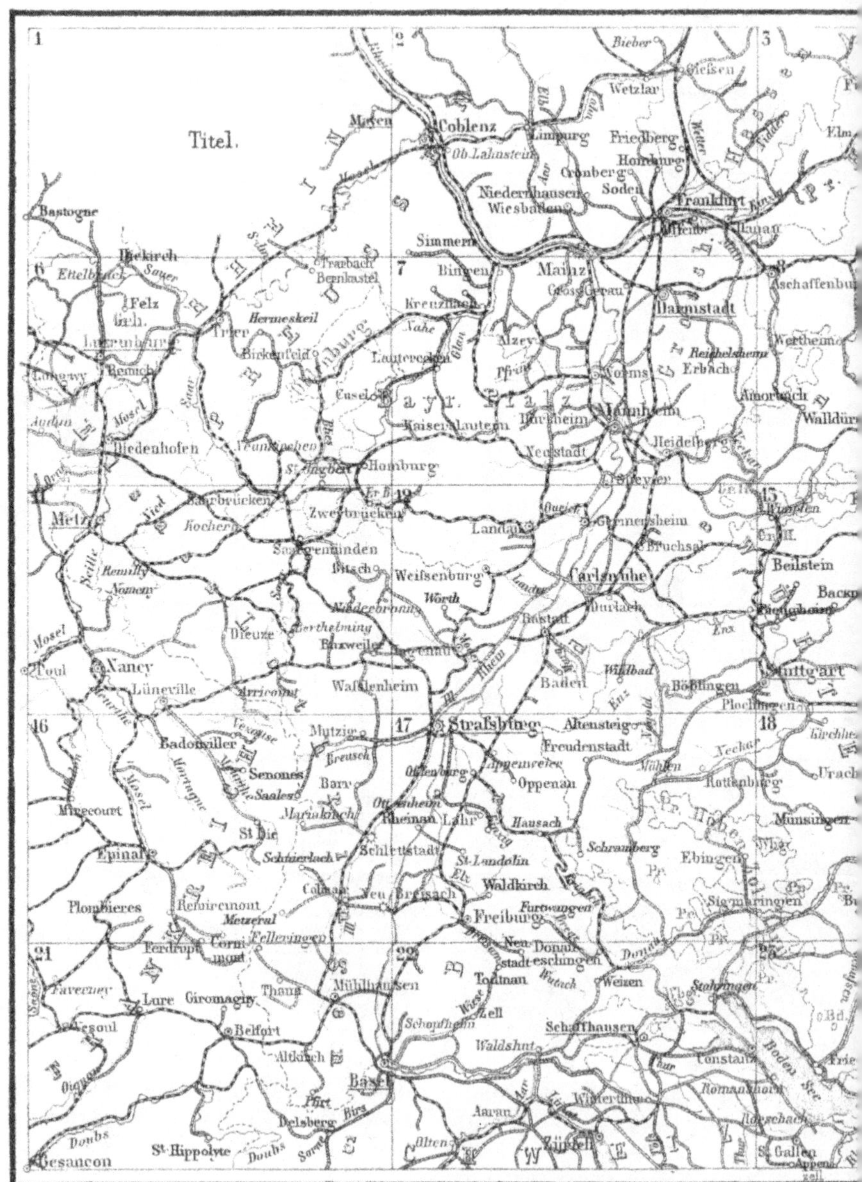

Abkürzungen Preufsen Pr. Würtemberg Wbg. Baden B…

st-Deutschland.

1905

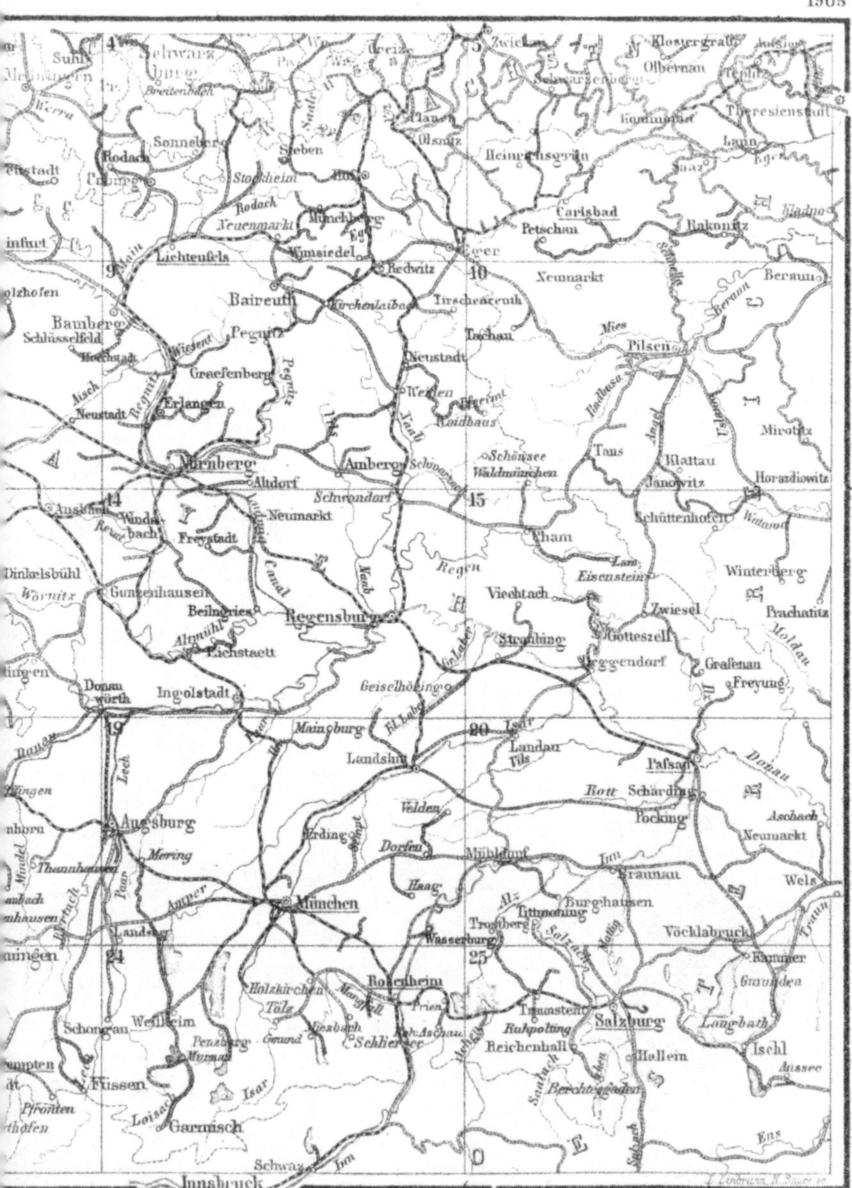

-Weimar Wr. Sachsen-Coburg C. Schwarzburg Sch.

Kapitel 6. Die topographische Karte von Bayern in 1 : 25000.

§ 27. Allgemeines.

Das genannte Kartenwerk ist aus den, auf dem Soldnerschen System beruhenden Meßblättern der Landesaufnahme hervorgegangen, indem je 4 solche 5000teilige Blätter (Steuer- oder Katasterblätter genannt) nach beiden Dimensionen, also im ganzen je 16 Blätter zu einem viereckigen Kartenbilde zusammengestellt wurden.

Bevor wir uns mit dieser Abbildungsart näher befassen, wollen wir eine Vorläuferin derselben, die vielfach mit ihr verwechselte bzw. identifizierte Cassinische Projektion betrachten.

Schon in § 9, 2 wurde eine flächentreue Zylinderprojektion besprochen, bei welcher der Zylindermantel die Erde im Äquator berührt, welcher in der Abwicklung in seiner wahren Größe erscheint, während die Parallelkreise und die zwischen denselben liegenden Meridianbogen mehr oder weniger verzerrt werden.

Es ist auch dort gezeigt worden, daß die Verzerrungen in der Nähe des Berührungskreises sehr gering sind, aber mit dem Abstande von diesem zunehmen, weshalb sich diese Projektion z. B. für die Darstellung einer äquatorialen Zone vorzüglich eignet.

Um nun diese Projektion, welche außer ihrer Flächentreue auch den Vorzug einer äußerst einfachen Konstruktion besitzt, auch für Länder anzuwenden, welche nicht in der Nähe des Äquators liegen, kann man sich eines sehr einfachen Mittels bedienen: man wählt als Berührungskreis des Zylinders statt des Äquators einen größten Kreis, welcher durch den Mittelpunkt des darzustellenden Gebietes geht. Unter den unendlich vielen größten Kreisen, die sich durch den genannten Punkt legen lassen, hat der Meridian des betreffenden Ortes eine hervorragende Bedeutung. Wird dieser als Berührungskreis gewählt, so wird die Zylinderachse ein Durchmesser des Äquators, welche daher auf der Erdachse senkrecht steht.

Solange man den Erdkörper als ein Umdrehungsellipsoid betrachtet, ist die Lage seiner Achsen und seines Gradnetzes unveränderlich bestimmt. Nimmt man aber die Gestalt der Erde als Kugel an, so kann man jeden beliebigen Durchmesser als Achse, jede durch die Achse gelegte Ebene als Meridianebene und jeden Kreis, dessen Ebene senkrecht zur Achse steht, als Parallelkreis ansehen.

Demnach können wir auch den geographischen Meridian des Kartenmittelpunktes als den Äquator der Kugel, die zu ihm parallelen Kreise als Parallelkreise und die auf demselben senkrechten größten Kreise als Kugelmeridiane betrachten. Wir erhalten dadurch ein Kugelnetz, das sich von dem gewöhnlichen geographischen Netze nur der Lage, aber nicht der Gestalt nach unterscheidet, und bei dessen Einteilung die Größe s des als Einheit zu nehmenden Bogens ganz willkürlich gewählt werden kann.

Auf der Erdoberfläche ist die Lage eines Punktes P durch seine geographischen Koordinaten β, λ bestimmt, die gewöhnlich in Winkelmaß angegeben werden. Nun ist aber die geographische Breite der Meridianbogen, der zu dem Breitenwinkel β, und die geographische Länge der Bogen des Äquators, der zu dem Längenwinkel λ gehört. Ist der Erdradius r bekannt, so kann man statt der Winkel β, λ auch die ihnen entsprechenden Bogenlängen x, y in analytischem Maße angeben, also, wenn z. B. β, λ in Sekunden gegeben sind:

$$x = \beta'' r \sin 1'',$$
$$y = \lambda'' r \sin 1'',$$

wo nun x und y Bogen größter Kreise sind und die sphärischen Koordinaten des Punktes P vorstellen.

Diese sind nur dann Funktionen der geographischen Breite und Länge, wenn sie auf den Äquator und den Nullmeridian bezogen werden; wird ein anderer Äquator und Nullmeridian gewählt, so verlieren selbstverständlich die Winkel β, λ ihre Bedeutung als geographische Koordinaten und stellen einfach die zu den Großkreisbogen x und y gehörigen Zentriwinkel vor.

§ 28. Unterschied zwischen der Cassinischen Projektion und dem Soldnerschen System.

Legt man also (Fig. 15a) durch den Kartenmittelpunkt (Normalpunkt) M den Meridian NMS (welcher hier an Stelle des geographischen Äquators tritt) und senkrecht zu diesem einen größten Kreis WMO (welcher hier dem Nullmeridian entspricht), trägt sodann von M aus auf diesen beiden Kreisen (hier Achsen genannt) gleiche Stücke s auf und legt schließlich durch die Teilungspunkte von NMS größte Kreise, durch jene von WMO aber zu NMS parallele Kreise, so wird die Kugeloberfläche in ein Netz von Trapezen geteilt. Projiziert man (Fig. 15b) dieses Netz auf die in § 10, 2 angegebene Art auf den Zylindermantel, der die Erde in dem geographischen Meridian des Ortes M berührt, so erscheint dasselbe auf der Abwicklung als ein Netz von Quadraten, deren Seitenlänge s ist.

Diese Projektion unterscheidet sich von den quadratischen Plattkarten, wie sie schon im 13. Jahrhundert als Seekarten benutzt wurden, nur dadurch, daß an Stelle des Äquators der Nullmeridian getreten ist.

Ihre erste Anwendung fand diese Projektion durch César François Cassini de Thury (1714—1784) bei seiner 1745 begonnenen Karte von Frankreich, für welche als Kartenmittelpunkt die Pariser Sternwarte und deren Meridian als Berührungskreis gewählt wurde. Die Cassinische Projektion ist also eine Abbildung auf eine abwickelbare Fläche, welche nach der Abwicklung ein ebenes, zusammenhängendes Bild des ganzen Gebietes gibt, was, wie später gezeigt wird, bei der Soldnerschen Darstellung nicht der Fall ist.

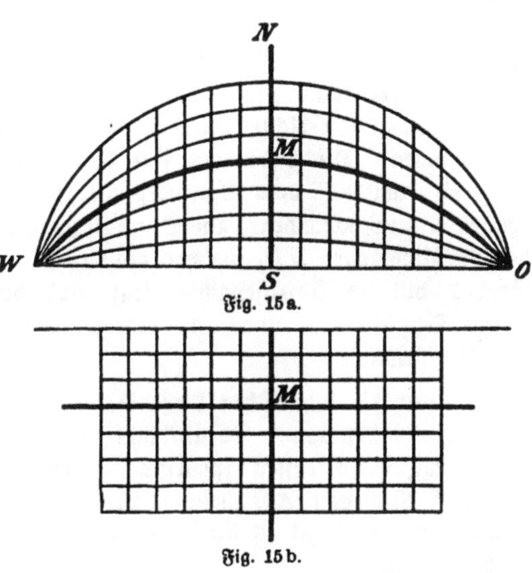

Fig. 15a.

Fig. 15b.

Nimmt man die beiden, durch den Kartenmittelpunkt gehenden, aufeinander senkrechten Kreise als Koordinatenachsen an, so ist die Lage irgend eines Punktes *P* durch dessen sphärische Koordinaten bestimmt, welche auf der Erdoberfläche Bogen größter Kreise sind, in der Projektion aber gerade Linien werden. Trägt man diese Bogenlängen in ihrer wahren Größe auf der Zeichenebene auf, so ergibt sich die Lage des Punktes *P* in der Projektion.

Während sich aber auf der Erdoberfläche alle in der Ost-Westrichtung laufenden größte Kreise in zwei, um 90° vom Hauptmeridian entfernten Punkten des Äquators schneiden, sind die Projektionen dieser Kreise parallele Gerade. Hieraus erkennt man leicht, daß die Entfernung zweier Punkte, die auf demselben Meridian liegen, um so mehr vergrößert wird, je weiter der Meridian vom Hauptmeridian entfernt ist.

Diese Verzerrung ist als ein großer Nachteil der Cassinischen Projektion zu betrachten, welcher sich zwar bei Ausdehnung der Karte auf ein schmales Gebiet zu beiden Seiten des Hauptmeridians nur wenig geltend macht, welcher aber die Anwendung dieser Projektion für Karten größerer Länder verbietet.

Hierin besteht der Unterschied der Cassinischen Projektion gegenüber dem Soldnerschen System. Dieses beruht zwar auf demselben System sphärischer Koordinaten mit der gleichen Anordnung der Achsen, bildet aber keine zusammenhängende Projektion in der Ebene, sondern besteht in der Abbildung einzelner, nicht zu einem ebenen Gesamtbilde zusammenfügbarer Netzvierecke (Katasterblätter).

Für die bayerische Landesvermessung hat (1810) der Astronom Joh. Soldner als Erdfigur eine das Ellipsoid im Normalpunkt berührende Kugel[1]) angenommen, deren Radius der Querkrümmungshalbmesser der Breite φ dieses Punktes $\varrho = 6\,388\,172$ m[2]) ist. Für das rechtsrheinische Bayern und für die Pfalz bestehen zwei getrennte Systeme, und zwar wurde als Normalpunkt für ersteres die Mitte des Münchener nördlichen Frauenturms, für letzteres die Turmmitte der Mannheimer Sternwarte, ferner als X-Achse die Meridiane dieser Orte, als Y-Achse die auf diesen senkrecht stehenden Großkreisbogen angenommen. Die Ordinaten sind daher Bogen größter Kreise, welche sich in zwei, um 90° vom Normalpunkt entfernten Punkten des Äquators (Gegenpunkten) schneiden. Die Ordinate y eines Punktes B (Fig. 16 S. 75) ist der Großkreisbogen BD, welcher zwischen B und dem Schnittpunkt D dieses Bogens mit der Abszissenachse liegt, und die Abszisse x ist das zwischen diesem Schnittpunkte und dem Normalpunkte M liegende Bogenstück DM der Abszissenachse.

Durch die sphärischen Koordinaten x, y ist die Lage eines Punktes B unzweideutig bestimmt. Ebenso läßt sich die Lage eines zweiten Punktes A bestimmen, wenn dessen sphärische Entfernung AB und der Direktionswinkel (§ 6) δ von AB bekannt ist. Bevor wir uns mit dieser Aufgabe beschäftigen, empfiehlt es sich aber, die Einteilung 2c. dieses Systems näher zu betrachten.

---

[1]) Die ellipsoidische Gestalt der Erde hat auf die Änderung der linearen Größen gegenüber jenen auf der Kugel, wegen des kleinen Betrages der Abplattung, nur geringen Einfluß; so beträgt z. B. in der Breite von 50° die Vergrößerung einer Länge von 100 km nur 0,149 m. Man darf daher bei der Darstellung eines mäßig großen Gebietes statt des Ellipsoides eine Kugel annehmen, deren Halbmesser der Krümmungshalbmesser ϱ oder besser $\sqrt{r\varrho}$ ist.

[2]) Der Wert $\varrho = 6388172$; ($\log \varrho = 6{,}8053766$) ergibt sich aus der Berechnung mit nachstehender Formel, wo $\eta = \frac{1}{305}$ die Abplattung ist:

$$\varrho = b\,(1 + 2\eta - \eta \cos^2 \varphi),$$

welche von Soldner angewendet wurde. Der genaue Wert von ϱ wird aber aus Formel 11) gefunden:

$$\varrho = 6388187; \qquad \log \varrho = 6{,}8053775.$$

§ 29. Einteilung und Größe der Blätter.

a) Durch die beiden Hauptachsen wird das Land in 4 Quadranten (Regionen) zerlegt, welche mit NW, NO, SO und SW bezeichnet werden.

b) Werden auf der Abszissenachse vom Normalpunkte aus nach Norden und Süden gleiche Teile von je 800 Ruten[1]) aufgetragen und durch die Teilungspunkte größte Kreise (Perpendikel) senkrecht zur Hauptachse gezogen, so werden die Quadranten in „Schichten" zerlegt, welche von der Ordinatenachse aus mit fortlaufenden römischen Nummern bezeichnet werden.

c) Werden auf den Perpendikeln (Ordinatenkreisen) von der Abszissenachse aus nach West und Ost ebenfalls gleiche Teile von je 800 Ruten aufgetragen und die Teilungspunkte verbunden, so stellen die Verbindungslinien parallele Kreise dar, welche mit dem Abstande von der Hauptachse sich verkleinern und an den Gegenpunkten Null werden.

Der zwischen 2 solchen Kreisen liegende Streifen wird eine „Reihe" genannt und von der Abszissenachse aus mit arabischen Ziffern fortlaufend numeriert.

d) Auf diese Weise ist das ganze Gebiet in Vierecke (**Katasterblätter**) zerlegt, von denen jedes durch Angabe der Region, der Schichte und der Reihe, z. B. NO, X, 25, bestimmt ist.

Die Größe der Nord- und Südseite eines solchen Blattes ist also der Konstruktion gemäß genau $s = 800$ Ruten, die der Ost- und Westseite desselben ist aber nur für die an die Abszissenachse angrenzenden Seiten der ersten Reihe 800 Ruten, indem wegen der Konvergenz der Ordinatenkreise sich die Ost- und Westseiten der Blätter um so mehr verkleinern, je weiter dieselben von der Abszissenachse entfernt sind.

Die Höhe h eines Blattes ist demnach das Bogenstück l_1 eines Parallelkreises, das durch die Gleichung 24)

$$l_1 = \lambda \varrho \cos \beta$$

gegeben ist. Da hier der Bogen $\lambda \varrho$ der Höhe eines Blattes auf der Abszissenachse, und β dem Bogenabstande der zu bestimmenden Blattseite von dieser Achse, d. h. der in Bogenmaß ausgedrückten Ordinate y entspricht, so erhält man die Gleichung:

$$h = x \cos y.$$

Die Abnahme ξ der Blatthöhe x für die Ordinate y ist nun:

$$\xi = x - h = x(1 - \cos y) = 2x \sin^2 \frac{y}{2}.$$

---

[1]) 1 bayerische Rute = 2,91859164 Meter.

Für kleine Winkel ist $\sin \frac{y}{2} = \frac{y}{2}$ und $\sin^2 \frac{y}{2} = \frac{y^2}{4}$, daher:

$$\xi = \frac{x y^2}{2} \quad . \quad . \quad . \quad . \quad . \quad . \quad . \quad . \quad . \quad 43)$$

Gewöhnlich ist y nicht in Bogen- sondern in Längenmaß gegeben; dann ist statt y zu setzen $\frac{y}{r}$, und man erhält:

$$\xi = \frac{x y^2}{2 r^2} \quad . \quad . \quad . \quad . \quad . \quad . \quad . \quad . \quad . \quad 44)$$

Die Größe ξ bezeichnet also allgemein den Unterschied zwischen der Abszisse x und dem auf dem Parallelkreise gemessenen Bogenstück für die Ordinate y.

Ist x die Höhe eines Blattes = 800 Ruten, und führt man für y die Nummer n der Reihe ein, also $y = 800\,n$, so wird aus 44):

$$\xi_{(n)} = \frac{800 \cdot 800^2 n^2}{2 r^2} = \begin{vmatrix} 0{,}0\,000\,534\, n^2 & \text{für Ruten} \\ 0{,}0\,001\,560\, n^2 & \text{„ Meter} \end{vmatrix} \quad . \quad . \quad 45)$$

Für die bayerische Landesvermessung erreicht ξ seinen größten Wert in der westlichen Reihe $n = 80$, und zwar:

$$\xi = 80^2 \cdot 0{,}00015\,.\,. = 0{,}998 \text{ m}.$$

Dieses ist die Verkürzung der Höhe derjenigen (östlichen oder westlichen) Blattseite, welche der Abszissenachse abgewendet ist. Für die derselben zugekehrte Seite wäre zu setzen:

$$\xi = 0{,}00015\,.\,.\,.\,(n - 1)^2.$$

Da ein **Blatt der topographischen Karte,** früher Positionsblatt genannt, eine normale Seitenlänge von $4s = 3200$ Ruten $= 9339{,}494$ m hat, so beträgt der Unterschied ξ_1 zwischen der West- und Ostseite eines solchen Blattes in Meter:

$$\xi_1 = 4 \cdot 0{,}000156\,.\,.\,(n^2 - (n - 4)^2) = [7{,}69816 - 10]\,(n - 2)$$

oder, wenn wir die mittlere Reihe des Blattes n_1 nennen:

$$\xi_1 = [7{,}69\,816 - 10]\; n_1,$$

z. B. für $n_1 = 80$:

$$\xi_1 = 0{,}399.$$

So unmerklich auch die Änderung der Seiten für ein einzelnes Blatt ist, so erreicht dieselbe doch eine beträchtliche Größe, wenn die Blätter einer von der Abszissenachse weit entfernten Reihe aneinandergelegt werden, z. B. 116 Blätter der Reihe 80, wofür man findet:

$$m\,\xi = 116 \cdot 0{,}998 = 115{,}8 \text{ m}.$$

Der größte Unterschied der Blattseite gegenüber der Normalseite ergibt sich für den Westrand der die Reihen 79 mit 82 enthaltenden Blätter:

$$\xi = 4 \cdot 0998 = 3{,}992 \text{ m}.$$

Seiten und Flächen des einzelnen Kartenblattes.

Die Kartenblätter sind also im allgemeinen Trapeze, deren Süd- und Nordränder für alle Blätter gleichgroß sind, deren Ost- und Westränder aber nur für die gleichweit von der Abszissenachse entfernten Blätter gleiche Größe haben. Die zu beiden Seiten der Abszissenachse selbst liegenden Blätter, welche die Reihen + 2 bis — 2 umfassen[1]), sind Sechsecke, gebildet aus zwei aneinandergelegten Trapezen, deren gemeinsame Seite in der Abszissenachse liegt.

Wegen des geringen Unterschiedes der Ost- und Westseite ein und desselben Blattes genügt es jedoch für alle praktischen Zwecke, das einzelne Blatt als ein Rechteck zu betrachten, dessen Nord- und Südrand 9339,494 und dessen West- und Ostrand 9339,494 — 0,000624 n_1^2 Meter ist.

Wie die Höhen, so ändern sich auch die Flächen der Blätter mit dem Abstande von der Abszissenachse.

Ist n_1 die mittlere Blattreihe,
s die normale Katasterblattseite,
$\xi_{(n \pm 2)}$ die Abnahme der Blatthöhe für die Reihe $n \pm 2$,

so ergibt sich die Fläche des Trapezes, welches ein Kartenblatt bildet:

$$f = \frac{4s}{2}\left(4\,(s - \xi_{(n+2)}) + 4\,(s - \xi_{(n-2)}\right)$$

woraus, weil nach 45): $\xi_{(n \pm 2)} = 0{,}0000156\,(n \pm 2)^2$,

$$f = 16\,(s^2 - 0{,}0000156\,s\,(n_1^2 + 4),$$

oder da $s = 2334{,}87\ldots$ m

$$f = 87{,}2261 - [4{,}76539{-}10]\,(n_1^2 + 4) \text{ qm} \quad . \quad . \quad . \quad 46)$$

Hieraus findet man für die Fläche eines Kartenblattes in Quadratkilometern:

Mittelreihe $n_1 = 0$; $f = 87{,}226120$ qkm (größtes Blatt),
„ $n_1 = 80$; $f = 87{,}188830$ „ (kleinstes Blatt).
Daher Unterschied = 37290 qm.

[1]) Die auf einer älteren Konstruktion beruhenden südlichen Blätter, welche die Schichten — VII bis — XLII enthalten, sind um eine Katasterblattseite nach Osten verschoben, so daß also die mittleren Blätter von den Reihen + 1 mit — 3 gebildet werden.

§ 30. Die 25000 teilige Karte als Ganzes.

Legt man die Katasterpläne einer Schichte m mit ihren Ost- und Westrändern in der Ebene aneinander, so ist die Begrenzungslinie dieser Schichte durch die Gleichung (44) bestimmt:

$$\xi = \frac{x y^2}{2 r^2},$$

oder für $x = 800$ Ruten:

$$\xi = \frac{400\, m y^2}{r^2}.$$

Hieraus ist:

$$y^2 = \frac{\xi r^2}{400 m}.$$

Dieses ist die Gleichung der **Parabel**, in welche der zur Abszisse x bzw. Schichte m gehörige Ordinatenkreis übergeht, wenn die Blätter dieser Schichte in der Ebene aneinander gelegt werden, worin die Variablen der Gleichung y und ξ sind.

Wollte man die Blätter einer Reihe n mit ihren Nord- und Südrändern zusammenfügen, so könnte dies ebenfalls nicht längs einer Geraden, sondern nur längs eines **Kreisbogens** geschehen, dessen Radius

$$R = r \cot y$$

ist, worin r den Erdradius und y die der Reihe n entsprechende Ordinate in Bogenmaß bezeichnet.

Mag man daher die einzelnen Blätter schichten- oder reihenweise[1]) aneinanderfügen, so wird man doch nie ein **zusammenhängendes** Bild erhalten, sondern es werden zwischen den Schichten bzw. Reihen Klaffungen entstehen, welche sich gegen die Ränder des Gebietes vergrößern. Hierdurch unterscheidet sich, wie schon in § 28 angegeben wurde, das Soldnersche System von der Cassinischen Projektion, welch letztere zwar ein lückenloses Zusammenfügen der Blätter ermöglicht, aber nur auf Kosten der Verzerrung der Blätter, d. h. der Vergrößerung der Seiten und Flächen.[2])

---

[1]) Die Schichte bildet auf der Erdoberfläche ein Kugelzweieck, die Reihe eine Zone der Kugel. Vgl. die Abbildung 22.

[2]) Bezeichnet τ die Verkleinerung der Fläche eines Katasterblattes der Reihe n, so ist nach 44):

$$\tau = s\, \xi_{(n)}.$$

Es ist daher die Verkleinerung einer zu beiden Seiten der Abszissenachse liegenden Reihe von $2n$ Blättern:

$$\tau_{(n)} = 2 s\, (\xi_1 + \xi_2 + \ldots \xi_{(n)})$$

Wenn auch für die Darstellung eines Gebietes von der Größe Bayerns der erwähnte Unterschied in mäßigen Grenzen bleibt, so darf derselbe doch nicht übersehen werden, wenn es sich darum handelt, das Wesen des Soldnerschen Systems im allgemeinen zu definieren und die Verzerrungsgesetze zu bestimmen.

Außerdem ist aber auch die Änderung der Blatthöhen für die Berechnungen und Konstruktionen, z. B. den Eintrag der Gradlinien in die Blätter, nicht ohne praktische Bedeutung.

Fassen wir das Vorausgehende kurz zusammen, so ergibt sich, da jedes Blatt der topographischen Karte für sich die Abbildung eines Netzviereckes der Kugel ist, dessen Nord- und Südränder Kugelmeridiane und dessen Ost- und Westränder Kugelparallelen sind, daß die der topographischen Karte von Bayern zugrunde liegende Darstellungsart nichts anderes ist als eine Polyeder-Projektion (§ 36, d), welche sich von der Gradabteilungskarte nur dadurch unterscheidet, daß die Blattränder keine geographische Netzlinien sind.

§ 31. Verzerrungsgesetze.

Da jedes Blatt eine von den Nachbarblättern unabhängige Abbildung eines Netzvierecks ist, so beschränken sich die möglichen Verzerrungen auf diejenigen, welche innerhalb eines einzelnen Blattes eintreten. Jedes derselben wird aber von zwei Ordinatenkreisbögen und zwei Parallelen zur Abszissenachse begrenzt, welche in der Abbildung in ihrer wahren Größe erscheinen. Man kann daher für die Untersuchung der Verzerrungsgesetze jedes einzelne Blatt als einen symmetrisch zu beiden Seiten seines Mittelmeridians (hier Ordinatenkreises) liegenden Ausschnitt aus der Flamsteedschen Projektion (s. § 13) betrachten.

Da diese aber nichts anderes als ein besonderer Fall der Bonneschen Projektion ist, so gelten auch die Verzerrungsgesetze der letzteren für die Blätter der topographischen Karte.

---

oder, mit Einführung des Wertes von ξ (aus 45) hinreichend genau:

$$\tau_{(n)} = [9{,}08415]\, s\, n^3\, (2n + 3)$$

und folglich der Unterschied einer Fläche von $2n$ Schichten und $2m$ Reihen auf der Kugel (Soldner) und in der Cassinischen Projektion genähert:

$$\tau_{(mn)} = [9{,}38518]\, m\, n^3\, (2n + 3).$$

Ist z. B. $m = 80$ und $n = 80$, so wird die dargestellte Fläche in der Cassinischen Projektion um

$$\tau_{(mn)} = 20{,}26 \text{ qkm oder } 3{,}7 \text{ Katasterblattflächen}$$

vergrößert.

a) Flächentreue.

Flächentreue ist in mathematischer Strenge nicht vorhanden. Die Blattränder haben zwar ihre richtige Größe, da aber die das Blatt begrenzenden Ordinatenkreise in der Projektion geradlinig gezogen sind, so werden die innerhalb des Blattes liegenden Parallelen zur Abzissenachse verkleinert und die Integration der von ihnen eingeschlossenen unendlich kleinen Flächenstücke ergibt daher eine etwas kleinere Fläche als die entsprechende der Kugel. Indessen ist dieser Unterschied ohne praktische Bedeutung, weil gar nicht daran gedacht werden kann, die Krümmung des Ordinatenkreises, welcher eine Blattrandlinie bildet, zeichnerisch darzustellen, da die Pfeilhöhe desselben nur 1,2 mm (natürliches Maß)[1]) beträgt. Man kann also die Soldnersche Darstellung für alle praktischen Zwecke als **flächentreu** betrachten.

b) Winkeltreue

ist ebenfalls nicht vorhanden, was sich schon daraus ergibt, daß das ebene Trapez zwei spitze und zwei stumpfe, das Kugeltrapez aber vier rechte Winkel hat.

Die Winkeländerung ist durch die Gleichungen 36) und 34) gegeben:

$$\left|\begin{array}{l} \operatorname{tg} u = \vartheta \sin^2 \alpha \\ \operatorname{tg} \vartheta = \lambda \left(\sin \beta - \frac{r}{R_1} \cos \beta\right). \end{array}\right.$$

Da die Parallelkreise, welche die West- und Ostränder bilden, geradlinig abgebildet werden, so ist $R_1 = \infty$, ferner sind für λ und β die sphärischen Koordinaten $\frac{x}{2}$ und y zu setzen, woraus:

$$\operatorname{tg} \vartheta = \frac{x}{2} \sin y \text{ (für } x \text{ und } y \text{ in Bogenmaß).}$$

Für **Bayern** bleibt y unter 3^0, während $\frac{x}{2}$ für ein Blatt genähert $150''$ ist, daher $\vartheta < \sin 3^0 \cdot \sin 150''$ oder $\vartheta < 8''$.

Da dieser Betrag zugleich die größte Winkeländerung in der Richtung der Ordinate (d. h. für $\alpha = 90^0$) vorstellt, so darf die Abbildung hier als **winkeltreu** betrachtet werden.

c) Längentreue.

Der Verzerrungskoeffizient ist nach 42):

$$v_1 = \sin\left(45^0 + \frac{\vartheta}{2}\right)\sqrt{2}.$$

---

[1]) Dieser Betrag ergibt sich aus 31), da hier $l = 2s$ und $\mathfrak{x} = 2s$ ist:

$$\mathfrak{y} = \frac{4s^3}{r^2} = 0{,}0012 \text{ m}.$$

Nehmen wir den größten Wert von $\vartheta = 8''$ an, so ist

$$v_1 = \sin(45^0 0' 4'') \sqrt{2}$$

oder

$$v_1 = 1{,}000012,$$

d. h. die Längenverzerrung erreicht in der Oktantenrichtung ihren größten Betrag von 12 mm auf 1 km, bzw. für die Diagonale eines Blattes der topographischen Karte 13,2 · 12 mm = 158 mm, d. i. im Maßstabe dieser Karte 0,006 mm.

Da die graphische Darstellung einer solchen Größe unmöglich ist, so darf für alle praktischen Zwecke die Abbildung als längentreu betrachtet werden.

§ 32. Die Soldnerschen Koordinaten.

A. Berechnung der sphärischen Koordinaten und Direktionswinkel.

Ist (Fig. 16) M der Normalpunkt, NM die Abszissenachse und ABC ein sphärisches Dreieck, in welchem die drei Seiten und der Direktionswinkel $\delta_1 = WAB$ der Seite $AB = b$ gegeben ist, und sind ferner:

$EM = x_1$, $AE = y_1$ die Koordinaten des Punktes A,

$DM = x_2$, $BD = y_2$ " " " " B,

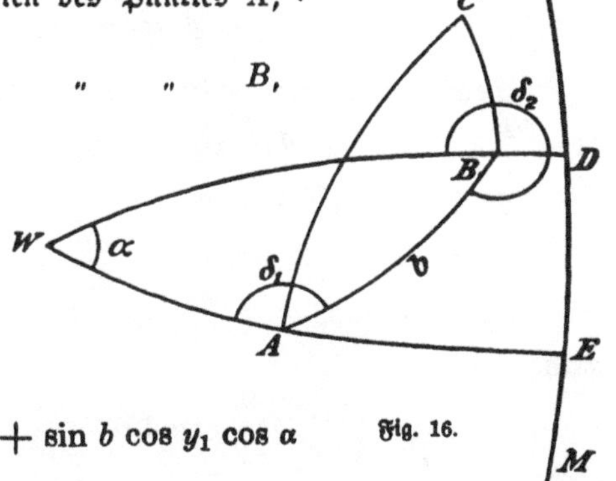

Fig. 16.

so hat man, da $AW = 90^0 - y_1$ und $BW = 90^0 - y_2$ ist, zur Bestimmung der sphärischen Koordinaten des Punktes B folgende drei, aus dem sphärischen Dreiecke ABW sich ergebende Gleichungen:

$$1.\ \sin y_2 = \cos b \sin y_1 + \sin b \cos y_1 \cos \alpha$$

$$2.\ \sin \alpha = \frac{\sin b}{\cos y_2} \sin \delta_1$$

$$3.\ \cot \delta_2 = \cos b \cot \delta_1 - \frac{\sin b \operatorname{tg} y_1}{\sin \delta_1}.$$

Diese Formeln enthalten wohl die Lösung der gestellten Aufgabe, sind aber für genaue numerische Berechnung nicht geeignet, weil sie die Bögen in Gradmaß liefern. Einem Bogen von 0'',001 entspricht aber auf der Erdoberfläche die Länge von 0,031 m, welcher Betrag bei der Koordinatenberechnung von Hauptpunkten nicht vernachlässigt werden darf. Da aber zur genauen Berechnung der Bögen bis auf die dritte Dezimale der Sekunden die gewöhnlichen logarithmisch-trigonometrischen Tafeln nicht ausreichen, so ist es nötig, in obigen Gleichungen an Stelle der trigonometrischen Funktionen der Bögen y_1 und b die denselben entsprechenden Reihen einzuführen, welche wegen der Kleinheit der Bögen auf die beiden ersten Glieder beschränkt werden können, z. B.:

$$\sin y = y - \frac{y^3}{6}; \qquad \cos y = 1 - \frac{y^2}{2}$$

Hierdurch erhält Gleichung 1) die Form:

$$\sin y_2 = y_1 - \frac{y_1 b^2}{2} - \frac{y_1^3}{6} + \frac{y_1^3}{6} \cdot \frac{b^2}{2} + b \cos \delta_1 - \frac{b^3}{6} \cos \delta_1$$
$$- \frac{b \cos \delta_1 y_1^2}{2} + \frac{b^3}{2} \cos \delta_1 y_1^2.$$

Vernachlässigt man die Glieder von höherer als dritter Ordnung, so wird:

$$\sin y_2 = y_1 + b \cos \delta_1 - \frac{y_1^3}{6} - \frac{y_1 b^2}{2} - \frac{y_1^2 b \cos \delta_1}{2} - \frac{b^3}{6} \cos \delta_1.$$

Ferner ist:

$$y_2 = \sin y_2 + \frac{y_2^3}{6}.$$

Setzt man in diese Gleichung den obigen Wert von $\sin y_2$, sowie den von $\frac{y_2^3}{6}$, wieder mit Vernachlässigung aller Glieder von höherer als dritter Ordnung ein, so erhält man:

$$y_2 = y_1 + b \cos \delta_1 - \frac{y_1 b^2}{2} \sin^2 \delta_1 - \frac{b^3 \sin^2 \delta_1 \cos \delta_1}{6}.$$

Diese Gleichung gilt für den Halbmesser 1; für den Erdhalbmesser ϱ wird daher:

$$\varrho \left(\frac{y_2}{\varrho}\right) = \varrho \left(\frac{y_1}{\varrho}\right) + \frac{b}{\varrho} \cos \delta_1 - \frac{y_1 b}{2 \varrho^3} \sin^2 \delta_1 - \frac{b}{6 \varrho^3} \sin^2 \delta_1 \cos \delta_1$$

oder

$$y_2 = y_1 + b \cos \delta_1 - \frac{y_1 b^2}{\varrho^2} \sin^2 \delta_1 - \frac{b^3}{6 \varrho^2} \sin^2 \delta_1 \cos \delta_1.$$

Setzt man:

$$\left.\begin{aligned} b \cos \delta_1 &= \Delta y \\ b \sin \delta_1 &= \Delta x \end{aligned}\right\} \quad \ldots\ldots\ldots \quad 47)$$

so erhält man für die Ordinate y_2:

$$\text{I)}\ y_2 = y_1 + \Delta y_1 - \frac{\Delta x^2}{2 \varrho^2} \left(y_1 + \frac{\Delta y}{3}\right).$$

Auf gleiche Weise erhält man (aus 2, da $x_2 = x_1 + a$) für die Abszisse x_2:

$$\text{II)}\quad x_2 = x_1 + \triangle x_1 + \frac{\triangle x}{2\,\varrho^2}\left(y_1^2 - \frac{\triangle y^2}{3}\right)$$

und (aus 3) für den Direktionswinkel δ_2:

$$\text{III)}\quad \delta_2 = 180 + \delta_1 + \frac{\triangle x}{\varrho \sin 1''}\left(y_1 + \frac{\triangle y}{2}\right).$$

Werden in den Gleichungen I, II, III) die letzten Glieder auf der rechten Seite die sphärischen Ergänzungen genannt und mit (y), (x) und (δ) bezeichnet, so erhalten die Gleichungen die einfache Form:

$$\left.\begin{aligned} y_2 &= y_1 + \triangle y_1 - (y) \\ x_2 &= x_1 + \triangle x_1 + (x) \end{aligned}\right\} \quad \ldots\ldots\ldots \quad 48)$$

$$\delta_2 = 180 + \delta_1 + (\delta) \quad \ldots\ldots\ldots \quad 49)$$

Die Logarithmen der in obigen Gleichungen enthaltenen Konstanten sind für Meter:

$$\log \varrho = 6{,}8053766$$

$$\log \frac{1}{2\,\varrho^2} = 6{,}08822-20$$

$$\log \frac{1}{6\,\varrho^2} = 5{,}61110-20$$

$$\log \frac{1}{2\,\varrho^2 \sin 1''} = 1{,}40265-10$$

$$\log \frac{1}{\varrho^2 \sin 1''} = 1{,}70368-10.$$

B. Berechnung der sphärischen Dreieckseiten aus den Koordinaten.

Sind die sphärischen Koordinaten $x_1 y_1$ eines Punktes P_1 und $x_2 y_2$ eines Punktes P_2 gegeben und es soll hieraus die sphärische Entfernung $P_1 P_2$ und der Direktionswinkel δ_1 der Seite $P_1 P_2$ berechnet werden, so kann man sich ebenfalls der obigen entsprechend umgeformten Gleichungen 47) und 48) bedienen:

$$\left.\begin{aligned} b \cos \delta_1 &= \triangle y_1 = y_2 - y_1 + (y) \\ b \sin \delta_1 &= \triangle x_1 = x_2 - x_1 - (x) \\ \operatorname{tg} \delta_1 &= \frac{\triangle x_1}{\triangle y_1} \end{aligned}\right| \quad \ldots\ldots \quad 50)$$

Da bei einem Dreiecke, dessen Seiten 50 km lang sind, der Unterschied zwischen der sphärischen Seite (dem Bogen) und der geraden Linie (der Sehne) nur 0,2 m beträgt, so ist die Berücksichtigung der sphärischen Ergänzungen nur für die Berechnung großer Dreiecke notwendig.

Über die Koordinatenberechnung für das ebene Dreieck vgl. lit. C dieses Paragraphen.

C. Berechnung der Dreieckseiten, Koordinaten und Direktionswinkel, wenn die Dreiecke so klein sind, daß sie als ebene angesehen werden können.

1. Aufgabe (Fig. 17).

Gegeben die auf M bezogenen Koordinaten der Punkte

$$P_1 \text{ und } P_2 \begin{cases} P_1 D = y_1 \text{ und } DM = x_1 \\ P_2 E = y_2 \text{ und } EM = x_2 \end{cases}$$

Gesucht die Seite $P_1 P_2$ und der Direktionswinkel $W_2 P_2 P_1 = \delta$.

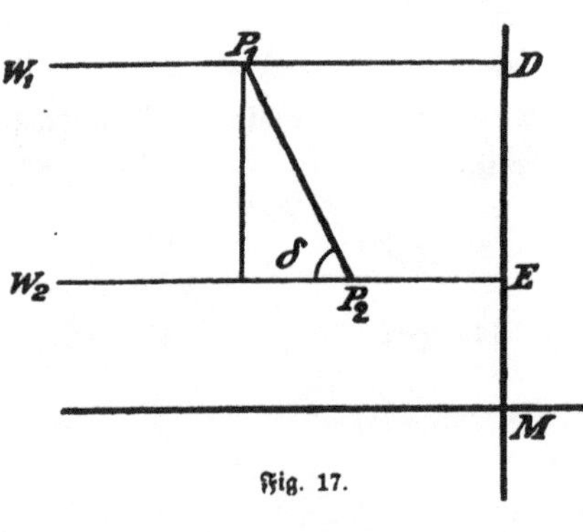

Fig. 17.

Man hat nun:

$$\left.\begin{aligned} &1.\ \operatorname{tg} \delta = \frac{x_1 - x_2}{y_1 - y_2} \\ &2.\ P_1 P_2 = \frac{y_1 - y_2}{\cos d} = \frac{x_1 - x_2}{\sin d} \end{aligned}\right\} \quad 51)$$

In obigem Beispiele ist $P_1 P_2$ im I. Quadranten, also x und y positiv angenommen. Liegen aber ein Punkt oder beide Punkte in einem anderen Quadranten, so müssen, weil die Vorzeichen von x, y positiv oder negativ sein können, auch die Differenzen $x_1 - x_2$ und $y_1 - y_2$, also auch $\operatorname{tg} \delta$ bald positiv, bald negativ werden, woraus sich für die Bestimmung des Direktionswinkels folgende vier Fälle ergeben:

Wenn:

$$\operatorname{tg} \delta = \frac{x_1 - x_2}{y_1 - y_2} = \frac{\Delta x}{\Delta y},$$

wo Δx und Δy sowohl positiv als negativ sein können, so ist für:

$$\left.\begin{aligned} &1.\ \left.\begin{matrix} +\Delta x \\ +\Delta y \end{matrix}\right\} \ldots \text{Direktionswinkel} = \delta \\ &2.\ \left.\begin{matrix} +\Delta x \\ -\Delta y \end{matrix}\right\} \ldots \quad \text{„} \quad = 180 - \delta \\ &3.\ \left.\begin{matrix} -\Delta x \\ +\Delta y \end{matrix}\right\} \ldots \quad \text{„} \quad = 180 + \delta \\ &4.\ \left.\begin{matrix} -\Delta x \\ -\Delta y \end{matrix}\right\} \ldots \quad \text{„} \quad = 360 - \delta \end{aligned}\right\} \ldots \quad 52)$$

2. Aufgabe (Fig. 17).

Gegeben der Punkt P_2 durch seine Koordinaten $x_2 y_2$, ferner die Entfernung $P_2 P_1$ und der Direktionswinkel δ der Seite $P_2 P_1$.

Gesucht die Koordinaten des Punktes P_1.

Es ist aus 51), 2:

$$x_1 - x_2 = P_1 P_2 \sin \delta,$$
$$y_1 - y_2 = P_1 P_2 \cos \delta.$$

Daher:

$$\left.\begin{aligned} x_1 &= x_2 + P_1 P_2 \sin \delta \\ y_1 &= y_2 + P_1 P_2 \cos \delta \end{aligned}\right\} \quad \ldots\ldots\ldots \quad 53)$$

worin das 2. Glied positiv oder negativ werden kann, was von dem Winkel δ abhängt.

D. Das Auftragen der Koordinaten.

Sind xy die (in Meter oder Ruten ausgedrückten) Koordinaten eines Punktes, welcher in ein Katasterblatt eingetragen werden soll, so ist zunächst die betreffende Region aus dem Vorzeichen von x und y ersichtlich. Sodann erhält man die Nummer des Blattes, in welches der Punkt trifft, durch Division der Koordinaten mit der Blattseite s. Dann ist:

$$\frac{x}{s} = m + \chi,$$
$$\frac{y}{s} = n + \omega,$$

wo χ und $\omega < s$, und daher:

$m + 1$ die Nummer der Schichte,
$n + 1$ „ „ „ Reihe

des Blattes, in welches der Punkt einzutragen ist.

Die nach der Division mit s bleibenden Reste χ und ω sind nun die Koordinaten des Punktes, bezogen auf die dem Normalpunkte zugekehrten Blattseiten als Achsen.

Es ist selbstverständlich, daß man sich bei dem Auftragen von χ, ω der an den Rändern und im Innern jedes Blattes angegebenen Interſektionslinien bedient, sowie daß die aufzutragenden Linien durch ihre Ergänzungsstücke $s - \chi$ und $s - \omega$ kontrolliert werden, und daß bei dem Auftragen der Maße die Änderung der Blattgröße wegen des etwaigen Papiereingehens berücksichtigt wird.

Bei dem Auftragen der Abszissen von Punkten mit großen Ordinaten ist noch ein besonderer Umstand, allerdings mehr von theoretischer als von praktischer Bedeutung:

Da die Blätter von ungleicher Höhe sind, so sind auch die Abszissen nicht identisch mit den, durch die Ost- und Westseite der Blätter gegebenen Linien, sondern stellen den auf der Abszissenachse gemessenen Abstand des Nullpunktes vom Fußpunkte des Perpendikels, d. h. vom Schnittpunkte der Ordinate mit der Abszissenachse vor.

So ist z. B. die Abszisse des NW-Eckpunktes des Blattes CXVI, 80 $x = 92800$ Ruten, während der in der Reihe 80 parallel zur Abszissenachse gemessene Abstand $x_1 = x \cos y$ nur 92760,33 Ruten beträgt. Da aber auch die Höhe der Blätter dieser Reihe nicht 800, sondern 800 cos y ist, so ist nach obigem:

$$\frac{x \cos y}{800 \cos y} = m + \chi,$$

und nur der Rest χ bedarf der Reduktion auf $\chi \cos y$, so daß also der Reduktionswert wird:

$$\chi - \chi \cos y = \chi (1 - \cos y) = 2 \chi \sin^2 \frac{y}{2},$$

wofür man für $y < 2^0$, und den Radius r

$$\frac{\chi y^2}{2 r^2}$$

setzen kann. Wird dieser Betrag aber mittels der Intersektionslinien aufgetragen, so gilt für die Intersektionsvierecke das gleiche, was oben von den ganzen Blättern gesagt wurde, so daß also nur noch der nach Division mit 200 bleibende Rest zu reduzieren ist.

Nun ist aber für die größte Reihennummer $n = 80$ und für die ganze Blattseite die Größe von $\xi = 0{,}341\ R = 0{,}998$ m.

Da χ die Größe der Seite eines Intersektionsvierecks nicht überschreiten kann, so beträgt das Maximum des Reduktionswertes:

0,249 für ein 5000teiliges Blatt,
0,12 „ „ 2500 „ „
oder im Maßstabe der Katasterblätter: 0,05 mm.

Da eine graphische Verwendung solcher Beträge ausgeschlossen ist, so darf man sagen, daß der Reduktion der Abszissen eine praktische Bedeutung für kartographische Zwecke nicht zukommt.

§ 33. Das geographische Netz.

A. Erklärung.

Im Soldnerschen rechtwinkligen sphärischen Koordinatensystem und bei der auf diesem beruhenden Einteilung der Katasterblätter ist auf das geographische Gradnetz keine Rücksicht genommen. Zwar können für die Eckpunkte der Blätter die geographischen Koordinaten leicht berechnet und hiernach die in jedes Blatt treffenden Gradlinien eingetragen werden, aber die Soldnersche Blatteinteilung selbst steht in keiner unmittelbaren Beziehung zum Gradnetze. Da die Lage des letzteren je nach Annahme der Erdfigur und der Orientierung eine verschiedene werden kann, so ist auch die Soldnersche Abbildung der Erdoberfläche nicht als eine Kartenprojektion in dem Sinne zu betrachten, in welchem diese Bezeichnung in der Kartographie gewöhnlich aufgefaßt wird.

Wir stellen uns nun die Aufgabe, aus den sphärischen Koordinaten x, y eines Punktes P dessen geographische Koordinaten β, λ und das Azimut α der Ordinate von P unter Zugrundelegung der von Soldner angenommenen Erdmaße zu bestimmen. Ist (Fig. 18):

ON die Abszissenachse, welche als Meridian des Normalpunkts[1]) angenommen wurde,
WO der Erdäquator,
M der Normalpunkt (München n. Frauent.),
WM die Ordinatenachse,
P ein beliebiger Punkt, dessen sphärische Koordinaten $x = CM$ und $y = CP$ sind,
m die Nummer der Schichte,
φ die geographische Breite des Normalpunktes M,
α das Azimut der Ordinate in P, d. i. der konvexe Winkel DPC,

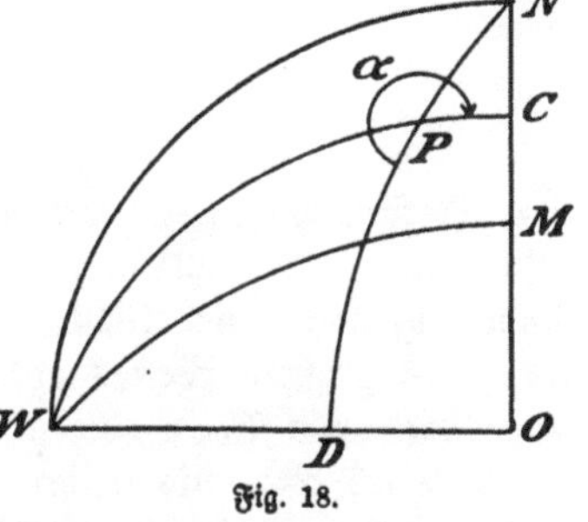

Fig. 18.

so erkennt man zunächst, daß die geographische Breite β_1 eines auf dem Hauptmeridian liegenden Punktes, z. B. des Schnittpunktes C der Ordinate von P mit der Abszissenachse, der Bogen $\varphi + x$ ist. Die geographische

[1]) Die Abszissenachse ist mit dem geographischen Meridian nicht völlig identisch, da der in § 20 näher bezeichnete Fehler der Orientierung von 14",5 auch in der topographischen Karte vorhanden ist.

Breite β_1 ließe sich sofort angeben, wenn der dem Bogen $x = \beta_1 - \varphi$ entsprechende Winkel bekannt wäre. Nun ist aber (nach 21) für Bogenmaß:

$$B = r\,(\beta_1 - \varphi)'' \sin 1'',$$

daher, weil hier $B = x$ ist:

$$\beta_1 - \varphi = \frac{x}{r \sin 1''}.$$

Um hieraus $\varphi - \beta_1$ berechnen zu können, müßte man die Größe des Krümmungshalbmessers r für die Breite $\frac{1}{2}(\beta_1 + \varphi)$ und daher also zunächst den Winkel $\varphi + \beta_1$ kennen, was aber nicht der Fall ist, da ja gerade β_1 der zu berechnende Breitenwinkel ist.

Indessen ist für die Bestimmung von r schon eine annähernde Kenntnis des Winkels $(\beta_1 + \varphi)$ genügend, welche uns die gegebene Abszisse x liefert.

Man hat nämlich für $x = 2334{,}8733$ Meter:

$$\beta_1 - \varphi = \frac{2334{,}8\ldots m}{r \sin 1''} \quad \ldots\ldots\ldots \quad 54)$$

Bezeichnet man den Wert $\frac{\beta_1 - \varphi}{m}$ mit N, und führt in obige Gleichung für r einmal den Wert desselben für die Breite 46^0 und einmal für die Breite $50^0\,50'$ ein, so erhält man:

$$N_{(46^0)} = 75'',63765$$
$$N_{(50^0\,50')} = 75'',57550.$$

Die Werte 75, ..., welche hier die Größe einer Katasterblattseite auf dem Meridianbogen, in Sekunden ausgedrückt, bezeichnen, unterscheiden sich also nur um 0'',06215, was für eine Breitenänderung von 1' oder eine Änderung von x um 1854 m noch nicht ganz 0'',0002 ergibt. Die Berechnang des größten Wertes von $x = Nm$ für $m = 116$ würde demnach mit dem Werte von $N_{(46^0)}$ oder $N_{(50^0\,50')}$ nur ein um $116 \cdot 0'',0002 = 0'',0232$ verschiedenes Ergebnis liefern. Führt man aber den Mittelwert $N = 75{,}6$ in die Rechnung ein, so beträgt die größte Abweichung nur 0'',011, d. i. im Maßstabe der Karte 0,13 mm. Diese Genauigkeit ist schon für viele Zwecke ausreichend. Übrigens besteht nunmehr keine Schwierigkeit, den Wert Nm mit jeder gewünschten Genauigkeit zu bestimmen. Aus dem mit dem Mittelwerte 75,6 gefundenen Werte von Nm kann nämlich zunächst der Krümmungsradius r mit voller Genauigkeit gefunden werden, da sich dieser erst bei einer Änderung der Breite von 5'' um eine Einheit der 7. Logarithmenstelle ändert. Mit dem exakten Werte von r läßt sich nun n und Nm mit aller Schärfe berechnen.

Man erhält beispielsweise:

Schichte m	Genäherter halber Breitenunterschied $\frac{1}{2}(\beta_1 - \varphi) = 75'',6 \frac{m}{2}$	Genäherte mittlere Breite $\frac{1}{2}(\varphi + \beta_1)$ ($\varphi = 48^0\,08'\,20''$)	Blattseite auf dem Meridian in Sekunden $= N$	Geographische Breite des in der Abszissenachse liegenden Punktes	
				Breitenunterschied Nm in Sekunden	Breite β_1
118	1° 14′ 20″,4	49° 22′ 40″,4	75″,5940679	8920″,1000	50° 37′ 00″,1000
114	1° 11′ 49″,2	20′ 09″,2	,5946072	8617″,7852	31′ 57″,7852
110	1° 09′ 18″,0	17′ 38″,0	,5951464	8315″,4661	26′ 55″,4661
106	1° 06′ 46″,8	15′ 06″,8	,5956857	8013″,1427	21′ 53″,1427
102	1° 04′ 15″,6	12′ 35″,6	,5962250	7710″,8150	16′ 50″,8150
98	1° 01′ 44″,4	10′ 04″,4	,5967643	7408″,4829	11′ 48″,4829
94	0° 59′ 13″,2	07′ 33″,2	,5973036	7106″,1465	06′ 46″,1465
90	0° 56′ 42″,0	05′ 02″,0	,5978430	6803″,8059	01′ 43″,8059
etc.					

Hiermit ist die geographische Breite eines auf der Abszissenachse liegenden Punktes C bestimmt.

Um nun allgemein die geographischen Koordinaten β, λ eines beliebigen Punktes P zu berechnen, hat man in dem sphärischen Dreiecke CNP:

$$\sin\beta = \cos y \sin(\varphi + x) \quad \ldots\ldots \quad 55)$$

$$\operatorname{tg}\lambda = \operatorname{tg} y \sec(\varphi + x) \quad \ldots\ldots \quad 56)$$

$$\sin y = \sin\lambda \cos\beta \quad \ldots\ldots\ldots \quad 57)$$

$$\sin(\alpha - 180^0) = \cos(\varphi + x) \sec\beta \quad \ldots \quad 58)$$

Aus diesen, sehr einfachen Gleichungen, in welchen x und y in Bogenmaß ausgedrückt sind, könnte man durch Einführung der entsprechenden Reihen für die trigonometrischen Funktionen von x, y in ähnlicher Weise die Gleichungen der Netzlinien ableiten, wie wir dies (in § 16) bei der Bonneschen Projektion getan haben. Da diese Gleichungen aber nur für eine zusammenhängende Projektion nach Art des Cassinischen Plattkartennetzes eine praktische Bedeutung haben würden, in der Soldnerschen Abbildung aber jedes Blatt eine Projektion für sich bildet, und daher auch das geographische Netz keine zusammenhängende ebene Abbildung ist (§ 28), so können wir auf die Aufstellung dieser Gleichungen verzichten.

Die oben angegebenen Formeln sind zwar mathematisch genau, aber für die numerische Berechnung wenig geeignet, da sie die sphärischen Koordinaten in Gradmaß enthalten, während diese meistens in Längenmaß gegeben sind.

Wären dieselben aber auch in Gradmaß gegeben, so würden diese rein sphärischen Formeln doch nur die geographischen Koordinaten für die Kugel, nicht aber für das Sphäroid liefern.

Wir haben die Formeln daher so umzugestalten, daß sie für eine bequeme numerische Berechnung der geographischen Positionen auf dem Sphäroid geeignet werden.

Wir werden zunächst eine einfache Ableitung der Soldnerschen Näherungsformeln angeben, welche in dem Werke „Die bayerische Landesvermessung" S. 527—536 entwickelt sind, sodann aber eine Formel aufstellen, welche eine völlig exakte und dabei sehr bequeme Berechnung ermöglicht.

B. Entwicklung der Näherungsformeln.

a) Aus der Gleichung 55) ist, weil $\cos y = 1 - 2\sin^2 \frac{y}{2}$,

$$\sin(\varphi + x) - \sin\beta = 2\sin^2 \frac{y}{2} \sin(\varphi + x),$$

oder

$$2\cos\frac{1}{2}(\varphi + x + \beta)\sin\frac{1}{2}(\varphi + x - \beta) = 2\sin^2\frac{y}{2}\sin(\varphi + x)$$

und hieraus:

$$\sin\frac{1}{2}(\varphi + x - \beta) = \frac{\sin^2\frac{y}{2}\sin(\varphi + x)}{\cos\frac{1}{2}(\varphi + x + \beta)}.$$

Da $\varphi - \beta$ und x für die Größe Bayerns nur kleine Bögen sind, so kann man

$$\varphi + x - \beta = \sin(\varphi + x - \beta), \text{ und}$$

$$\cos\frac{1}{2}(\varphi + x + \beta) = \cos\frac{1}{2}(2\varphi + x), \text{ sowie}$$

$$\frac{\sin(\varphi + x)}{\cos\frac{1}{2}(\varphi + x + \beta)} = \frac{\sin(\varphi + x)}{\cos\frac{1}{2}[2(\varphi + x)]} = \operatorname{tg}(\varphi + x)$$

setzen und erhält dann, wenn man noch das Meridianbogenstück $Nm = x$ (S. 82) einführt:

$$\beta = \varphi + Nm + \frac{1}{2}y^2 \operatorname{tg}(\varphi + x) \quad \ldots\ldots \quad 59)$$

Da aber allgemein:

$$\operatorname{tg}(\varphi + x) - \operatorname{tg}\varphi = \frac{\operatorname{tg}\varphi + \operatorname{tg}x}{1 - \operatorname{tg}\varphi\operatorname{tg}x} - \operatorname{tg}\varphi = \frac{\operatorname{tg}x(1 - \operatorname{tg}^2\varphi)}{1 - \operatorname{tg}\varphi\operatorname{tg}x}$$

$$= \frac{\operatorname{tg}x}{\cos^2\varphi - \sin\varphi\cos\varphi\operatorname{tg}x} = \frac{\sin x}{\cos\varphi\cos(\varphi + x)}$$

und da für kleine Winkel:

$$\sin x = x$$
$$\cos x = 1$$
$$\cos(\varphi + x) = \cos\varphi,$$

also:

$$\operatorname{tg}(\varphi + x) = \operatorname{tg}\varphi + \frac{x}{\cos^2\varphi},$$

so gibt die Gleichung 59) mit Einführung dieses Wertes:

$$\beta = \varphi + Nm - \frac{1}{2}\, y^2 \operatorname{tg}\varphi - \frac{1}{2}\, x\, y^2 \sec^2\varphi \quad . \; . \; . \quad 60)$$

Hier sind x und y noch in Teilen des Halbmessers ausgedrückt; ist y in Längenmaß gegeben, so ist dafür zu setzen $\frac{y}{r}$, wo r der Halbmesser der Berührungskugel = 6388172 m (§ 28) ist. Führt man noch die Reihennummer n ein, so wird für Bogensekunden:

$$y'' = \frac{2334{,}8 \ldots n}{r \sin 1''} = A n.$$

Die Berechnung des konstanten Wertes A gibt:

$$\begin{aligned}
\log 2334{,}8\,.. &= 3{,}3682633 \\
\log \frac{1}{r} &= 3{,}1946235-10 \\
\log \frac{1}{\sin 1''} &= \underline{5{,}3144251} \\
&\ 1{,}8773119 = \log A \\
&\ 75'',3897 \quad = \text{Konstante } A.
\end{aligned}$$

Nun ist für Bogensekunden:

$$\frac{1}{2}\, y^2 \operatorname{tg}\varphi = \frac{1}{2}\, A^2 n^2 \operatorname{tg}\varphi \sin 1'' = B n^2.$$

Da $\varphi = 48^0\, 08'\, 20''$, so gibt die Berechnung des konstanten Wertes B:

$$\begin{aligned}
\log \frac{1}{2} &= 9{,}6989700-10 \\
\log A^2 &= 3{,}7546238 \\
\log \operatorname{tg}\varphi &= 0{,}0476802 \\
\log \sin 1'' &= \underline{4{,}6855749-10} \\
&\ 8{,}1868489-10 = \log B \\
&\ 0{,}015376 \quad = \text{Konstante } B.
\end{aligned}$$

Ebenso ist für Bogensekunden:

$$\frac{1}{2} x y^2 \sec^2 \varphi = \frac{2334{,}8\, m}{r \sin 1''} \cdot \frac{A^2 n^2 \sec^2 \varphi \sin^2 1''}{2} = \frac{A^3 m n^2 \sec^2 \varphi \sin^2 1''}{2} = C m n^2.$$

Für den konstanten Wert C ist wieder:

$$\begin{aligned}
&\log A^3 && 5{,}6319357\\
&\log \sec^2 \varphi &&= 0{,}3513224\\
&\log \frac{1}{2} &&= 9{,}6989700-10\\
&\log \sin^2 1'' &&= \underline{9{,}3711498-20}\\
& && \ 5{,}0533779-10 = \log C\\
& && \ 0{,}000011308 \quad = \text{Konstante } C.
\end{aligned}$$ [1])

Mit den Konstanten B und C wird die Gleichung 60):

$$\left.\begin{aligned}
&\beta = 48^0\, 08'\, 20'' + Nm - 0{,}015376\, n^2 - 0{,}00001131\, m n^2,\\
&\text{oder mit den konstanten Logarithmen:}\\
&\beta = 48^0\, 08'\, 20'' + Nm - [8{,}1868489-10] n^2 - [5{,}0533779-10]\, m n^2
\end{aligned}\right\} \quad . \; 61)$$

Die Vorzeichen von m und n sind hier zu berücksichtigen, und zwar ist das Zeichen von m das der Abszisse und jenes von n das der Ordinate.

b) Die geographische Länge λ kann, nachdem nun in 61) die Breite β bestimmt ist, mittels der Gleichung 56) oder 57) berechnet werden. Will man aber den Wert von λ ebenfalls in einer Näherungsformel darstellen, wie es für β geschehen ist, so erhält man aus der Gleichung 57):

$$\sin \lambda = \frac{\sin y}{\cos \beta}$$

zunächst durch Einführung von λ und y für $\sin \lambda$ und $\sin y$,

$$\text{indem allgemein} \left\{ \begin{aligned} \lambda &= \sin \lambda + \frac{\sin^3 \lambda}{6} + \dots\\ \sin y &= y - \frac{y^3}{6} + \dots\dots \end{aligned}\right.$$

$$\lambda = \frac{y}{\cos \beta} - \frac{y^3}{6 \cos \beta} + \frac{\left(y - \frac{y^3}{6}\right)^3}{6 \cos^3 \beta} + \dots.$$

---

[1]) Die für die Berechnungen der geographischen Positionen im topographischen Bureau benutzten Konstanten weichen etwas von den hier berechneten, richtigen Zahlen ab; die genannten Konstanten sind:

$$\begin{aligned} A &= 75{,}3896\\ B &= 0{,}015376\\ C &= 0{,}00001131\\ D &= 0{,}00000313. \end{aligned}$$

Mit diesen Werten ist das Rechnungsbeispiel 3 berechnet worden.

Mit Vernachlässigung der höheren als dritten Potenzen ergibt sich:

$$\lambda = \frac{y}{\cos\beta} - \frac{y^3}{6}\left(\frac{1}{\cos\beta} - \frac{1}{\cos^3\beta}\right).$$

Da aber:

$$\frac{1}{\cos\beta} - \frac{1}{\cos^3\beta} = \frac{\cos^2\beta - 1}{\cos^3\beta} = -\frac{\sin^2\beta}{\cos^3\beta},$$

so ist schließlich:

$$\lambda = y \sec\beta + \frac{y^3}{6}\sin^2\beta\sec^3\beta \quad . \quad . \quad . \quad . \quad . \quad 62)$$

Hier ist wieder:

$$y'' = An = 75'',3897\, n.$$

Gestattet man sich, im letzten Gliede der Gleichung 62) für β den konstanten Wert φ einzuführen[1]), so ist:

$$\frac{y^3}{6}\sin^2\beta\sec^3\beta = \frac{A^3 n^3}{6}\operatorname{tg}^2\varphi\sec\varphi\sin^2 1'' = Dn^3.$$

Für den konstanten Wert D berechnen wir:

$$\begin{aligned}
\log A^3 &= 5,6319357\\
\log\frac{1}{6} &= 9,2218487-10\\
\log \operatorname{tg}^2\varphi &= 0,0953604\\
\log\sec\varphi &= 0,1756612\\
\log\sin^2 1'' &= \underline{9,3711498-20}\\
&\ 4,4959558-10 = \log D\\
&\ 0,00000313 \quad = \text{Konstante } D.
\end{aligned}$$

Es wird daher schließlich:

$$\lambda = 75''\,3897\, n\sec\beta + 0,00000313\, n^3$$

oder für Logarithmen

$$\lambda = [1,8773119-10]\, n\sec\beta + [4,4959558-10]\, n^3 . \quad . \quad . \quad 63)$$

und zwar ist dieses der Längenunterschied, bezogen auf die Abszissenachse (Meridian des nördl. Frauenturms). Sollen die geographischen Koordinaten

---

[1]) Diese Vereinfachung (s. bayer. Landesvermessung, S. 536) ist aber für ein Koordinatensystem von der Ausdehnung Bayerns nicht mehr zulässig.

Ist $\beta - \varphi = B$, so wird der Fehler, welcher entsteht, wenn φ statt β gesetzt wird, genähert:

$$\frac{y^3}{6}(\operatorname{tg}^2\varphi\sec\varphi - \operatorname{tg}^2\beta\sec\beta) = \frac{B y^3 \sin\varphi\,(2+\sin^2\varphi)}{6\cos^4\varphi\,(1+3B\operatorname{tg}\varphi)}.$$

Für $\beta = 50°\,30'$ und $n = 80$ wird λ um $0'',384$ (oder in Längenmaß etwa 8 Meter), also um eine Größe, die in der Karte nicht vernachlässigt werden darf, zu klein (vgl. S. 88).

auf den Nullmeridian des topographischen Atlasses bezogen werden, welcher 100″,974 östlich vom Frauenturm liegt (s. Rechnungsbeispiel 1), so ist dieser Betrag noch in Rechnung zu bringen. Zählt man die Längen nach Westen positiv und nach Osten negativ, so ist das Vorzeichen von λ durch jenes von n (welches im II. und III. Quadranten — ist) bestimmt, und man erhält schließlich für die auf den Nullmeridian des Atlasses bezogene geographische Länge:

$$\lambda = 75'',3896\, n \sec \beta + 0'',00000313\, n^3 + 100''974 \quad . \quad . \quad 64)$$

Für die Rheinpfalz ist der Koordinatenursprung die Mannheimer Sternwarte, deren Lage durch die geographischen Koordinaten (auf dem Soldnerschen Sphäroid):

$$\varphi = 49^0\, 29'\, 12'',70$$
$$\lambda = \ \ 3^0\ \ 8'\, 32'',68$$

westlich der alten Münchner Sternwarte bestimmt ist.

Demnach sind die Formeln für die Berechnung der pfälzischen geographischen Positionen:

$$\beta = 49^0\, 29' 12'',70 + Nm - 0{,}015376\, n^2 - 0{,}00001131\, mn^2 \quad . \quad . \quad 65)$$
$$\lambda = 75'',3896\, n \sec \beta + 0{,}00000313\, n^3 \quad . \quad . \quad . \quad . \quad . \quad . \quad . \quad . \quad . \quad 66)$$

Wenngleich die vorstehenden Formeln für die meisten Zwecke, z. B. für die Konstruktionen in der 25000teiligen Karte, eine genügende Genauigkeit gewähren, so darf doch nicht übersehen werden, daß es nur Näherungsformeln sind, welche nicht ausreichen, wenn das Gradnetz in einem größeren Maßstabe, z. B. in den 2500teiligen Katasterblättern aufgetragen werden, oder wenn die numerische Berechnung der geographischen Koordinaten mit derselben Genauigkeit erfolgen soll, mit welcher die sphärischen Koordinaten der Hauptdreieckspunkte bestimmt werden. Für die topographische Karte von Bayern bleibt zwar der Unterschied zwischen dem mittels der Näherungsformeln erhaltenen und dem strenge richtigen Werte stets unter 1″, was aber immerhin einer linearen Größe von 20 bis 30 m entspricht.

Welche Größe jedoch die Fehler erreichen können, wenn man diese Formeln für die Berechnung des Gradnetzes eines großen Gebietes anwenden würde, ersieht man leicht, wenn man in die Gleichung 61) $\beta = 0$ und $m = 0$ setzt, woraus folgt: $48^0\, 08'\, 20'' = 0'',015376\, n^2$ und $n = 3357$; dieses wäre also die Reihe, in welcher die Abszissenachse den Erdäquator schneiden würde; setzt man diesen Wert in die Gleichung 64) ein, so wird

$$\lambda = 75{,}3896 \cdot 3357 \sec 48^0\, 08'\, 20'' + 0{,}00000313 \cdot 3357^3 + 100'',9,$$

woraus $\lambda = 138^0\,16'\,44''$ wird, welches die geographische Länge des obengenannten Schnittpunktes wäre. Da aber die Ordinatenkreise den Äquator in einer Entfernung von 90^0 vom Nullpunkt schneiden, so bezeichnet der Unterschied von $48^0\,16'\,44''$ die enorme Größe des Fehlers für diesen Fall.

C. Ableitung genauer Formeln.

Da nach 54) die Breite β_1 eines auf dem Hauptmeridian liegenden Punktes aus der gegebenen Abszisse x völlig genau bestimmt werden kann, so handelt es sich bei der Ermittelung der Breite β eines beliebigen Punktes nur noch um die Änderung δ, welche die Breite $\varphi + x = \beta_1$ für irgendeine Ordinate $y = 75'',3896\,m$ erfährt. Setzt man also $\beta = \beta_1 - \delta$, so wird die Gleichung 55):

$$\sin(\beta_1 - \delta) = \cos y \sin \beta_1$$

oder

$$\sin \beta_1 \cos \delta - \cos \beta_1 \sin \delta = \cos y \sin \beta_1.$$

Durch Division mit $\sin \beta_1$ erhält man

$$\text{I. } \cos \delta = \cos y + \cot \beta_1 \sin \delta.$$

Durch Quadrierung und Reduzierung ergibt sich:

$$\sin^2 \delta\,(1 + \cot^2 \beta_1) + 2 \sin \delta \cos y \cot \beta_1 = \sin^2 y,$$

und durch Auflösung dieser Gleichung nach $\sin \delta$:

$$\sin \delta = \sin 2\,\beta_1 \cos y \left(-1 \mp \sqrt{\frac{\operatorname{tg}^2 y}{\cos^2 \beta} + 1}\right).$$

Setzt man hierin:

$$\text{II. } \frac{\operatorname{tg} y}{\cos \beta} = \operatorname{tg} z,$$

so wird, (weil $\sqrt{1 + \operatorname{tg}^2 z} = \sec z$ und $1 - \cos z = 2 \sin^2 \frac{z}{2}$ sowie $2 \sin \beta_1 \cos \beta_1 = \sin 2\,\beta_1 = \sin 2\,(\varphi + x)$ ist):

$$\sin \delta = \sin 2\,(\varphi + x) \cos y \sin^2 \frac{z}{2} \sec z \quad . \quad . \quad . \quad . \quad 67)$$

Hieraus kann die Breite β mit jeder gewünschten Genauigkeit berechnet werden; die Länge λ aber ergibt sich dann nach der ursprünglichen Formel 57):

$$\sin \lambda = \frac{\sin y}{\cos \beta}.$$

Die Berechnung mit diesen Formeln gestaltet sich ebenso einfach als mit den Näherungsformeln (vgl. Beispiel 3a u. b). Will man aber durchaus eine solche, so kann man, wenn δ und y nur kleine Winkel sind, $\cos\delta = 1$ und $\sin y = y$, sowie $\sin\delta = \delta$ setzen, und erhält dann aus I:

$$\cos\delta = \cos y + \cot\beta_1 \sin\delta = 1,$$

woraus

$$\sin\delta = \frac{1-\cos y}{\cot\beta_1} = 2\sin^2\frac{y}{2}\operatorname{tg}\beta_1 = \frac{y^2}{2}\operatorname{tg}\beta_1 = \delta \;.\;.\quad 68)$$

y ist hier Bogenmaß für den Halbmesser 1; setzt man hierfür seinen Wert in Sekunden, nämlich $y = 75'',3 \ldots n$, so wird für Sekunden:

$$\delta = [8{,}1391685-10]\, n^2 \operatorname{tg}\beta_1.$$

Will man δ in Metermaß, so hat man, weil $\operatorname{arc} 1'' = r \sin 1'' = [1{,}48974]$

$$\delta = [9{,}62891-10]\, n^2 \operatorname{tg}\beta_1 \;.\;.\;.\;.\;.\;.\quad 69)$$

Der Wert δ stellt die Änderung der geographischen Breite dar, welche ein Punkt, dessen Abszisse x und dessen Ordinate Null ist, erfährt, wenn die Ordinate von Null bis zum Werte y wächst. Da ferner:

$$\beta_1 = \varphi + x = \varphi + Nm$$
$$\beta = \beta_1 - \delta,$$

so erhält man, wenn man noch den Wert von δ aus 68) einführt:

$$\beta = \varphi + Nm - \frac{y^2}{2}\operatorname{tg}(\varphi + x)$$

übereinstimmend mit den in 59) gefundenen Werte.

D. Rechnungsbeispiele.

1. Berechnung des Unterschieds $\left\{\begin{array}{l}(\lambda - \lambda_1) \text{ der geographischen Länge,}\\ (\varphi - \varphi_1) \;\;\text{"} \qquad\quad \text{" Breite,}\end{array}\right.$

der Punkte: München, n. Frauenturm (Normalpunkt für die 25000 teil. Karte),
München, alte Sternwarte (" " den 50000 teil. Atlas),
wenn die Soldnerschen Koordinaten gegeben sind für:

n. Frauenturm: $x = \pm 0$
$y = \pm 0,$
Sternwarte: $x = -1451{,}7$
$y = +2087{,}4.$

Lösung: (Formel 61 und 63 mit Weglassung der letzten, hier einflußlosen Glieder)

$$N = 75'',6$$

$$m = \frac{1451{,}7}{2334{,}8\ldots} \qquad n = \frac{2087{,}4}{2334{,}8}$$

$$Nm = \frac{75{,}6 \cdot 1451{,}7}{2334{,}8\ldots}$$

$$\log 75{,}6 \quad = 1{,}8785792$$
$$\log 1451{,}7 \quad = 3{,}1618769$$
$$\log \frac{1}{2334{,}8\ldots} = 6{,}6317367$$
$$\log Nm \quad = 1{,}6721928$$
$$Nm = -47'',010 \qquad\qquad Nm = -47'',010$$

$$\log 2087{,}4 \quad = 3{,}31961$$
$$\log \frac{1}{2334{,}8} \quad = 6{,}63174$$
$$\log n \quad = 9{,}95135$$

$$\log n^2 \quad = 9{,}90270$$
$$\log 0{,}015\ldots = 8{,}18685$$
$$8{,}08955$$
$$0{,}015\ldots n^2 = +0'',012 \qquad\qquad -0{,}015\ldots n^2 = -0'',012$$

I) Breitenunterschied $(\varphi - \varphi_1) = 47'',022$

$$\log 75'',38\ldots = 1{,}8773118$$
$$\log n \quad = 9{,}9513424$$
$$\log \sec \beta \quad = 0{,}1755555$$
$$\log (\lambda - \lambda_1) = 2{,}0042097$$
$$\lambda - \lambda_1 = 100'',974$$

II) Längenunterschied $(\lambda - \lambda_1) = 1'\,40'',974$.

2. Berechnung der geographischen Koordinaten β, λ für den Nordwesteckpunkt des Katasterblattes NW XCVIII. 82 (nach § 33 C).

Man hat zunächst (nach 54) genähert:

$$\frac{1}{2}(\varphi + \beta) = 48^0\,08'\,20'' + \frac{75'',6\ldots98}{2} = 49^0\,10'$$

und

$$Nm = \frac{m\,2334{,}8}{r \sin 1''},$$

worin r = Meridiankrümmungshalbmesser für $49^0\,10' = [6{,}8041852]$ ist.

$$\log m \quad = 1{,}9912261$$
$$\log 2334{,}8\ldots = 3{,}3682633$$
$$\log \frac{1}{r} \quad = 3{,}1958148$$
$$\log \frac{1}{\sin 1''} \quad = 5{,}3144251$$
$$\log Nm \quad = 3{,}8697293$$

$$\varphi = 48^0\,08'\,20'',000$$

$$Nm = 7408'',4829 = 2^0\,3'\,28'',483 \qquad Nm = 2^0\,03'\,28'',483$$

$$\beta_1 = 50^0\,11'\,48'',483$$

$$\begin{aligned} \log n &= 1{,}9138139 \\ \log 75{,}3\ldots &= 1{,}8773119 \\ \log y &= 3{,}7911258 \end{aligned}$$

$$y = 6181'',953 = 1^0\,43'\,1'',954$$

$$\begin{aligned} \log \operatorname{tg} y &= 8{,}4768306 \\ \log \cos \beta_1 &= 9{,}8062835 \\ \log \operatorname{tg} z &= 8{,}6705471 \end{aligned}$$

$$z = 2^0\,40'\,52'',864$$

$$\frac{z}{2} = 1^0\,20'\,26'',432$$

$$\begin{aligned} \log \sin 2\beta_1 &= 9{,}9928152 \\ \log \cos y &= 9{,}9998049 \\ \log \sin^2 \frac{z}{2} &= 6{,}7383230 \\ \log \sec z &= 0{,}0004757 \\ \log \sin \delta &= 6{,}7314188 \end{aligned}$$

$$\delta = 1'\,51'',172 \qquad \delta = -\,1'\,51'',172$$

$$\text{I)}\ \beta = 50^0\,09'\,57'',311$$

$$\begin{aligned} \log y'' &= 3{,}7911258 \\ s &= 4{,}6855099 \\ \log \sin y &= 8{,}4766357 \\ \log \cos \beta &= 9{,}8065643 \\ \log \sin \lambda_1 &= 8{,}6700714 \end{aligned}$$

$$\lambda_1 = 2^0\,40'\,52'',838 \qquad \lambda_1 = 2^0\,40'\,52'',838$$

$$+\,1'\,40'',974$$

$$\text{II)}\ \lambda = 2^0\,42'\,33'',812$$

3. **Berechnung** der geographischen Koordinaten für den Hauptdreieckpunkt Kreuzberg aus seinen Soldnerschen Koordinaten:

$$x = +\,249376{,}8 \quad \text{oder} \quad m = \frac{x}{2334{,}8\ldots} = 106{,}80525$$

$$y = +\,113318{,}2 \qquad n = \frac{y}{2334{,}8\ldots} = 48{,}53287.$$

a) Nach den Soldnerschen Formeln (61 u. 63).

Genähert ist:

$$\frac{1}{2}(\varphi+\beta) = 48^0\,08'\,20'' + \frac{75{,}6\ldots\cdot 107}{2} = 49^0\,15'$$

$$Nm = \frac{x}{r \sin 1''} \ldots . (r \text{ für } 49^0\,15')$$

$\log x$	$= 5{,}3968560$	
$\log \frac{1}{r}$	$= 3{,}1958086$	
$\log \frac{1}{\sin 1''}$	$= 5{,}3144251$	
$\log Nm$	$= 3{,}9070897$	
Nm	$= 8074{,}020$	$= 2^0\,14'\,34'',020$
$\log n^2$	$= 3{,}3720718$	
$\log 0{,}015\ldots$	$= 8{,}1868434$	
$\log 0{,}015\ldots n^2$	$= 1{,}5589152$	
$0{,}015\ldots n^2$	$=$	$-\ 36'',217$
$\log n^2$	$= 3{,}37207$	
$\log m$	$= 2{,}02859$	
$\log 0{,}000011$	$= 5{,}05346$	
$\log 0{,}000011\ldots n^2 m$	$= 0{,}45412$	
$0{,}000011\ldots n^2 m$	$=$	$-\ 2'',845$
		$\varphi = 48^0\,08'\,20'',000$
		I) $\beta = 50^0\,22'\,14'',958$
$\log 75{,}3\ldots$	$= 1{,}8773118$	
$\log n$	$= 1{,}6860359$	
$\log \sec \beta$	$= 0{,}1953045$	
$\log 75{,}3\ldots n \sec \beta$	$= 3{,}7586522$	
$75{,}3\ldots n \sec \beta$	$= 5736'',568$	$= 1^0\,35'\,36'',568$
$\log 0{,}000003\ldots$	$= 4{,}49554$	
$\log n^3$	$= 5{,}05811$	$1'\,40'',974$
$\log 0{,}000003\ldots n^3$	$= 9{,}55365$	
$0{,}000003\ldots n^3$	$=$	$0'',358$
		II) $\lambda = 1^0\,37'\,17'',900$

b) Berechnung mit den exakten Formeln (67 u. 57).

$\log n = 1{,}6860359$
$\log 75{,}3\ldots = 1{,}8773118$
$\log y = 3{,}5633477$
$y = 1^{0}\,0'\,58'',876$

$\log \operatorname{tg} y = 8{,}2489682$
$\log \cos \beta = 9{,}8045965$
$\log \operatorname{tg} z = 8{,}4443717$

$z = 1^{0}\,35'\,37'',000$

$\frac{z}{2} = 47'\,48'',500$

$\log m = 2{,}0285924$
$\log N = 1{,}8784976$
$\log Nm = 3{,}9070900$

$Nm = 8074{,}025 = 2^{0}\,14'\,34'',025$
$\varphi = 48^{0}\,08'\,20'',000$
$\beta_1 = 50^{0}\,22'\,54'',0250; \quad 2\beta_1 = 100^{0}\,45'\,48'',050$

$\log \sin 2\beta = 9{,}9922914$
$\log \cos y = 9{,}9999317$
$\log \sin^2 \frac{z}{2} = 6{,}2864314$
$\log \frac{1}{\cos z} = 0{,}0001680$
$\log \sin \delta = 6{,}2788229$
$\delta = \quad - 39'',1965$

I) $\beta = 50^{0}\,22'\,14'',8285$

$\log \sin y = 8{,}2488999$
$\cos \beta = 9{,}8046959$
$\log \sin \lambda = 8{,}4442040$

$\lambda_1 = 1^{0}\,35'\,37'',004$
$+ 1'\,40'',974$

II) $\lambda = 1^{0}\,37'\,17'',978$

Kapitel 7. Die Soldnerschen Netzlinien im 50000 teiligen topographischen Atlas.

§ 34. Gestalt des Soldnerschen Netzes in der Bonneschen Projektion.

Wie schon im § 28 ausgeführt wurde, können die Soldnerschen Blätter als Teile der sphäroidischen — hier sphärisch angenommenen — Erdoberfläche ohne Änderung ihrer Gestalt nicht zusammenhängend in der Ebene ausgebreitet werden (s. Fig. 22 S. 102).

Darstellung der Soldnerschen Netzlinien einer Erdhälfte in der Bonneschen Projektion.

Maßstab in 1 : 25000000.

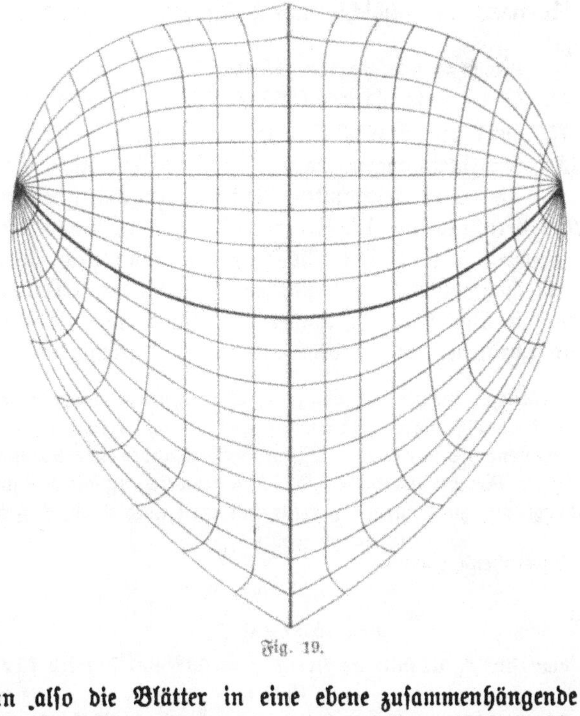

Fig. 19.

Wenn also die Blätter in eine ebene zusammenhängende Projektion, z. B. in die Bonnesche, eingetragen werden sollen, so kann dies nur unter Änderung der Form der Blätter, d. h. mit einer gewissen Verzerrung derselben geschehen (Fig. 19).

Der gemeinsame Schnittpunkt der Ordinatenkreise ist der Punkt $\begin{cases}\beta = 0^0\\ \lambda = 90^0.\end{cases}$ Von diesen Kreisen decken sich der mit dem Erdäquator und der mit dem Meridian $\lambda = 90^0$ zusammenfallende mit den gleichen Linien in der Bonneschen Projektion, und zwar wird ersterer als ein Kreisbogen vom Halbmesser $= \varrho_{(\varphi)} \cot \varphi + B_{(\varphi)}$ abgebildet und erscheint in seinem wahren Größenverhältnisse, letzterer aber erscheint als transzendente Kurve und vergrößert.

Irgend ein anderer, zwischen dem Äquator und dem Pole liegender Ordinatenkreis wird in der Bonneschen Projektion ebenfalls als transzendente Kurve abgebildet. Die Form dieser Kurven wird durch die Gleichungen 55 und 56):

$$\sin \beta = \cos y \sin (\varphi + x)$$
$$\operatorname{tg} \lambda = \operatorname{tg} y \sec (\varphi + x)$$

dargestellt, worin $\varphi = 48^0\, 08'\, 20''$ und x, y Winkelgrößen sind. Sind statt letzteren die Nummern der Schichte und Reihe m, n gegeben, so ergeben sich die Gleichungen:

$$\sin \beta = \cos An \sin (48^0\, 08'\, 20'' + Am)$$
$$\operatorname{tg} \lambda = \operatorname{tg} An \sec (48^0\, 08'\, 20'' + Am), \quad \ldots \quad 70)$$

worin $A = 75'',3897$ die in § 33 B berechnete Konstante ist.

Mittels dieser Gleichungen können für jeden beliebigen Ordinatenkreis der Schichte m_1 die einer bestimmten Reihe n_1 zugehörigen geographischen Positionen β, λ berechnet und die Ordinatenkreise in die Bonnesche Abbildung eingetragen werden. Auf gleiche Weise erhält man durch Verbindung der den gleichen Reihennummern zugehörigen Punkte der Ordinatenkreise die Abbildung der die Ost- und Westränder der Soldnerschen Blätter bildenden Parallelen zur Abzissenachse[1]) in dem Bonneschen Kartenbilde.

[1]) Für manche Zwecke (z. B. für Horizontalwinkelmessungen mittels eines Bussoleninstrumentes) ist es vorteilhaft, den Winkel σ, den die (zur Abzissenachse parallelen) Ost- und Westränder der Katasterblätter mit den geographischen Meridianen bilden (d. h. die Abweichung dieser Randlinien von der Nord-Südrichtung) zu kennen. Hierfür hat man nach § 22 u. § 35:

$$\sigma = \lambda_1 \sin \beta_1$$

und (aus 63) hinreichend genau

$$\lambda_1 = 75{,}39\, n \sec \beta_1,$$

woraus folgt:

$$\sigma = 75{,}39\, n \operatorname{tg} \beta_1.$$

Führt man für β_1 die mittlere Breite $\varphi = 49^0$ ein, so wird für Minuten:

$$\sigma = 1'{,}45\, n.$$

Hieraus läßt sich σ mit einer für die graphische Aufnahme genügenden Genauigkeit (der Fehler bleibt unter $\pm 6'$) berechnen. Man erhält z. B. für die Blattreihe $n = 80$:

$$\sigma = 1'{,}45 \cdot 80 = 115' = 1^0\, 55'.$$

Betrachtet man nun das Soldnersche Netz innerhalb der Grenzen des rechtsrheinischen Bayerns, so findet man zunächst aus der Gleichung 68):

$$\text{I)}\quad \delta = \frac{y^2}{2} \operatorname{tg} \beta_1 = \frac{y^2}{2 \cot \beta_1},$$

für die größten Werte von $y = 191460$ m und $\beta_1 = 51^0$:

$$\delta < 2'.$$

Für die Annahme:

$$\text{II)}\quad \delta_1 = \frac{y^2}{2 \cot \beta_1 - \delta}$$

wird:

$$\delta_1 - \delta = \frac{\delta^2}{2 \cot \beta_1 - \delta}.$$

Die Berechnung dieses Wertes gibt für $\delta = 2'$ und $\beta = 51^0$:

$$\begin{aligned} \log \delta &= +\,3{,}53951 \\ -\log 1{,}61898 &= -\,0{,}20922 \\ \log \varrho &= +\,6{,}80538 \\ \hline \log(\delta_1 - \delta) &= 0{,}12567 \\ \delta_1 - \delta &= 1{,}34 \text{ m.} \end{aligned} \qquad \begin{aligned} 2 \cot \beta_1 &= 1{,}61956 \\ \delta &= 0{,}00058 \\ \hline & \ 1{,}61898 \end{aligned}$$

Da diese Größe im Maßstab 1 : 50000 nicht mehr darstellbar ist, so kann man die Gleichung II) an Stelle von I) gelten lassen. Und da man demnach auch δ für δ_1 setzen darf, so ist aus II:

$$\text{III)}\quad y^2 = \delta\,(2 \cot \beta_1 - \delta).$$

Dieses ist aber die Gleichung eines Kreises vom Halbmesser $\cot \beta_1$, wenn als X-Achse der Durchmesser und als Y-Achse die Tangente in einem Endpunkte des Durchmessers angenommen wird.

Betrachtet man diesen Kreis als einen Parallelkreis nach der Bonneschen Projektionsart, so ist der geometrische Ort der Punkte, deren Abszissen $\delta_0, \delta_1, \delta_2 \ldots$ sind, die Tangente an diesen Kreis.

Hieraus folgt, daß für die Ausdehnung der topographischen Karte von Bayern die Abbildung jedes Soldnerschen Ordinatenkreises in der Bonneschen Projektion für alle praktischen Zwecke als gerade Linie betrachtet werden darf, was auf gleiche Art auch für die sphärischen Parallelen zur meridionalen Abszissenachse (die Ost-Westrandlinien der Blätter) nachgewiesen werden kann.

§ 35. Einlegung der Soldnerschen Blätter in den 50000teiligen topographischen Atlas.

Berechnung der Projektionskoordinaten aus den sphärischen Koordinaten.

Die Einlegung der Soldnerschen Blätter in die Bonnesche Projektion, oder umgekehrt, der Eintrag der Atlasblattränder in die Soldnerschen Blätter kann erfolgen:

1. mittels der geographischen Koordinaten der Eckpunkte des betreffenden Blattes;
2. mittels der für die Eckpunkte aus den Soldnerschen Koordinaten berechneten Projektionskoordinaten.

Das Verfahren für die Umrechnung der Soldnerschen Koordinaten in geographische Koordinaten ist in § 33 angegeben worden. Der Eintrag eines Katasterblatt=Eckpunktes, dessen geographische Koordinaten gegeben sind, in das Gradnetz des Atlasses, sowie der Eintrag des Gradnetzes in ein Soldnersches Blatt, wenn die Projektionskoordinaten der betreffenden Knotenpunkte des Gradnetzes gegeben sind, gestaltet sich sehr einfach:

Sind (Fig. 20) die geographischen Koordinaten der Eckpunkte A, B, C, D eines Soldnerschen Blattes gegeben, so erhält man aus der Differenz derselben die Länge der Seiten in Gradmaß, z. B.:

$$\lambda_A - \lambda_B = L''$$
$$\beta_A - \beta_C = B''.$$

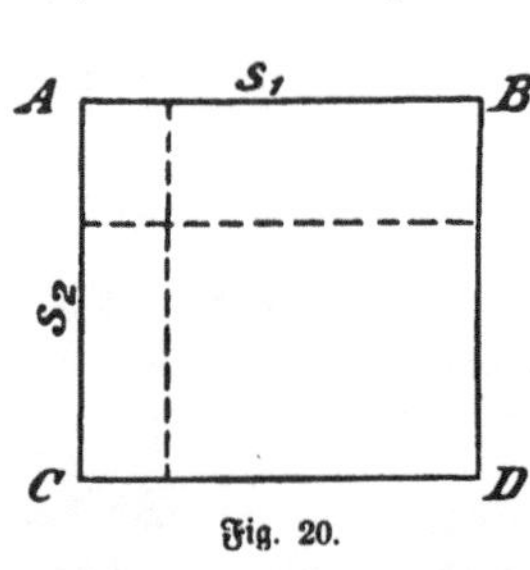

Fig. 20.

Da aber auch die Größe der Seiten $AB = s_1$ und $AC = s_2$ ... im Längenmaß bekannt ist, so ist

$\frac{s_1}{L}$ die Größe einer Sekunde auf der Seite AB in analytischem Maße,

$\frac{s_2}{B}$ die Größe einer Sekunde auf der Seite AC in analytischem Maße.

Ist nun z. B. die geographische Länge von A 29° 27′ 35″ und von B 29° 34′ 15″, ferner $AB = 10000$ m, und soll der Meridian 29° 30′ aufgetragen werden, so ist

$$1'' \text{ in Längenmaß } \frac{s_1}{L} = \frac{10000}{(29^0\,34'\,15'' - 29^0\,27'\,35'')''} = \frac{10000}{400} = 25 \text{ m}$$

und daher von A aus aufzutragen $(29^0\,30' - 29^0\,27'\,35'')'' \cdot 25 = 145 \cdot 25 = 3625$ m. Ebenso erfolgt der Eintrag des Breitegrades.

Ganz in der gleichen Weise ist zu verfahren, wenn ein Soldnersches Blatt in das Bonnesche Gradnetz eingefügt werden soll. Das betreffende Netzviereck, in welches das Soldnersche Blatt trifft, ist zunächst durch die geographischen Koordinaten des letzteren bestimmt. Es sind daher wie oben für die Randlinien des Netzvierecks die Sekundenwerte in Längenmaß zu bestimmen, sodann die gegenüber dem nächsten Eckpunkte bleibenden Reste in Längenmaß zu verwandeln, diese Reste auf dem Blattrande aufzutragen und schließlich die beiden gegenüberliegenden, derselben Gradlinie entsprechenden Punkte geradlinig zu verbinden. Der Schnittpunkt ergibt sodann die Lage des Blatteckpunktes im Gradnetze.

Werden die Projektionskoordinaten, bezogen auf den Normalpunkt des Atlasses, in Zahlen gewünscht, so können diese aus den geographischen Koordinaten (nach 26, 27) berechnet werden.

Man kann aber auch die Aufgabe stellen, die Projektionskoordinaten unmittelbar als Funktion der sphärischen Koordinaten darzustellen.

Die rechnerische Behandlung dieser Aufgabe ist aber etwas umständlich und auch deshalb von geringer praktischer Bedeutung, weil die Berechnung der Projektionskoordinaten aus den geographischen Koordinaten, deren Bestimmung doch für jeden Eckpunkt notwendig ist, wesentlich einfacher erfolgen kann.

Wenn es sich indessen nur um Konstruktionen in 1 : 25000 oder 1 : 50000 handelt, so kann man sich für die unmittelbare Ableitung der Projektionskoordinaten aus den sphärischen des nachfolgenden Rechnungsverfahrens bedienen.

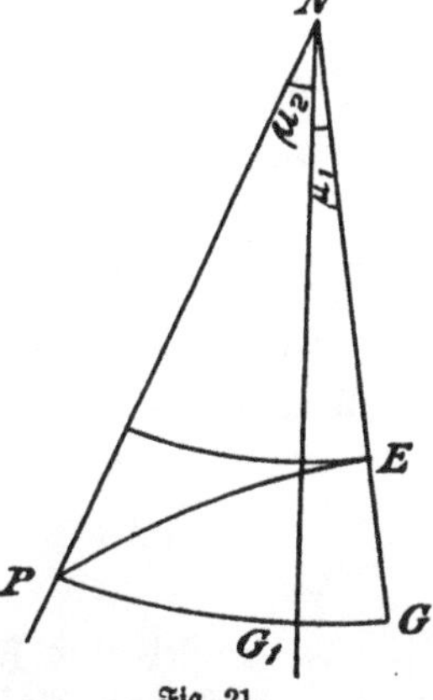

Fig. 21.

Die Abszissenachsen (Fig. 21) G_1N und GN der beiden Systeme (Soldner und Bonne), deren Ebenen für das rechtsrheinische Bayern den Neigungswinkel 100″,974, für die Pfalz den von 11211″,710 einschließen (§ 33 B), schneiden sich in der Projektion unter dem Winkel:

$$G_1NG = \mu_1 = \frac{\lambda_1 \varrho \cos \beta}{R_1}.$$ [1]

---

[1]) Hinsichtlich des Vorzeichens von λ vgl. § 14.

Für das rechtsrheinische Bayern ist daher:

$$\text{für } \beta_1 = 47^0\,30' \quad \mu_1 = 76'',200$$
$$\text{„ } \beta_1 = 49^0\,30' \quad \mu_1 = 76'',226$$
$$\text{„ } \beta_1 = 50^0\,30' \quad \mu_1 = 76'',203.$$

Die Projektionskoordinaten für einen Punkt P sind, wenn $PNG_1 = \mu_2$ den Mittelpunktswinkel bezeichnet, welchen der zu P gehörige Projektionsradius $PN = R_2$ mit der Abszissenachse $G_1 N$ einschließt (nach 27):

$$\left.\begin{aligned} X &= R_2 \cos(\mu_2 + \mu_1) \\ Y &= R_2 \sin(\mu_2 + \mu_1) \end{aligned}\right\} \quad \ldots\ldots\ldots \quad 71)$$

Bezeichnet man mit $NE = R_1$ den Projektionsradius, welcher durch den Schnittpunkt des Ordinatenkreises PE mit der Abszissenachse GN bestimmt ist, so wird nach 69) und Tabelle I S. 52:

$$R_1 = R_\varphi + x = 5649169 + x$$
$$R_2 = R_1 + \delta$$
$$\delta = [9{,}62891 - 10]\, n^2 \operatorname{tg} \beta_1 = [2{,}89238 - 10]\, y^2 \operatorname{tg} \beta_1$$
$$\beta_1 = 48^0\,08'\,20'' + 75'',3896 \text{ m} = 48^0\,08'\,20'' + [8{,}50905 - 10]\, x,$$

daher:

$$R_2 = 5649169 + x + [2{,}89238 - 10]\, y^2 \operatorname{tg}\left([8{,}50905 - 10]\, x\right)'' \quad . \quad . \quad 72)$$

Hiermit ist also R_2 bestimmt; der noch unbekannte, in den Gleichungen 71) enthaltene Winkel μ_2 wird aber annähernd gefunden:

$$\mu_2 = \frac{y}{\frac{1}{2}(R_1 + R_2) \sin 1''} \quad \ldots\ldots \quad 73)$$

In vorstehenden Formeln 71, 72 und 73) ist die vollständige Lösung der oben gestellten Aufgabe enthalten. Ein Beispiel für die numerische Rechnung ist nachstehend beigefügt.

Rechnungsbeispiel.

Berechnung der Projektionskoordinaten für den Nordwesteckpunkt des Blattes NW XCVIII, 82.

Es ist:

$$m = 98; \qquad x = 228818$$
$$n = 82; \qquad y = 191459.$$

Lösung:

Der Projektionsradius für München u. Frauenturm ist $R_{(48^0\,08'\,20'')} = 5649169$

$$x = 228818$$

daher $R_1 = 5420351$

Ferner $\delta = [9{,}62891]\, n^2 \operatorname{tg} \beta_1$

$$\beta_1 = 75{,}3896\, m + 48^0\,08'\,20''$$

$$\begin{aligned} \log 75{,}3\ldots &= 1{,}8773118 \\ \log m &= 1{,}9912261 \\ \hline \log 75{,}3\ldots m &= 3{,}8685379 \end{aligned}$$

$$\begin{aligned} & 2^0\,03'\,08'' \\ & + 48^0\,08'\,20'' \\ \hline \beta_1 = & \ 50^0\,11'\,28'' \end{aligned}$$

$$\begin{aligned} \log c &= 9{,}62891 \\ \log n^2 &= 3{,}82763 \\ \log \operatorname{tg} \beta &= 0{,}07913 \\ \hline \log \delta &= 3{,}53567 \\ \delta &= 3433 \end{aligned}$$

$$\begin{aligned} R_1 &= 5420351 \\ \delta &= 3433 \\ \hline R_2 &= 5423784 \\ \tfrac{1}{2}(R_1 + R_2) &= 5422067 \end{aligned}$$

$$\begin{aligned} \log y &= 5{,}2820772 \\ \log \frac{1}{\frac{1}{2}(R_1+R_2)} &= 5{,}2658351 \\ \log \frac{1}{\sin 1''} &= 5{,}3144251 \\ \hline \log \mu_2 &= 3{,}8623374 \end{aligned}$$

$$\mu_2 = 7283'',454 = 2^0\,1'\,23'',454$$

ferner $\mu_1 = \quad 1'\,16'',210$

$$\mu_1 + \mu_2 = \quad 2^0\,2'\,39'',664$$

$$\begin{aligned} \log x_1 &= 6{,}7340263 \\ \hline \log \cos \mu &= 9{,}9997235 \\ \log R_2 &= 6{,}7343028 \\ \log \sin \mu &= 8{,}5523407 \\ \hline \log y_1 &= 5{,}2866435 \end{aligned}$$

$$\begin{aligned} x_1 &= 5420339 \\ R + D &= 5650623 \quad (\S\ 25) \\ \hline x_1' &= 230284 \\ y_1 &= 193483. \end{aligned}$$

(Hinreichend übereinstimmend mit dem in § 26, 2 II. Aufgabe berechneten Beispiele.

Das Soldnersche System und die Polyederprojektion.

a) schichtenweise b) reihen- (zonen-) weise

Ausbreitung des Netzes je einer Erdhälfte.

Maßstab in 1 : 30000000.

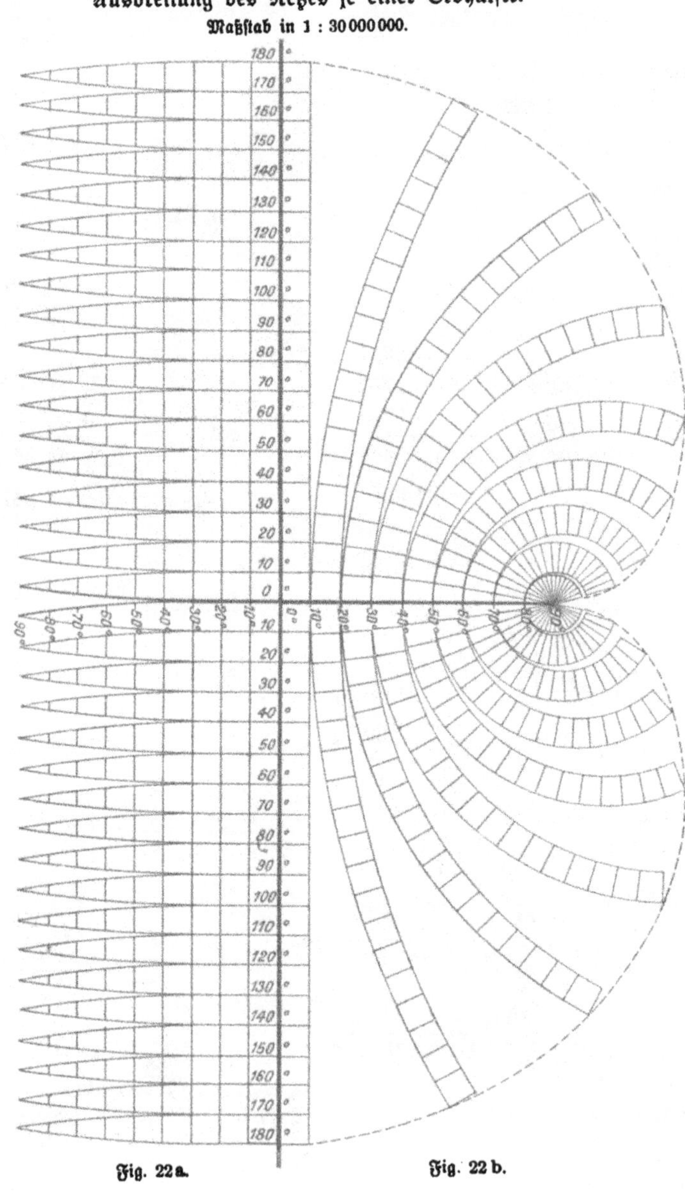

Fig. 22a. Fig. 22b.

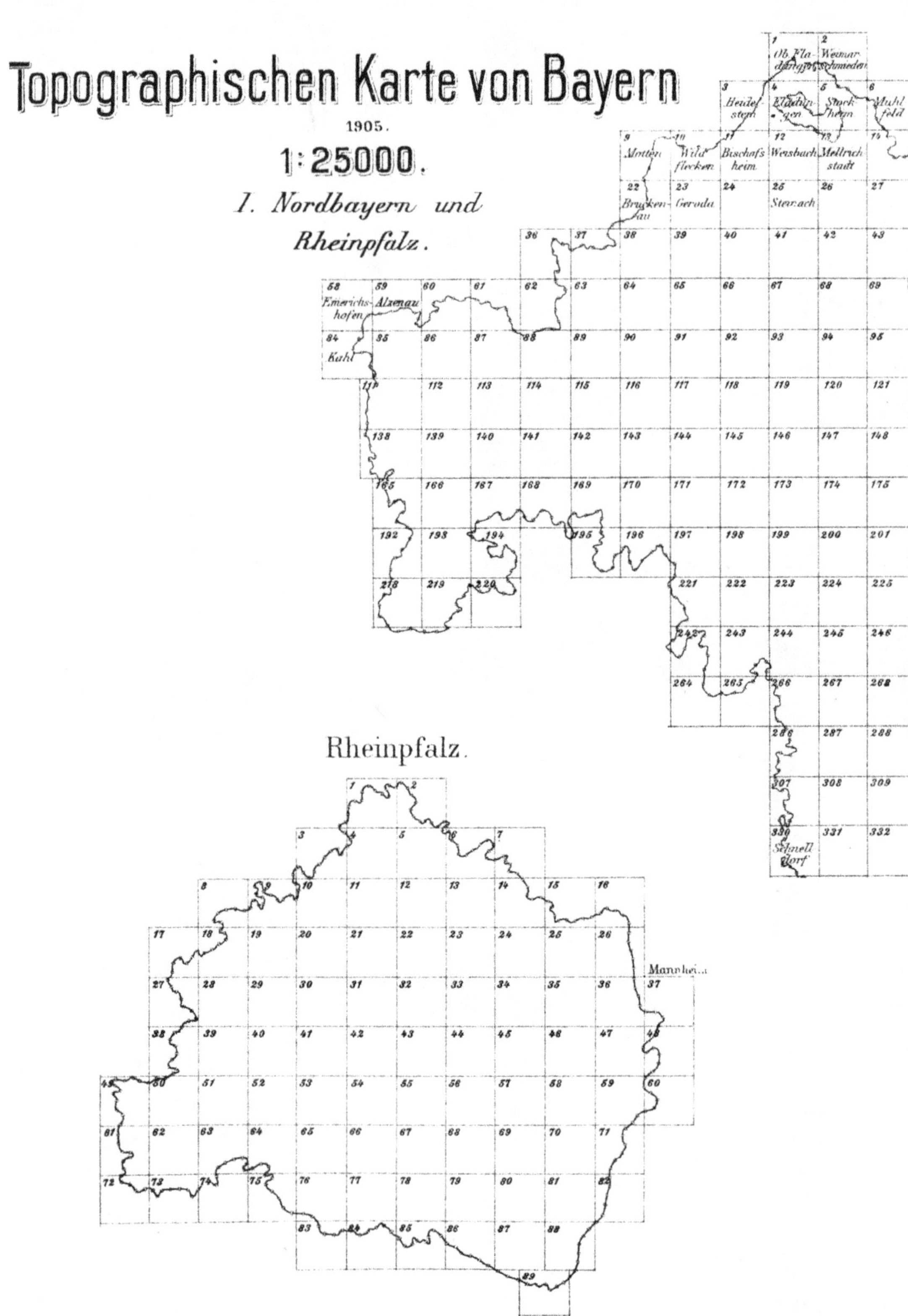

Topographischen Karte von Bayern
1905.
1:25000.
I. Nordbayern und
Rheinpfalz.
Ob.Fladungen
Weimarschmieden
Heidelstein
Eladungen
Stockheim
Muhlfeld
Motten
Wildflecken
Bischofsheim
Wesbach
Mellrichstadt
Bruckenau
Geroda
Sternach
Emerichshofen
Alzenau
Kahl
Schnelldorf
Rheinpfalz.
Mannheim

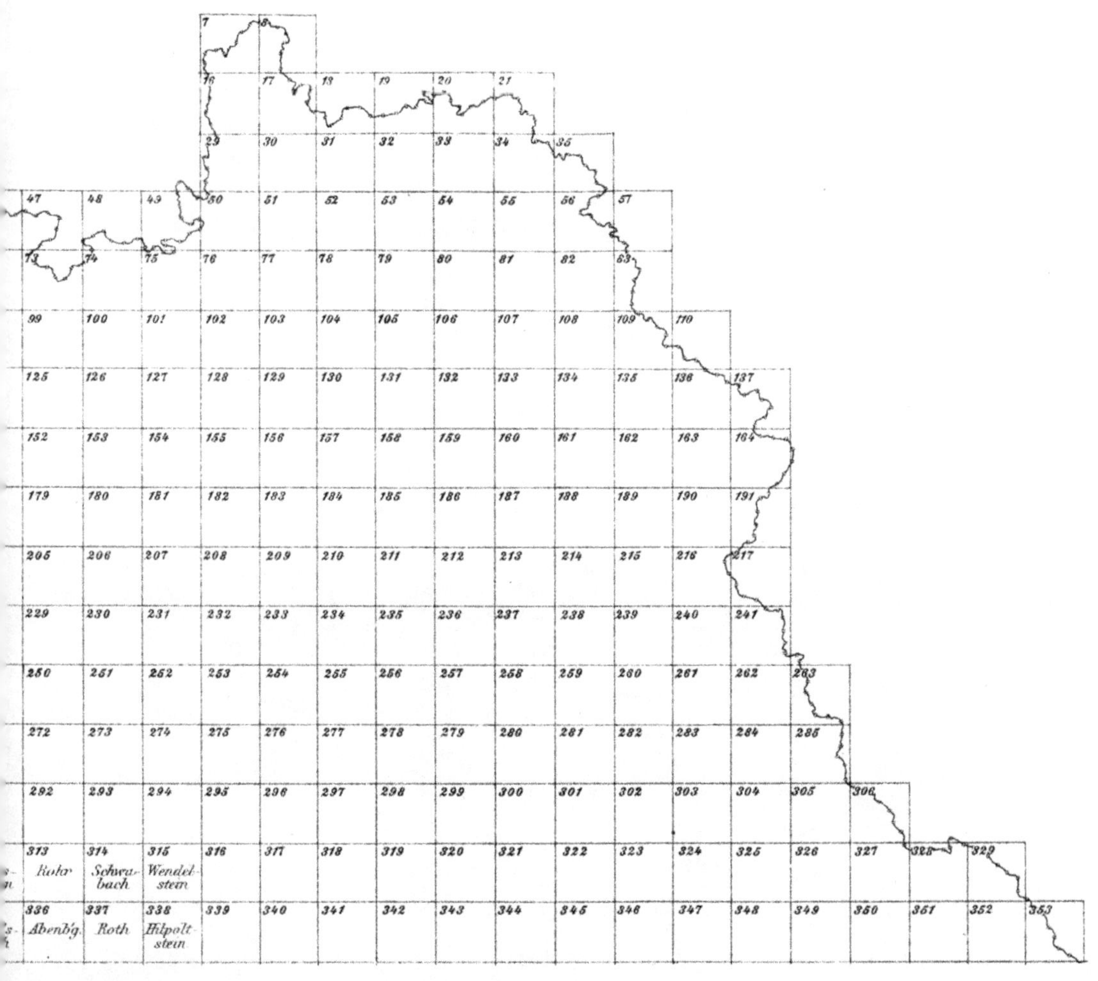

1 Blatt Titel und Übersicht,

1 Blatt Zeichenerklärung,

892 Blätter für das rechtsrheinische Bayern,

89 Blätter für die Rheinpfalz.

Die mit Namen bezeichneten Blätter sind erschienen.

Topographischen K

II.

354 Haundorf · 355 Feuchtwangen · 356 Dürrwangen · 357 Bechhfn. · 358 Ornbau · 359 Gunzenhausen · 360 Spalt · 361 Georgsgmünd · 362 Heideck · 363 · 364

380 Dinkelsbühl · 381 Weiltingen · 382 Wassertrüdingn. · 383 Gnotzheim · 384 Windsfeld · 385 Weißenburg · 386 Wülzbg. · 387 Thalmässing · 388 · 389

405 Fremdingen · 406 Öttingen · 407 Heidenheim · 408 Berolzheim · 409 Treuchtlingen · 410 Neudorf · 411 Titting · 412 · 413

431 Nördlingen west · 432 Nördlingen ost · 433 Wemding · 434 Otting · 435 Pappenheim · 436 Dollnstein · 437 Eichstätt · 438 · 439

458 Ederheim · 459 Möttingen · 460 Harburg · 461 Monheim · 462 Tagmersheim · 463 Wellheim · 464 Nassenfels · 465 · 466

486 / 487 Amerdingen · 488 Bissingen · 489 Ebermergen · 490 Donauwörth · 491 Rain · 492 Burgheim · 493 Neuburg a.D. · 494 · 495

515 Zöschingen · 516 Wittislingen · 517 Höchstädt · 518 Tapfheim · 519 Mertingen · 520 Holzheim · 521 Ehekirchen · 522 Langenmoosen · 523 Karlshuld · 524

544 Gundelfingen · 545 Dillingen west · 546 Dillingen ost · 547 Wertingen · 548 Biberbach · 549 Thierhaupten · 550 Pöttmes · 551 · 552 · 553

572 Unt. Elchingen · 573 Leipheim · 574 Günzbg. · 575 Burgau · 576 Altenmünster · 577 Welden · 578 Gablingen · 579 Aindling · 580 · 581 · 582 · 583

600 Neu west · 601 Ulm ost · 602 Pfaffenhofen a.R. · 603 Ichenhausen · 604 Jettingen · 605 Zusmarshausen · 606 Horgau · 607 · 608 · 609 · 610 · 611 · 612

629 Vöhringen · 630 Weissenhorn · 631 Neuburg a.K. · 632 Thannhausen · 633 Ziemetshausen · 634 Gessertshausen · 635 · 636 · 637 · 638 · 639 · 640

656 Illertissen · 657 Buch · 658 Krumbach · 659 Balzhausen · 660 Walkertshofen · 661 Schwabmünchen · 662 · 663 · 664 · 665 · 666 · 667

680 Illereichen · 681 Babenhausen · 682 Weinried · 683 Pfaffenhausen · 684 Tussenhausen · 685 Ettringen · 686 Langenerringen · 687 Scheuring · 688 · 689 · 690 · 691

703 Fellheim · 704 Sontheim · 705 Mindelheim · 706 Mattsies · 707 Buchloe · 708 Landsberg · 709 Pürgen · 710 · 711 · 712 · 713

725 Buxheim · 726 Memmingen · 727 Ottobeuren · 728 Dirlewang · 729 Wörishofen · 730 Waal · 731 Leeder · 732 Thaining · 733 Diessen · 734 Andechs · 735 Starnbg. · 736 Schäftlarn

749 Legau · 750 Grönenbach · 751 Ronsbg. · 752 Obergünzbg. · 753 Kaufbeuren · 754 Blonhfn. · 755 Denklingen · 756 Wessobrunn · 757 Raisting · 758 Tutzing · 759 Münsing · 760 Wolfratshausen

773 Kimratshofen · 774 Dietmannsried · 775 Haldenwang · 776 Unter-Thingau · 777 Markt-Oberdf. · 778 Bidingen · 779 Schongau · 780 Hohenpeissenbg. · 781 Weilheim · 782 Eberfing · 783 Seeshaupt · 784 Königsdorf

797 Engelitz · 798 Dornweid · 799 Wengen · 800 Buchenberg · 801 Kempten · 802 Görrisried · 803 Sulzschneid · 804 Lechbruck · 805 Steingaden · 806 Bayersoien · 807 Uffing · 808 Murnau · 809 Penzberg · 810 Heilbrun

824 Oberreitnau · 825 Weiler · 826 Simmerberg · 827 Weitnau · 828 Nieder-Sonthfn. · 829 Wertach · 830 Nesselwang · 831 Seeg · 832 Rosshaupten · 833 Trauchgau · 834 Unter Ammergau · 835 Ober Ammergau · 836 Eschenlohe · 837 Kochel · 838

851 Lindau west · 852 Lindau ost · 853 Scheffau · 854 Staufen · 855 Rindalphorn · 856 Immenstadt · 857 Hindelang · 858 Röfleuten · 859 Steinach · 860 Füssen · 861 Hochplatte · 862 Graswang · 863 Ettal · 864 Wallgau · 865 Walchensee · 866 Riss

872 Hohen-Haderich · 873 Balderschwang · 874 Fischen · 875 Hinterstein · 876 Schrecksee · 877 Schellkopf · 878 Eibsee · 879 Partenkirchen · 880 Mittenwald · 881 Karwendelsp.

884 Hoher Ifen · 885 Oberstdorf · 886 Höfats · 887 Hochvogel · 888 Zugspitze · 889 Dreithorspitze · 890 Scharnitz

891 Biberkopf · 892 Mädelegabel

on Bayern 1:25000.

n.

368 369 370 371 372 373 374 375 376 377 378 379

393 394 395 396 397 398 399 400 401 402 403 404

417 418 419 420 421 422 423 424 425 426 427 428 429 430

443 444 445 446 447 448 449 450 451 452 453 454 455 456 457

470 471 472 473 474 475 476 477 478 479 480 481 482 483 484 485

499 500 501 502 503 504 505 506 507 508 509 510 511 512 513 514

528 Pfeffenhausen, 529 Weihenstephan, 530 Mirskofen, 531 Postau, 532 Dingolfing, 533 Mamming, 534 Landau a. I., 535 Eichendorf, 536 Gergweis, 537 Pleinting, 538 Vilshfn., 539 Haselbach, 540 Hals, 541 Hauzenberg, 542 Wegscheid west, 543 Wegscheid ost

557 Gammelsdorf, 558 Landshut west, 559 Landshut ost, 560 Ober-Viehbach, 561 Aham, 562 Frontenhausen, 563 Simbach, 564 Arnsdorf, 565 Haidenburg, 566 Aidenbach, 567 Ortenbg., 568 Fürstenzell, 569 Passau, 570 Obernzell, 571 Griesbach

587 Moosbg., 588 Kronwinkel, 589 Geisenhausen, 590 Vilsbibg., 591 Gerzen, 592 Ganghfn., 593 Diepoltskirchen, 594 Schönau, 595 Pfarrkirchen, 596 Birnbach, 597 Griesbach, 598 Ehelfing, 599 Vornbach

616 Wartenberg, 617 Hofstarring, 618 Velden, 619 Eberspoint, 620 Neumarkt, 621 Massing, 622 Eggenfelden, 623 Wurmannsquick, 624 Triftern, 625 Köfslarn, 626 Rotthalmünster, 627 Pocking, 628 Inzing

644 Erding, 645 Taufkirchen, 646 Dorfen, 647 Buchbach, 648 Zangbg., 649 Möfsling, 650 Winhöring, 651 Tann, 652 Julbach, 653 Simbach, 654 Ehring, 655 Eggelfing

671, 672, 673, 674, 675 Ampfing, 676 Mühldorf, 677 Neuötting, 678 Marktl, 679 Seibersdorf

695, 696, 697, 698, 699 Taufkirchen, 700 Engelsbg., 701 Burgkirchen, 702 Burghausen

717, 718, 719, 720, 721 Emertsham, 722 Trostbg., 723 Tyrlaching, 724 Tittmoning

740, 741, 742 Halfing, 743, 744 Altenmarkt, 745 Traunwalchen, 746 Waging, 747 Friedolfing, 748 Laufen

764, 765, 766 Stephanskirchen, 767 Prien, 768 Frauenchiemsee, 769 Traunstein, 770 Ob. Teisendorf, 771 Teisendorf, 772 Salzburghofen

788, 789, 790, 791, 792 Übersee, 793 Bergen, 794 Inzell, 795 Högelwörth, 796 Ulrichshögel

814 Fischbachau, 815 Brannenburg, 816 Sachrang, 817 Schleching, 818 Unterwessen, 819 Dürrnbachhorn, 820 Sonntagshorn, 821 Reichenhall, 822 Untersbg., 823 Schellenbg.

842 Bayrischzell west, 843 Bayrischzell ost, 844 Oberaudorf, 845 Blindau, 846 Winkelmoos Alpe, 847 Melleck, 848 Reiteralpe, 849 Berchtesgaden, 850 Hoher Göll

869 Hochkalter, 870 St. Bartholomä, 871 Kahlersbg.

882 Funtensee, 883 Teufelshörner

Kapitel 8. Die Gradabteilungskarte des Deutschen Reiches in 1 : 100000.

§ 36. Die Gradabteilungskarte im allgemeinen.

Die genannte Karte verdankt ihre Entstehung demselben Gedanken, welcher dem Soldnerschen System zugrunde liegt: Da der Einfluß der Erdkrümmung um so geringer wird, je kleiner das in einem einzelnen Kartenblatt abzubildende Gebiet ist, so kann man ein beliebig begrenztes, hinreichend kleines Stück der sphäroidischen Erdoberfläche gewissermaßen aus derselben herausschneiden und in der Ebene ausbreiten, wobei die Fehler um so kleiner werden, je kleiner das betreffende Gebiet ist.

Es ist naheliegend, diese Schnitte nach den geographischen Netzlinien zu führen, so daß also die Kartenblätter Netzvierecke werden. Für die Größe derselben ist neben der Rücksicht auf ein handliches Format, das durch das Verjüngungsverhältnis bestimmt wird, jene Grenze der Verzerrungen maßgebend, welche in der Karte nicht überschritten werden soll.

Diese schon Ende des 18. Jahrhunderts bekannte Art der Darstellung der Erdoberfläche unterscheidet sich also von der Soldnerschen (s. § 29) lediglich dadurch, daß hier an Stelle der Soldnerschen Ordinatenkreise die geographischen Meridiane und an Stelle der Parallelen zur Abszissenachse die geographischen Parallelkreise treten, und daß die Soldnerschen Ost- und West-Gegenpunkte durch den Nord- und Süd-Pol ersetzt werden.

Da das System der Gradabteilungsblätter nichts anderes ist als die ebene Abbildung einzelner Netzvierecke des Sphäroids, welche auf unendlich verschiedene Art, niemals aber völlig fehlerfrei (§ 9) erfolgen kann, so läßt sich auch die zugrunde liegende Projektionsart verschiedenartig auffassen und dementsprechend benennen. Wir wollen hier nur die einfachsten Fälle betrachten:

a) Werden durch die Parallelkreise Ebenen gelegt, so teilen diese das Ellipsoid in eine Anzahl körperlicher Zonen, welche man bei geringem Abstande der Parallelkreise als Kegelstümpfe betrachten kann. Wird der Mantel jedes dieser Kegelstümpfe abgewickelt, so erscheint derselbe als Teil des Sektors, dessen Halbmesser die Meridiantangente in dem betreffenden Parallelkreise bis zum Schnitte mit der verlängerten Erdachse und für die schmale Zone die Projektion des betreffenden Meridians selbst ist. Zerschneidet man nun diese Abwickelung längs der Meridiane, so erhält man eine Anzahl von kongruenten Vierecken, deren Ost- und Westränder gerade Linien, und deren Nord- und Südränder Kreisbögen sind. Nach dieser Auffassung erhält man also eine Abbildung (s. Fig. 22 b) auf ein System von Kegelstümpfen (polykonische Projektion). Da jede Zone nach dem Gesetze der echten Kegelprojektion (§ 12) dargestellt wird, so lassen sich ihre Blätter geometrisch genau aneinanderfügen, die Abbildung ist weder winkel- noch flächentreu, und nur ein Parallelkreis jedes Blattes wird längentreu abgebildet.

b) Je eine zwischen den geographischen Breiten β_1 und β_2 liegende schmale Zone wird als Teil eines Sektors abgebildet, dessen Halbmesser $= r \cot \frac{1}{2} (\beta_1 + \beta_2) + \operatorname{arc} \frac{1}{2} (\beta_1 - \beta_2)$ ist, und die Längen- und Breitengrade in ihrem wahren Größenverhältnisse aufgetragen. Wir erhalten dann ein polykonisches Netz, in welchem jede Zone eine Abbildung nach der Bonneschen Projektion ist; sämtliche Blattränder sind Kurven, die Parallelkreise sind längentreu, die einzelnen Blätter haben gleiche Größe, aber verschiedene Gestalt, die Projektion ist flächen- aber nicht winkeltreu.

c) Je ein von zwei Meridianen eingeschlossenes sphäroidisches Zweieck wird nach der Bonneschen Projektion abgebildet, wobei die Breite φ des Berührungsparallels zunächst beliebig, der Berührungspunkt aber auf dem mittleren Meridian des Zweiecks angenommen ist. Die hierdurch entstehenden Blätter derselben Zone sind kongruent, besitzen aber sonst die unter b) angeführten Eigenschaften.

d) Wird für die unter c) angegebene Projektion der Äquator als Berührungsparallel, also $\varphi = 0$ angenommen, so erhält man jenen besonderen Fall der Bonneschen Projektion (s. § 13), in welchem die Kegelprojektion in die (Flamsteedsche) Zylinderprojektion (S. 33) übergeht und, da $R = \infty$, die Parallelkreise geradlinig abgebildet werden (Fig. 22 a). Da auch die sehr nahe an der Projektionsachse liegenden Meridianbogenstücke in der Abbildung als (nahezu vollkommen) gerade Linien erscheinen, so erhält das Gradabteilungsblatt die Form eines Soldnerschen Blattes (§ 27), d. h. eines geradlinig begrenzten Trapezes. Weil diese sich zu einem vieleckigen Körper (Polyeder) zusammensetzen lassen, wird diese Projektion auch als Polyederprojektion bezeichnet.

Da die Projektion der Gradabteilungskarte auch eine „konforme" genannt wird, so ist darauf hinzuweisen, daß diese Bezeichnung neben der Benennung als „Polyederprojektion" keine Berechtigung hat. So lange man an der Definition festhält, daß das Gradabteilungsblatt eine von zwei Meridian- und zwei Parallelkreisbögen begrenzte Fläche ist, kann man ein solches Blatt nur dann als eine — nahezu — konforme Abbildung bezeichnen, wenn wenigstens die den Nord- und Südrand desselben bildenden

Parallelkreisbögen als **Kreisbögen** konstruiert werden, da nur letztere mit den Meridianen rechtwinklige Schnitte geben. Dann hat man aber keine Polyederprojektion, weil eben krummlinig begrenzte Flächen keine Polyeder bilden können. Dieses erfordert geradlinig begrenzte Blätter (Trapeze), welche aber, weil in diesen sich die Randlinien nicht normal schneiden, keine konforme Abbildung sind.

e) Schließlich wäre noch eine Art der Konstruktion zu betrachten, bei welcher die Blattränder nicht die Netzlinien selbst, sondern die Sehnen der (auf die Bildebene projizierten) Netzkurven vorstellen, so daß also die in das Blatt fallenden Parallelkreise als Kreisbögen erscheinen. Ein solches Blatt ist ebenfalls eine Abbildung nach der Bonneschen Projektion, aber kein **Gradabteilungsblatt** im strengen Sinne, da weder die Randlinien noch die Fläche mit den gleichnamigen Stücken der Gradabteilung übereinstimmen.

Das in die Gradabteilung treffende südliche Segment $AKBA$ (Fig. 25) fällt aus dem Blatte hinaus, während das zur angrenzenden nördlichen Gradabteilung gehörige Segment $CJDC$ hinzutritt. (Für die Karte des Deutschen Reiches in 1 : 100000 beträgt die Fläche eines solchen Segments im Mittel 0,6 qkm.) Ferner fällt die Mitte M_1 der Gradabteilung nicht mit dem Kartenmittelpunkt M zusammen, und der Unterschied der (in einem Gradabteilungsblatte gleich großen) Abstände des Punktes M_1 vom Nord- und Südrande des Blattes wird in der Konstruktion:

$$M_1 H - M_1 G = 2\, M M_1$$

oder 60 m für die Karte des Deutschen Reiches in 1 : 100000.

Wir werden auf die hier angeführten Konstruktionsarten bei Besprechung der Verzerrungen (S. 114) zurückkommen.

Da die den Breiten- und Längenwinkeln entsprechenden Bögen mit den geographischen Breiten veränderlich sind, so sind die Blätter verschiedener Zonen nach Form und Größe verschieden. Die Änderung besteht in einer Abnahme der Nord- und Südränder sowie der Flächen, und in einer geringen Zunahme der Ost- und Westränder mit der geographischen Breite.

Wenn die ganze Erde in Gradabteilungsblättern nach Art der Karte des Deutschen Reiches (s. § 37) dargestellt wird, so werden die Gradabteilungen am Äquator nahezu vollkommene Rechtecke, deren Breite das Doppelte ihrer Höhe beträgt. Mit zunehmender geographischer Breite werden die Blätter immer schmäler, während sich ihre Höhe (diese aber nur sehr wenig), vergrößert. In der Breite von 60° nähern sich die Blätter der quadratischen Form und in der Breite von 75° sind dieselben doppelt so hoch als breit.

Innerhalb der Karte des Deutschen Reiches bewegt sich das Verhältnis der Blattseiten in den Grenzen 1 : 1,1 bis 1 : 1,4.

Da gegen die Pole hin die Größe der Parallelkreise ab- und die Krümmung derselben zunimmt, so eignet sich die Polyederprojektion am besten für ein in der Nähe des Äquators liegendes Gebiet, weniger für Gegenden in höheren Breiten und noch weniger für ein polares Gebiet. (Vgl. § 40c.)

§ 37. Die Gradabteilungsblätter der Karte des Deutschen Reiches in 1 : 100000.

Für die Karte des Deutschen Reiches in 1 : 100000 wurde die Größe der Blätter so gewählt, daß jedes Blatt (Sektion) 30′ geographische Länge und 15′ geographische Breite umfaßt.

Im Königreich Preußen besteht jede dieser Sektionen wieder aus $7\frac{1}{2}$ Meßtischsektionen (für die Aufnahme in 1 : 25000), von denen jedes 6′ Breite und 10′ Länge enthält.

Die Blätter sind **geradlinige Trapeze**, deren Seiten die Sehnen der auf die Bildebene projizierten Gradlinien sind (§ 36, e) und zu deren Konstruktion nichts weiter erforderlich ist als die Kenntnis der Größe ihrer Randlinien. Die Krümmung der Parallelkreise wird nur beim Eintrage der Meßtischsektionen und der durch ihre geographischen Koordinaten gegebenen Hauptpunkte berücksichtigt.

Eine besondere Berechnung der Größe der Sehnen, welche die Kartenränder bilden, ist nicht erforderlich, sondern es können, des geringen Größenunterschiedes wegen, die Maße der Bögen selbst zur Konstruktion des Rahmens benutzt werden. Ist nämlich:

μ ein Bogen (für den Radius 1),

so ist die zugehörige Sehne s:

$$s = 2\sin\frac{\mu}{2} = 2\left(\frac{1}{2}\mu - \frac{1}{6}\left(\frac{\mu}{2}\right)^3 + \dots\right);$$

daher die Differenz δ zwischen Sehne und Bogen (hinreichend genau):

$$\delta = \mu - s = \frac{\mu^3}{24}.$$

Für den in Sekunden gegebenen Bogen μ und den Radius R ist aber:

$$\delta = \frac{R\mu^3 \sin^3 1''}{24} = [2{,}6765 - 20]\, R\mu^3.$$

Für eine Sektion der 100000teiligen Karte ist R der Halbmesser und μ ein Bogenstück des Sektors, welchem die abgewickelte Zone der Breite β

angehört. Man hat hierfür (aus 22 und 26), da hier $\beta = \varphi$ und $\varrho_1 = \varrho$, ferner $\lambda = 15' = 1800''$ ist:

$$R = \varrho \cot \beta$$
$$\mu = 1800'' \sin \beta.$$

Mit diesen Werten erhält man:

$$\delta = [2{,}6765 - 20]\, \varrho \cot \beta\, (1800 \sin \beta)^3 = [2{,}4423 - 10]\, \varrho \cos \beta \sin^2 \beta,$$

wo ϱ der Meridiankrümmungshalbmesser für die Breite β ist. Für $\beta = 90^0$ und für $\beta = 0^0$ wird $\delta = 0$, erreicht hingegen den größten Wert für (genähert) $\beta = 54^0 45'$, nämlich:

$$\delta = 0{,}068 \text{ m},$$

also eine Größe, deren graphische Verwendung im Maßstabe der Karte völlig ausgeschlossen ist, weshalb die Maße der Bögen auch für die geradlinigen Ränder des Blattes benutzt werden dürfen.

Im § 38 werden die zur Berechnung der Blattmaße notwendigen Formeln abgeleitet und am Schlusse des § 40 die zur Konstruktion der Blätter erforderlichen Zahlengrößen tabellarisch zusammengestellt.

§ 38. Randlinien und Flächen der Gradabteilungsblätter.

Zur Berechnung der Randlinien und Flächen dienen uns die in § 3 entwickelten Formeln. Man hat zunächst (Fig. 23):

für den Radius des Parallelkreises der geographischen Breite $PMA_1 = \beta$ nach 10 und 11):

$$PH = y = \varrho_{(\beta)} \cos \beta \quad \ldots\ldots\ldots \quad 74)$$

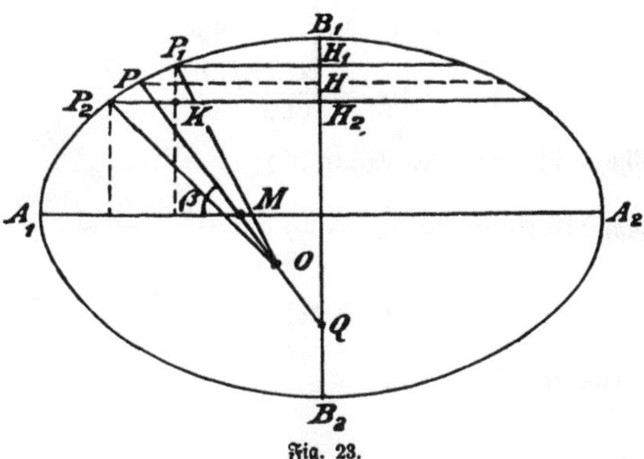

Fig. 23.

und daher für die Größe des Bogens l, der einem Längenwinkel von λ'' entspricht:

$$l = \lambda'' \varrho_{(\beta)} \cos \beta \sin 1'' \quad \ldots\ldots\ldots \quad 75)$$

Für einen Meridianbogen $P_1 P P_2 = B''$ zwischen den Breiten β_1 des Punktes P_1 und β_2 des Punktes P_2 ist nach 21):

$$B = r_{(\beta)} \sin 1'' (\beta_1 - \beta_2)'' \quad . \quad . \quad . \quad . \quad . \quad . \quad . \quad 76)$$

in welchen Gleichungen wieder $\varrho_{(\beta)}$ der Querkrümmungshalbmesser für die Breite β und $r_{(\beta)}$ der Meridiankrümmungshalbmesser für die Breite $\beta = \frac{1}{2}(\beta_1 + \beta_2)$ ist, welche durch die Formeln 11 und 20) gegeben sind:

$$PQ = \varrho_{(\beta)} = \frac{a}{(1 - \varepsilon^2 \sin^2 \beta)^{\frac{1}{2}}}$$

$$PO = r_{(\beta)} = \frac{a(1 - \varepsilon^2)}{(1 - \varepsilon^2 \sin^2 \beta)^{\frac{3}{2}}}.$$

Die Fläche eines Netzviereckes der Zone $\beta = \frac{1}{2}(\beta_1 + \beta_2)$, welches l Längen- und b Breitenminuten umfaßt, ist ein sphäroidisches Trapez, welches den $\frac{l}{360 \cdot 60}$ ten Teil der sphäroidischen Zone z darstellt. Die Berechnung einer solchen Fläche ist zwar im allgemeinen der Integralrechnung vorbehalten, jedoch kann eine schmale Zone wegen der geringen Größe von ε als Zone einer Kugel berechnet werden, deren Halbmesser der Meridiankrümmungshalbmesser $PO = r_{(\beta)}$ für die Breite β des Berührungspunktes P ist (§ 3, 20).

Für die Zone z der Höhe $P_1 K = h$ ist nun:

$$z = 2\, r_{(\beta)}\, \pi\, h,$$

daher die Fläche $\mathfrak{F}$ eines Trapezes von l' Länge:

$$\mathfrak{F}_{(\beta)} = \frac{2\, l\, h\, r_{(\beta)}\, \pi}{360 \cdot 60} \quad . \quad . \quad . \quad . \quad . \quad . \quad . \quad . \quad 77)$$

Die Höhe h ist aber aus Figur 23):

$$h = \varrho_{(\beta)} (\sin \beta_1 - \sin \beta_2) = 2\, \varrho \cos \frac{\beta_1 + \beta_2}{2} \sin \frac{\beta_1 - \beta_2}{2}$$

und da

$$\frac{1}{2}(\beta_1 + \beta_2) = \beta$$

die mittlere Breite der Zone, und

$$\frac{1}{2}(\beta_1 - \beta_2) = \frac{b}{2}$$

ist, so wird

$$h = 2\, \varrho_{(\beta)} \cos \beta \sin \frac{b}{2},$$

daher mit Einsetzung dieses Wertes in die Gleichung 77):

$$\mathfrak{F}_{(\beta)} = \frac{r_{(\beta)} \pi l}{180 \cdot 60} 2 \varrho_{(\beta)} \cos \beta \sin \frac{b}{2}$$

oder

$$\mathfrak{F}_{(\beta)} = \frac{l\, r_{(\beta)} \varrho_{(\beta)} \pi \cos \beta \sin \frac{b}{2}}{5400} \quad . \; . \; . \; . \; . \; . \; . \; . \quad 78)$$

Da für ein Gradabteilungsblatt $b = 15'$ und $l = 30'$ ist, so ist schließlich:

$$\begin{aligned} \log 30 &= 1{,}4771213 \\ \log \sin 7'\,30'' &= 7{,}3387870 \\ \log \pi &= 0{,}4971499 \\ \log (1 : 5400) &= 6{,}2676062 \\ \hline & \ 5{,}5806644 \end{aligned}$$

$$\mathfrak{F}_{(\beta)} = [5{,}5806644]\, r_{(\beta)} \varrho_{(\beta)} \cos \beta \quad . \; . \quad 79)$$

Für die meisten praktischen Zwecke ist es nicht einmal notwendig, die Flächen als sphärische zu berechnen, sondern, da die Seiten derselben bereits in ihren sphäroidischen Maßen gegeben sind, führt die Berechnung als ebenes Trapez[1]) innerhalb der Grenzen der hier erforderlichen Genauigkeit zu dem gleichen Ergebnisse.

Es soll dies an einem Beispiele gezeigt werden, dessen Berechnung zugleich einen Anhaltspunkt für die Beurteilung der Flächentreue der Abbildung gibt.

---

[1]) Die gekrümmte Fläche des Netzviereckes nähert sich der Ebene um so mehr, je kleiner das Netzviereck ist. Legt man durch die Eckpunkte des letzteren eine Ebene, so schneidet diese vom Sphäroid ein Segment ab, dessen Höhe p (Wölbung) durch die Gleichung 80) bestimmt ist:

$$p = \frac{l^2}{8R}.$$

Für eine Reichssektion ist l die Diagonale des Netzviereckes und man findet z. B. für die Zone 49° 15′ — 49° 15′

$$p = 41 \text{ m}.$$

Während also ein im Maßstabe der Reichskarte angefertigter Erdglobus einen Durchmesser von 127 m haben müßte, würde die Wölbung der Fläche einer Reichssektion nur 0,41 mm, d. i. etwa die doppelte Dicke des Kupferdruckpapiers betragen.

Für die Zone $\beta_1 = 49^0\,15'$, $\beta_2 = 49^0$ liefert die sphärische Berechnung mit der in 79) enthaltenen Konstanten k:

$$\begin{aligned}
\log k &= 5{,}5806644 \\
\log \varrho &= 3{,}8054737 \\
\log r &= 3{,}8042258 \\
\log \cos 49^0\,7'\,30'' &= 9{,}8158506-10 \\
\hline
\log \mathfrak{F} &= 3{,}0062145 \\
\mathfrak{F} &= 1014{,}413 \text{ qkm.}
\end{aligned}$$

Für dieselbe Fläche, als ebenes Trapez betrachtet, ist (Fig. 25):

$$\mathfrak{F} = (s + n)\,\frac{h}{2}.$$

Und da (aus der Tabelle IV, S. 121, bzw. nach 75 u. 76):

$$\begin{aligned}
s &= 36{,}581447 \text{ km} \\
n &= 36{,}398011 \text{ „} \\
h = b &= 27{,}799898 \text{ „}
\end{aligned}$$

so wird

$$\begin{aligned}
s + n &= 72{,}979458 \\
\frac{b}{2} &= 13{,}899949
\end{aligned}$$

und die Berechnung ergibt:

$$\begin{aligned}
\log (s + n) &= 1{,}8632006 \\
\log \frac{b}{2} &= 1{,}1430134 \\
\hline
\log \mathfrak{F} &= 3{,}0062140 \\
\mathfrak{F} &= 1014{,}411 \text{ qkm.}
\end{aligned}$$

Man erhält also nahezu den gleichen Wert wie aus der sphärischen Berechnung. Hieraus ergeben sich für praktische Zwecke die beiden Folgerungen:

1. die Flächen können als ebene berechnet, und
2. die Abbildung darf als flächentreu betrachtet werden.

§ 39. Beziehungen der geographischen Netzlinien zu den Blatträndern.

a) Meridian.

Es ist schon bei der Besprechung der Bonneschen Projektion (§ 16) erwähnt worden, daß die Abbildungen der Meridiane nicht in mathematischer Strenge gerade Linien sein können, da die zwischen den Meridianen liegenden Parallelkreisbögen nicht im Verhältnisse der Breitenwinkel, sondern im Verhältnisse des Kosinus der geographischen Breite zu- bzw.

abnehmen.[1]) Es ist dort (§ 23) gezeigt worden, daß der sich hieraus ergebende Unterschied innerhalb der bayerischen Kartenblätter verschwindend klein ist.

Für die Gradabteilungskarte ergibt sich mittels 31):

$$y = \frac{\lambda r \mathfrak{x}^2 \cos^2 \beta}{2},$$

da hier $\mathfrak{x} = 15'$ und $\lambda = 15'$ ist, und, wenn man für r und β die größtmöglichsten Werte bei $\beta = 90^0$ annimmt:

$$y = 0{,}133 \text{ m}.$$

Da dieser Wert die größte Pfeilhöhe der Meridiankurve innerhalb eines Gradabteilungsblattes ist, so dürfen die Abbildungen der Meridiane für die Kartenzeichnung als gerade Linien betrachtet werden, welche mit den Ost- und Westrändern der Blätter identisch sind.

b) Parallelkreise.

Da die Blatt-Trapeze als Ausschnitte aus der Bonneschen Abbildung zu betrachten sind, so ist der Halbmesser des Sektors, welchem die abgewickelte Zone der Breite β angehört, d. h. der Projektionsradius $R_{(\beta)}$ (nach 22):

$$R_{(\beta)} = \varrho_{(\beta)} \cot \beta.$$

Der Pfeil p zwischen dem Parallelkreisbogen $A P_1 B$ (Fig. 24) und der zugehörigen Sehne $AB = l$ wird aus der geometrisch leicht abzuleitenden Gleichung gefunden:

$$p\,(2\,R_{(\beta)} - p) = \left(\frac{l}{2}\right)^2.$$

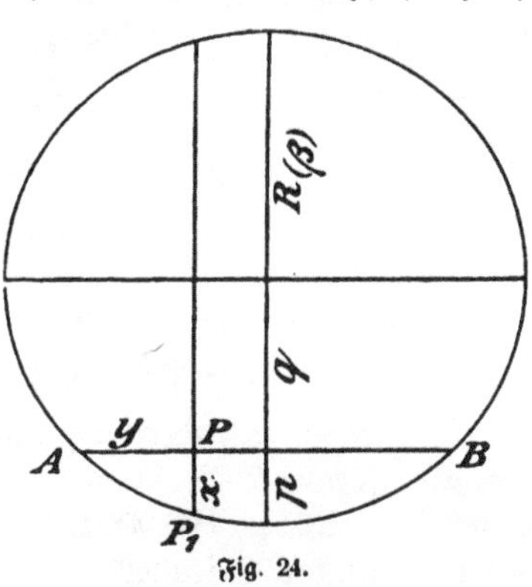

Fig. 24.

Da p gegen $2\,R_{(\beta)}$ sehr klein ist und daher vernachlässigt werden darf, so ist:

$$p = \frac{l^2}{8\,R_{(\beta)}} = \frac{l^2 \operatorname{tg} \beta}{8\,\varrho} \quad . \quad . \; 80)$$

---

[1]) Die Abnahme δ der Parallelkreisbögen in der Breite β_1 und β_2 ist allgemein für die Blattgröße l:

$$\delta = l\,(\cos \beta_2 - \cos \beta_1) = 2\,l \sin \beta \sin (\beta_1 - \beta_2).$$

Für die Nord- und Südblattränder der Karte des Deutschen Reiches ist $l = 30' = \frac{\varrho \pi}{360}$ und $\beta_1 - \beta_2 = 7'\,30''$, daher:

$$\delta = \frac{\varrho \pi}{180} \sin \beta \sin 7'\,30'',$$

wo β die mittlere geographische Breite des Blattes ist. Man erhält z. B.

für $\beta = 0^\circ\,7'\,30''$ $\quad \delta = 0{,}53$ m,

$\beta = 50^\circ\,7'\,30''$ $\quad \delta = 186$ m.

Bei gleicher Breite wächst also der Pfeil im quadratischen Verhältnisse zur Bogenlänge.

Nach 75) ist:

$$l = \lambda'' \varrho_{(\beta)} \cos\beta \sin 1''$$

und es wird daher, wenn nach $\varrho_{(\beta)} = r$ gesetzt wird:

$$p = \frac{\lambda^2 r^2 \cos^2\beta \sin^2 1'' \operatorname{tg}\beta}{8\,r} = \frac{r\lambda^2 \sin 2\beta \sin^2 1''}{16}.$$

Diese Gleichung zeigt, daß für gleiche Bogenlängen λ der Pfeil p seinen größten Wert für die Breite $\beta = 45^0$ erreicht. Für eine 100000 teilige Sektion ist:

$$\lambda = 30' = 1800''.$$

Wird dieser Wert, sowie für $r = \varrho_{(\beta)}$ der Mittelwert für die Breiten $\beta = 47^0$ bis $\beta = 56^0$ eingeführt, so erhält man hinreichend genau:

$$\begin{aligned} \log 1800^2 &= 6{,}5105 \\ \log r &= 6{,}8055 \\ \log \frac{1}{16} &= 8{,}7959-10 \\ \log \sin^2 1'' &= 9{,}3711-20 \\ \hline \log p &= 1{,}4830 \end{aligned}$$

daher

$$p = [1{,}4830] \sin 2\beta$$

oder

$$p = 30{,}4 \sin 2\beta \quad . \quad . \quad . \quad . \quad . \quad . \quad . \quad . \quad . \quad 81)$$

(= Pfeilhöhe des Parallelkreises).

Dieser Wert ändert sich für verschiedene Breiten nur wenig, z. B. für $\beta = 40^0$ ist $p = 29{,}9$, für $\beta = 45^0$ ist $p = 30{,}4$, für $\beta = 60^0$ ist $p = 26{,}4$, so daß man in der 100000 teiligen Karte des Deutschen Reiches die Halbmesser sämtlicher Parallelkreise innerhalb eines Kartenblattes als konstant ansehen darf.

Um nun den Abstand $PP_1 = x$ (Fig. 24) eines Punktes P_1 auf dem Parallelkreise von der Sehne AB allgemein zu bestimmen, hat man, wenn

$l = AB$ die Blattlänge,
$R_{(\beta)}$ der Projektionsradius,
$y = AP$ die auf l gemessene Entfernung des Punktes P von der Blattecke A,
p der Pfeil (Gleichung 81) und
$R_{(\beta)} - p = q$

gesetzt wird, nach einem bekannten geometrischen Satze:

$$x = \frac{y\,(l - y)}{x + 2q}.$$

Da x gegen $2q$ sehr klein ist, so kann man es im Nenner dieses Bruches vernachlässigen und, da $q = R_{(\beta)} - p$ ist, worin p gegen $R_{(\beta)}$ verschwindet, darf

$$2q = 2\,R_{(\beta)}$$

gesetzt werden und man erhält für den Abstand eines Punktes des Parallelkreises von der Sehne:

$$x = \frac{y\,(l - y)}{2\,R_{(\beta)}} \quad \ldots\ldots\ldots\ldots \quad 82)$$

Wenn

$$\frac{l}{y} = n$$

gesetzt wird, so ist:

$$x = \frac{l^2\,(n - 1)}{2\,R_{(\beta)}\,n^2}$$

oder (mittels 80):

$$x = \frac{4\,p\,(n - 1)}{n^2}.$$

Ist also die Seite l des Blattes in 30 Teile (Minuten) geteilt und ist die Pfeilhöhe p nach 80) bestimmt, so erhält man den Abstand x des Bogens von der Sehne für die von der Blattecke A oder B gezählte Länge y, z. B.:

$$y_{(5)} = 5' \text{ oder } 25'; \quad n = \frac{30}{5} = 6; \quad x_{(5)} = \frac{4 \cdot 5}{36}\,p = \frac{5}{9}\,p$$

$$y_{(10)} = 10' \text{ oder } 20'; \quad n = \frac{30}{10} = 3; \quad x_{(10)} = \frac{4 \cdot 2}{9}\,p = \frac{8}{9}\,p$$

$$y_{(15)} = 15'; \quad n = \frac{30}{15} = 2; \; p = x_{(15)} = \frac{4 \cdot 1}{4}\,p = \frac{9}{9}\,p$$

d. h. diese Abstände des Bogens von der Sehne verhalten sich wie 5 : 8 : 9. Für $\beta = 49^0$ ist z. B. $p = 30{,}1$ m $= x_{(15)}$. Daher wird:

$$x_{(5)} = \frac{30{,}1 \cdot 5}{9} = 16{,}7 \quad \text{und} \quad x_{(10)} = \frac{30{,}1 \cdot 8}{9} = 26{,}8.$$

Da die Parallelkreise den Nord- und Südrändern der Blätter ihre konkave Seite zuwenden, so ist die geographische Breite der nach § 37 einzutragenden Punkte bzw. der in Metermaß verwandelte Breitenbogen um die dem Längenbogen y entsprechende Größe x zu vermindern.

§ 40. Verzerrungsgesetze.

Da die Blätter der Gradabteilungskarte im allgemeinen als Bonnesche Abbildungen betrachtet werden können, so gelten hier dieselben Verzerrungsgesetze, die im § 17 begründet worden sind. Nur hinsichtlich der Größe der Verzerrungen entstehen beträchtliche Verschiedenheiten, je nachdem die Parallelkreise als Kreise oder als Gerade gezogen werden (§ 36). Der Einfluß dieser Konstruktionen auf die Verzerrungsgrößen soll in nachstehendem näher untersucht werden.

1. Geradlinige Blattränder, geradlinige Darstellung der Parallelkreise.

(Gradabteilungskarte von Österreich, Italien und der Schweiz.)

a) Flächenverzerrung.

Da die Bonnesche Projektion eine flächentreue Abbildung ist (§ 15), so könnte von einer Flächenverzerrung hier eigentlich nicht die Rede sein, wenn nicht ein kleiner Unterschied bestünde, der allerdings nur von theoretischer Bedeutung ist. Daß jedes Blatt innerhalb der Genauigkeitsgrenze, welche in der Kartenzeichnung erreichbar ist, als eine flächentreue Abbildung betrachtet werden darf, ist schon in § 38 nachgewiesen worden. In mathematischer Strenge aber, wie z. B. im topographischen Atlasse von Bayern in 1 : 50000, ist Flächentreue nicht vorhanden, weil die Meridiankurve geradlinig dargestellt wird.

Man hat für die Fläche $\mathfrak{F}$ des sphärischen und $\mathfrak{F}'$ des ebenen Trapezes der Zone $\beta_1 - \beta_2 = b$ und der Längenausdehnung $\lambda_1 - \lambda_2 = l$, wenn r der Halbmesser der Kugel ist:

$$\mathfrak{F} = 2\,l r^2 \cos\beta \sin\frac{b}{2}$$

$$\mathfrak{F}' = \frac{l r}{2}(r\cos\beta_1 + r\cos\beta_2)\,b.$$

Hieraus wird der Unterschied δ der beiden Flächen:

$$\delta = \mathfrak{F} - \mathfrak{F}' = l r^2\left(\cos\beta\sin\frac{b}{2} - \frac{b}{2}(\cos\beta_1 + \cos\beta_2)\right).$$

Mit Einführung der Bogenfunktionen für $\sin\frac{b}{2}$ und $\cos\frac{b}{2}$, sowie der Werte:

$$\beta_1 = \beta + \frac{b}{2}$$

$$\beta_2 = \beta - \frac{b}{2}$$

erhält man nach entsprechender Reduktion:

$$\delta = \frac{l b^3 r^2 \cos\beta}{12} \qquad \text{83)}$$

Diese Gleichung zeigt, daß die Flächenverzerrung sich im Verhältnisse der Zunahme der Blattseiten (bzw. Parallelkreisbögen) gegen den Äquator vergrößert. Für die Größe eines Kartenblattes:

$$l = 30'$$
$$b = 15'$$

wird daher, wenn wir wieder die konstanten Logarithmen zusammenfassen:

$$\delta = [9{,}781-20]\, r^2 \cos\beta,$$

z. B. für die Zone: $\beta_1 = 49^0\,15'$ und $\beta_2 = 49^0$:

$$\delta = 0{,}0024 \text{ qkm}$$

übereinstimmend mit der Berechnung der Flächenunterschiede in § 38.

b) Winkelverzerrung.

Daß das geradlinig begrenzte Trapez keine konforme Abbildung eines Netzviereckes ergeben kann, ist schon in § 9 erörtert worden.

Nur der mittlere Meridian schneidet die Parallelkreise normal, für alle übrigen Netzlinien geht der rechtwinklige Schnitt verloren, und zwar wird die Änderung ϑ am größten für die Randlinien.

Nennt man den Südrand s, den Nordrand n, den Ost- und Westrand b, so ist $\sphericalangle ACT = \vartheta$ durch die Gleichung gegeben (Fig. 25):

$$\sin\vartheta = \frac{s-n}{2b}.$$

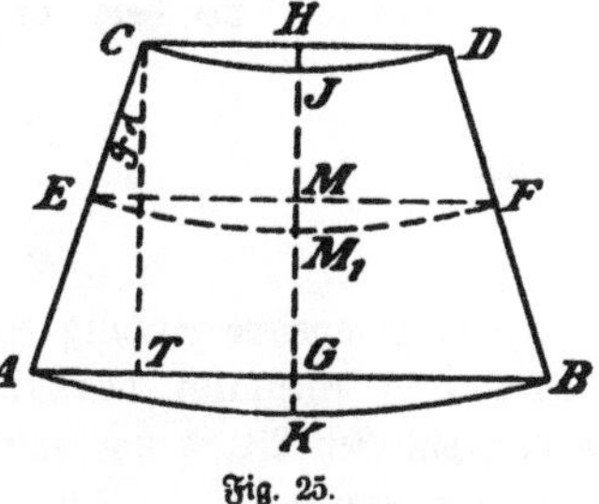

Fig. 25.

Hieraus findet man z. B. für die Zone zwischen 48^0 und $48^0\,15'$:

$$\vartheta = 11'\,10''.$$

Dieser Betrag wächst mit zunehmender Breite und erreicht z. B. für $\beta = 59^0$ die Größe

$$\vartheta = 12'\,52''.$$

Zu dem gleichen Ergebnisse würden wir gelangen mittels der für die Bonnesche Projektion aufgestellten Gleichung 33), welche selbstverständlich auch hier Geltung hat:

$$\operatorname{tg}\vartheta = \lambda\left(\sin\beta - \frac{r}{R_{(\beta)}}\cos\beta\right).$$

Da nämlich für die geradlinig abgebildeten Parallelkreise $R_{(\beta)} = \infty$, also $\frac{r}{R_{(\beta)}}\cos\beta = 0$ ist, geht diese Gleichung über in:

$$\operatorname{tg}\vartheta = \lambda\sin\beta, \qquad \ldots\ldots\ldots \quad 84)$$

woraus für $\lambda = 15'$ und $\beta' = 48'\,7^1/_2'$

$$\vartheta = 11'\,10''$$

wie oben, sich ergibt.

Für die Winkelverzerrung unter einer beliebigen Richtung kann hier ebenfalls die in 36) abgeleitete Formel:

$$\operatorname{tg} u = \vartheta \sin^2 \alpha$$

zur Berechnung benützt werden.

Das obige Beispiel zeigt, daß die Winkelverzerrung in einem einzelnen Kartenblatte den fünffachen Betrag der im bayerischen topographischen Atlas, und den doppelten der in der Karte von Südwestdeutschland überhaupt vorkommenden größten Winkelverzerrung erreicht. Hieraus ist zu ermessen, wie weit die geradlinig begrenzte Abbildung eines Gradnetz-Viereckes von 30′ Länge und 15′ Breite noch die Bezeichnung einer konformen Projektion — wenigstens in der von Gauß diesem Worte verliehenen Bedeutung — verdient.

c) Längenverzerrung.

Diese ergibt sich aus 40):

$$v = \sqrt{1 - \vartheta \sin 2\alpha}$$

und erreicht ihren größten Betrag unter dem Azimut $\alpha = 45^0$.

Wenn wir bei dem in b) berechneten Beispiele bleiben, so folgt für $\vartheta = 11'$

$$v = \sqrt{1 \mp 0{,}0032},$$

woraus

$$v_1 = 1{,}0016$$
$$v_2 = 0{,}9984$$

wird; die Längenverzerrung erreicht also die Größe von 1,6 m auf das Kilometer, also ebenfalls den fünffachen Betrag der größten, im bayerischen topographischen Atlas vorkommenden Längenverzerrung.

Die Winkel- und Längenverzerrungen werden sehr bedeutend, wenn mehrere Blätter zu einem Kartenbilde mit geradlinigen Rändern zusammengefügt werden (z. B. für die je 9 Sektionen umfassenden Blätter der Flußgebietskarte des Kgl. Bayer. Hydrotechnischen Bureaus):

$$\vartheta = 32'\,58'',6$$
$$v = 1{,}0049, \text{ d. h. } 4{,}9 \text{ m auf das Kilometer.}$$

Der Unterschied des Ost- und Westrandes b (äußerer Meridian) und der Blatthöhe h (mittlerer Meridian) ist aus Gleichung 39), da hier $u = \vartheta$ ist:

$$b - h = b\,(1 - v) = b\,(1 - \cos \vartheta) = 2\,b \sin^2 \frac{\vartheta}{2},$$

was sich auch unmittelbar trigonometrisch ergibt. Für ein Blatt der Zone 49° bis 49° 15′, z. B. wird $b - h = 0{,}146$ m, weshalb $b = h$ angenommen werden darf.

Auf sehr einfache Weise erhält man auch eine Vorstellung von der Längenverzerrung, wenn man ein Blatt durch den mittleren Meridian halbiert und die beiden Diagonalen $\mathfrak{D}_1$, $\mathfrak{D}_2$ eines solchen Halbblattes, welche auf dem Sphäroid gleiche Größe haben, berechnet.

Für ein Blatt der Zone 48° bis 48° 15′ ist (Fig. 26):

$$\frac{AB}{2} = \frac{s}{2} = 18654$$

$$\frac{CD}{2} = \frac{n}{2} = 18564$$

$$h = b = 27795.$$

Setzt man:

$$\frac{n}{2h} = \operatorname{tg} v$$

$$\frac{s}{2h} = \cot \omega,$$

so ist:

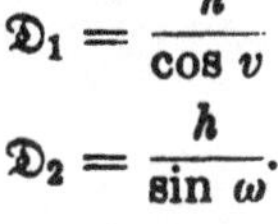

$$\mathfrak{D}_1 = \frac{h}{\cos v}$$

$$\mathfrak{D}_2 = \frac{h}{\sin \omega}.$$

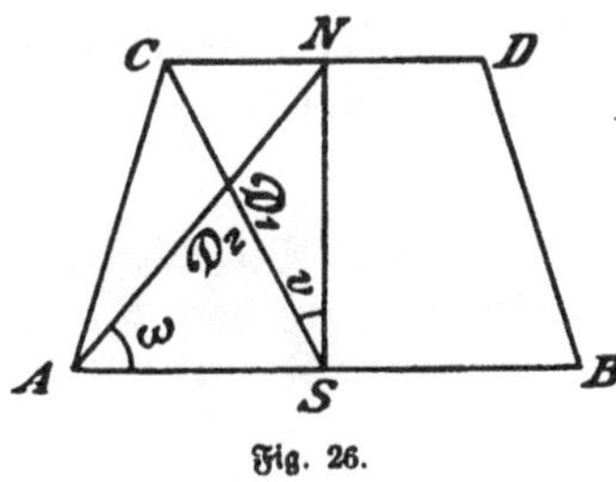

Fig. 26.

Hieraus findet man:

$\log \frac{n}{2} = 4{,}26867$ $\quad$ $\log \frac{s}{2} = 4{,}27077$

$\log h = 4{,}44397$ $\quad$ $\log h = 4{,}44397$

$\log \operatorname{tg} v = 9{,}82470$ $\quad$ $\log \cot \omega = 9{,}82680$

$v = 33^\circ\, 44'\, 18''$ $\quad$ $\omega = 56^\circ\, 07'\, 59''$, daher Unterschied $90 - (w + v) = 7'\, 43''$

$\log h = 4{,}44397$ $\quad$ $\log h = 4{,}44397$

$\log \cos v = 9{,}91991$ $\quad$ $\log \sin \omega = 9{,}91925$

$\log \mathfrak{D}_1 = 4{,}52406$ $\quad$ $\log \mathfrak{D}_2 = 4{,}52472$

$\mathfrak{D}_1 = 33424$ $\quad$ $\mathfrak{D}_2 = 33475$, daher Unterschied der Diagonalen 51 m oder im Kartenmaßstabe $^1/_2$ mm.

Da die wirkliche Länge der Diagonale 33448 m ist, so beträgt die Verzerrung 0,78 m auf das Kilometer.

Mittels der Formel 41):

$$v = \sqrt{1 \mp \vartheta \sin 2\alpha}$$

würde man, da hier $\vartheta = 5' 35''$ (s. § 17 B, Anmerkung) und $\alpha = 33^0 48'$ ist, ebenfalls:

$$v = 1{,}00078, \text{ also } 0{,}78 \text{ auf das Kilometer}$$

erhalten, welcher Betrag aber noch nicht das Maximum der Verzerrung ist.

2. Geradlinige Blattränder, kreisförmige Darstellung der Parallelkreise.

In der Karte des Deutschen Reiches sind die nördlichen und südlichen Ränder der Sektionen nicht die das Netzviereck begrenzenden Parallelkreise, sondern gerade zum Mittelmeridian senkrechte Linien. Jedes Blatt erscheint daher für sich als eine Bonnesche Abbildung, in welcher der Normalpunkt C (Fig. 10) der Mittelpunkt des betreffenden Gradnetzviereckes ist. Demnach ist der Projektionsradius einer Zone zwischen den Breiten β_1 und β_2 nach 22): $R = \varrho \cot \beta$, wo $\beta = \frac{1}{2}(\beta_1 + \beta_2) = \varphi$ ist. Für die Bestimmung der Verzerrungsgrößen darf $\varrho = r$ gesetzt werden, und man findet mit diesen Werten:

a) Flächenverzerrung.

Da diese Projektion sich von der unter 1) besprochenen nur dadurch unterscheidet, daß dort $R = \infty$, hier aber $R = r \cot \beta$ ist, so gilt die in 1 a) abgeleitete Formel 83):

$$\delta = \frac{l b^3 r^2 \cos \beta}{12}$$

auch hier.

b) Winkelverzerrung.

Da hier die geradlinigen Meridiane die Halbmesser der Parallelkreise sind, so schneiden sich die Netzlinien senkrecht, es wird die Winkelverzerrung in der Meridianrichtung Null, und da die abgebildete Fläche als Ebene angesehen werden darf (s. S. 109), kann die Projektion als winkeltreu betrachtet werden.

c) Längenverzerrung.

Da die Meridiane gerade Linien sind, so werden nur die Parallelkreise, welche durch die Blattecken gehen, in ihrem richtigen Größenverhältnisse abgebildet. Die innerhalb des Blattes liegenden Parallelkreise werden verkleinert, und zwar erreicht diese Verkleinerung δ ihren größten Betrag für den Parallelkreis der Blattmitte, nämlich:

$$\delta = l r \left(\cos \beta - \frac{1}{2}(\cos \beta_1 + \cos \beta_2)\right).$$

Mit Einführung der Werte $\beta_1 = \beta + \frac{b}{2}$ und $\beta_2 = \beta - \frac{b}{2}$ erhält man nach entsprechender Reduktion:

$$\delta = 2\, l r \cos \beta \sin^2 \frac{b}{4} \quad . \quad . \quad . \quad . \quad . \quad . \quad . \quad . \quad 85)$$

und für $l = 30'$ und $b = 15'$ hinreichend genau:

$$\delta = [9{,}122-10] \cos \beta.$$

z. B. für die Breite $\beta = 49^0$:

$$\delta = 0{,}087 \text{ m}$$

oder im Verjüngungsverhältnisse der Karte 0,0009 mm.

Da die graphische Darstellung solcher Größen unmöglich ist, so darf man sagen, daß die Projektion der Karte des Deutschen Reiches allen Anforderungen an Flächen-, Winkel- und Längentreue in vollkommenster Weise entspricht.

Dagegen ist die Beziehung der Kartenblätter zu den gleichnamigen Netzvierecken des Erdsphäroides nicht so einfach und übersichtlich, wie man dies eigentlich von einer „Gradabteilungskarte" erwarten sollte, da die Kartenblätter keine Gradabteilungen im strengen Sinne sind. Nur die Eckpunkte der Karte stimmen mit jenen des Netzviereckes überein, die Randlinien des Blattes decken sich aber nicht mit den Begrenzungslinien des Netzviereckes. Auch die in einer Sektion dargestellte Fläche ist nicht die Fläche des gleichnamigen Netzviereckes, sondern es fällt ein Segment im Süden weg, ein anderes tritt im Norden hinzu. Diese Segmente sind nicht von gleicher Größe, weil die sie begrenzenden Parallelkreisbögen im Verhältnisse des Kosinus der geographischen Breite abnehmen. Die Fläche S eines solchen ist:

$$S = \frac{r^2}{2} \cot^2 \beta_1 (\mu - \sin \mu)$$

oder, da $\mu = \lambda \sin \beta$ (S. 40)

$$S = \frac{r^2}{12} \lambda^3 \sin \beta \cos^2 \beta,$$

daher die Differenz δ zweier Segmente der Breite β_1 und β_2

$$\delta = \frac{r^2}{12} \lambda^3 (\sin \beta_1 \cos^2 \beta_1 - \sin \beta_2 \cos^2 \beta_2).$$

Die Berechnung mittels dieser Formel ergibt, daß innerhalb der Breiten 47^0 bis 56^0 die Blätter der Gradabteilungskarte um den Mittelwert

$$\delta = 5100 \text{ qm}$$

kleiner als die Flächen der gleichnamigen Netzvierecke sind.

Während aber diese Unterschiede nur von theoretischer Bedeutung und für den Gebrauch der Karte belanglos sind, ist die Begrenzung der Blätter durch die Sehnen der Parallelkreise — statt durch diese selbst — nicht ohne praktischen Nachteil. Der Eintrag eines durch seine geographische Koordinaten gegebenen Punktes in das Blatt, oder umgekehrt die Ermittelung der geographischen Lage eines in der Karte dargestellten Punktes muß, da die Parallelkreise in der Karte fehlen, vom Blattrande aus erfolgen. Die an sich schon etwas umständliche Reduktion der geographischen Breite auf den Abstand vom Blattrande erfordert die Kenntnis des Reduktionswertes x (Formel 82), dessen mit der geographischen Breite und Länge eines Kartenpunktes veränderlichen Größe aber aus der Karte nicht ersichtlich ist. So klein diese Beträge auch sind (bis 30,4 m), so liegen sie doch noch in den Grenzen der kartographisch darstellbaren Größen und können daher nicht vernachlässigt werden. Ein Punkt (z. B. ein Kirchtum), der genau die Breite von 50° hat, fällt daher nicht auf den gemeinsamen Süd- bzw. Nordrand der Sektionen 50° 15′—50° bzw. 50°—49° 45′, sondern ausschließlich in die letztere Sektion.

In dieser Hinsicht verdient also eine Karte mit richtig dargestelltem Gradnetze den Vorzug.

3. Kreisförmige Blattränder und Parallelkreise.

Eine in jeder Hinsicht befriedigende Abbildung erhält man, wenn die Parallelkreisbögen, welche die Netzvierecke des Erdsphäroides begrenzen, als Randlinien der Blätter nach den Gesetzen der Bonneschen Projektion dargestellt werden. Die Nord- und Südränder der Blätter werden dann flache Kreisbögen, welche sich auf einfachem Wege mittels ihrer Abszissen x (82) konstruieren lassen, wie dies z. B. bei der Darstellung der Parallelkreise im bayerischen topographischen Atlas geschieht. Wenn auch die Pfeilhöhe p (81) im Maßstabe 1 : 100000 nur $^1/_8$ mm beträgt, so läßt sich doch diese Größe bei der Konstruktion der Blattränder ebensowohl berücksichtigen, wie sie in der Karte des Deutschen Reiches bei dem Eintrage der Aufnahme-Sektionen und trigonometrischen Punkte berücksichtigt wird. Selbst wenn nur der Pfeil p der Blattmitte benützt und der Blattrand als einmal gebrochene Linie dargestellt wird, vermindert sich schon der Abstand dieser Randlinie vom Parallelkreise auf 7 m, welcher Betrag im Maßstabe 1 : 100000 allenfalls vernachlässigt werden könnte. Die hierdurch erzielten Vorteile bestünden — bei gleicher Treue der Darstellung wie bei 2) — darin, daß die Blattränder die wirklichen Gradlinien, das Kartenblatt das wirkliche sphäroidische Netzviereck, und das ganze Kartenwerk eine Gradabteilungskarte in strengem Sinne des Wortes würde, und daß jeder durch seine geographischen Koordinaten gegebene Punkt unmittelbar in die Karte eingetragen, oder die geographische Lage eines Punktes ohne weitere Benutzung von Tabellen und Rechnung aus der Karte entnommen werden könnte.

Tabelle IV.

Maße der Gradabteilungsblätter

des bayerischen Anteils an der Karte des Deutschen Reiches in Meter (für Besselsche Erdmaße).

Breite	30′ auf Parallelkreis	15′ auf Meridian	Diagonale	Sphäroid. Fläche 9 km
50° 45′	35282,8			
		27807,1	44997,4	983,721
50° 30′	35470,4			
		27805,9	45144,0	988,886
50° 15′	35657,3			
		27804,7	45290,4	994,033
50° 00′	35843,5			
		27803,5	45436,6	999,158
49° 45′	36029,0			
		27802,3	45582,4	1004,263
49° 30′	36213,9			
		27801,1	45728,0	1009,348
49° 15′	36398,0			
		27799,9	45873,4	1014,413
49° 00′	36581,4			
		27798,7	46018,4	1019,458
48° 45′	36764,2			
		27797,5	46163,2	1024,483
48° 30′	36946,2			
		27796,3	46307,6	1029,488
48° 15′	37127,3			
		27795,1	46451,8	1034,473
48° 00′	37308,1			
		27793,9	46595,6	1039,438
47° 45′	37488,0			
		27792,7	46739,0	1044,382
47° 30′	37667,2			
		27791,4	46882,2	1049,306
47° 15′	37845,1			

Kapitel 9. Die Gradabteilungskarte in Beziehung zum bayerischen topographischen Atlas und zur topographischen Karte von Bayern.

§ 41. Umwandlung der geographischen Positionen des Atlasses in solche der Gradabteilungskarte.

Für die Einlegung der Gradabteilungsblätter in die bayerischen Karten und umgekehrt kann man sich des gleichen Verfahrens bedienen, welches für die Einfügung der Soldnerschen Blätter in das Bonnesche Netz angegeben wurde, wenn die geographischen Koordinaten der Eckpunkte mit Beziehung auf die, für die Karte des Deutschen Reiches angenommenen Erdmaße und Orientierung bekannt sind (§ 35).

Die hier in Betracht kommende Voraufgabe besteht daher in der Umformung der für die Soldnersche Erdfigur berechneten geographischen Koordinaten in solche für das Besselsche Ellipsoid unter Berücksichtigung der wegen der Änderung der geographischen Position und des Azimuts des Ausgangspunktes (s. S. 16 u. 53) notwendigen Verschiebung und Drehung des ganzen Systems.

Für die allgemeine Lösung dieser Aufgabe werden in dem Werke „Die bayerische Landesvermessung" S. 558—560 die Differentialformeln für die Änderungen der Breite, Länge und des Azimuts als Funktionen der Soldnerschen sphärischen Koordinaten abgeleitet.

Wir wollen aber hier die Ableitung der Formeln, und zwar der zugleich für die numerische Berechnung geeigneten, auf einem ganz elementaren Wege zeigen.

Es handelt sich zunächst darum, den Unterschied zu ermitteln, welcher zwischen der Größe eines Breiten- und Längengrades der Soldnerschen und der Besselschen Erdfigur für die in den bayerischen Karten in Betracht kommenden Breiten und Längen besteht.

I. Änderung wegen der verschiedenen Annahme der Erdfigur.

Für einen Meridianbogen b zwischen 48^0 und 49^0 Breite findet man mittels der Gleichung 76):

Für die Soldnersche Figur . . . . . . arc $b = 111195{,}95$

„ „ Besselsche „ . . . . arc $b_1 = 111206{,}82$

daher Zunahme für die Besselsche Figur für 1^0: arc b_1 — arc $b = 10{,}87$

Demnach ist der Reduktionskoeffizient w_1 eines Meridianbogens x für Sekunden

$$w_1 = \frac{\text{arc } b_1 - \text{arc } b}{\varrho \text{ arc } b \sin 1''}.$$

Die Berechnung ergibt:

$$\begin{array}{ll} \log 10{,}87 & = 1{,}03632 \\ \hline \log \varrho & = 6{,}80547 \\ \log \sin 1'' & = 4{,}68557 \\ \log 111196 & = 5{,}04609 \\ \hline & \ 6{,}53713 \\ \log w_1 & = 4{,}49919-10 \end{array}$$

a) $w_1 = [4{,}49919-10]$ .... (Reduktionskoeffizient der Breite).

Ebenso findet man aus Gleichung 74) für den Bogen des Parallelkreises von 1° in der Breite $\beta = 49°$:

Für die Soldnersche Figur .... arc l = 73150,75 m,
„ „ Besselsche „ .... arc l_1 = 73162,90 „

daher Zunahme für die Besselsche Figur arc l_1 — arc l = 12,15 m,

also Reduktionskoeffizient w_2 eines Parallelkreisbogens von der Breite β und der Länge λ in Sekunden:

$$w_2 = \frac{(\text{arc } l_1 - \text{arc } l)}{3600\, \varrho \cos \beta \sin 1''}.$$

Hierfür berechnet man:

$$\begin{array}{ll} \log 12{,}15 & = 1{,}08458 \\ \hline \log \varrho & = 6{,}80547 \\ \log \cos \beta & = 9{,}81694 \\ \log 3600 & = 3{,}55630 \\ \log \sin 1'' & = 4{,}68557 \\ \hline & \ 4{,}86428 \\ \hline \log w_2 & = 6{,}22030 \end{array}$$

b) $w_2 = [6{,}22030]$ .... (Reduktionskoeffizient der Länge).

Ist λ der Längenabstand vom Frauenturm, so ist der Reduktionswert, auf die Sternwarte bezogen:

$$w_2' = (\lambda - 100'',974)\,[6{,}22030].$$

II. Änderung wegen der Verschiedenheit des Azimuts.

Wenn der Unterschied der Orientierung für die Karte des Deutschen Reiches einerseits und die bayerischen Karten anderseits zu $\alpha = 14'',9$ angenommen wird, so ändert sich hierdurch die geographische Breite für die in Metermaß gegebene Ordinate y um den Bogen $w_3 y = y \sin \alpha$ Meter oder um $\frac{y \sin 14'',9}{\text{arc } 1''}$[1]) Sekunden. Die Berechnung ergibt:

$$\log \sin 14'',9 = 5{,}85750-10$$
$$\log \text{arc } 1'' = 1{,}48968$$
$$\log w_3 = 4{,}36782-10.$$

c) Änderung der Breite $w_3 y = [4{,}36782-10]\, y$.

IV. Die Änderung der geographischen Länge für die Abszisse x ist der Bogen:

$$w_4 x = x \operatorname{tg} \alpha \text{ (in Metern)},$$

welcher auf dem Parallel β einen Sekundenwert von:

$$w_4 x = \frac{x \operatorname{tg} \alpha}{\cos \beta \text{ arc } 1''}$$

hat. Nimmt man, wegen des kleinen Wertes von w_4, β als konstant $= 49^0$ an, so ist

$$\log \frac{\operatorname{tg} \alpha}{\text{arc } 1''} = 4{,}36782-10$$
$$\log \cos \beta = 9{,}81694-10$$
$$\log w_4 = 4{,}55088-10.$$

d) Änderung der Länge: $w_4 x = [4{,}55088-10]\, x$.

Man erhält nun die Gleichungen **für die Änderung der geographischen Positionen** (Formeln 61 und 63) in Winkelsekunden als Funktionen der Soldnerschen Koordinaten x, y:

I. Breitenänderung $\delta \beta = p - w_1 x + w_3 y$.

II. Längenänderung $\delta \lambda = q + w_2 (\lambda - 100'',974) + w_4 x$.

Die Vorzeichen von x, y für die verschiedenen Quadranten (§ 7) sind hier zu beachten. Die Größen w_1, w_2, w_3, w_4 sind die oben berechneten Konstanten, während p und q (die konstanten Verschiebungen wegen einer abweichenden Annahme der geographischen Positionen des Ausgangspunktes der bayerischen Projektion) vorläufig noch unbestimmt sind.

[1]) arc $1'' = \varrho \sin 1''$ (d. i. die in Längenmaß ausgedrückte Bogenlänge von $1''$, gemessen auf dem Meridian oder dem Ordinatenkreis) darf hier als konstant $= 30{,}88$ Meter angenommen werden.

In den obigen Gleichungen sind zunächst die Koordinaten x und y als Funktionen von β, λ einzuführen, wofür, wegen der Kleinheit der zu berechnenden Größen $\delta\beta$ und $\delta\lambda$, Näherungswerte genügen.

Wenn die sphärischen Koordinaten x, y auf den mittleren Meridian des bayerischen topographischen Atlasses, dessen Länge von Ferro $\lambda = 29^0\ 15'\ 56''$ angenommen ist, und dessen Schnittpunkt mit dem mittleren Parallel $\beta = 49^0$ bezogen werden, und wenn man für die Länge des Meridianbogens $\beta - \varphi = B'' = rB \sin 1''$ den genäherten Wert [1,48968] B einführt, so erhält man

$$x = (B'' + 49^0 - 48^0\,08'\,20'')\,[1{,}48968]$$

oder:

$$x = (B'' + 3100'')\,[1{,}48968]$$

und für Logarithmen:

$$\text{III.}\ x = [1{,}48968]\,B + [4{,}98104].$$

Für y erhält man, da der Nullpunkt des Soldnerschen Systems 2087 m westlich vom Nullmeridian des Atlasses liegt (s. S. 90):

$$y = -2087 + [1{,}48968]\,(\lambda - 100'',974)\cos\beta$$

oder für Logarithmen:

$$\text{IV.}\ y = [3{,}31962] - [1{,}30662]\,\lambda.$$

Werden für x und y ihre Werte aus III. und IV. in die Gleichungen I. und II. eingeführt, so erhält man:

$$\delta\beta = p - [4{,}49919-10]\,[1{,}48968]\,B - [4{,}49919-10]\,[4{,}91804]$$
$$- [4{,}36782-10]\,[3{,}31962] + [4{,}36782-10]\,[1{,}30662]\,(\lambda - 100'',974)$$

oder

$$\delta\beta = p - [5{,}98887-10]\,B - 0{,}302 - 0{,}005 + [5{,}67444-10]\,(\lambda - 100'',974)$$

und schließlich:

$$\text{V.}\ \delta\beta = p - 0{,}307 - [5{,}98887-10]\,B + [5{,}67444-10]\,(\lambda - 100'',974),$$

ferner:

$$\delta\lambda = q + [6{,}22030-10]\,(\lambda - 100'',974) - [4{,}55088-10]$$
$$([1{,}48968]\,B + [4{,}98161])$$

$$\delta\lambda = q + [6{,}22030-10]\,\lambda - [2{,}00420]\,[6{,}22030-10] + [6{,}04056-10]\,B$$
$$+ [9{,}53249-10]$$

$$\delta\lambda = q + [6{,}22030-10]\,\lambda - 0{,}017 + 0{,}341 + [6{,}04056-10]\,B$$

und endlich:

$$\text{VI.}\ \delta\lambda = q + 0{,}324 + [6{,}22030-10]\,\lambda + [6{,}04056-10]\,B.$$

Man hat nun, wenn β, λ die geographischen Koordinaten eines Punktes im Atlasse sind, für jene in der Gradabteilungskarte β_1, λ_1:

$$\left.\begin{aligned} \beta_1 &= \beta + \delta\beta \\ \lambda_1 &= 29^0\,15'\,56'' - \lambda + \delta\lambda, \end{aligned}\right\} \quad \ldots\ldots \quad 86)$$

wobei λ nach Westen positiv zu zählen ist.

Es sind nun noch in den Gleichungen V. und VI. die bis jetzt unbestimmt gebliebenen Konstanten p und q zu bestimmen. Wie schon erwähnt, bezeichnen dieselben die Größen, um welche die geographischen Koordinaten noch wegen der Verschiedenheit in der Annahme der Position des Ausgangspunktes zu verbessern sind.

Wir finden diese Größen, indem wir die für die Besselsche Erdfigur berechneten geographischen Positionen von Punkten des bayerischen Triangulationsnetzes mit den für die gleichen Punkte bestimmten Positionen der Karte des Deutschen Reiches vergleichen.

Für die Einlegung der bayerischen Blätter in die Karte des Deutschen Reiches wurden die preußischen Triangulationspunkte: Großgleichenberg, Inselsberg und Katzenbuckel in Vergleich gezogen und aus den hieraus gefundenen Mittelwerten:

$$\left.\begin{aligned} p &= 2'',49 \\ q &= 12'',84 \\ \alpha - \alpha_1 &= 14'',90 \end{aligned}\right| \quad \ldots\ldots\ldots \quad 87)$$

die geographischen Positionen für die Blätter des Königreichs Bayern berechnet.

Aus einer später von der trigonometrischen Abteilung der Kgl. Preuß. Landesaufnahme mitgeteilten Position des Hauptdreiecksnetzpunktes „Kreuzberg, bayer. Pfeiler" würden sich, unter Beibehaltung der Azimutverschiedenheit von $14'',90$ für p und q, etwas abweichende Werte ergeben, nämlich:

$$\begin{aligned} p &= 1'',823 \\ q &= 13'',655. \end{aligned}$$

Mit den Werten aus 87) werden die Gleichungen V. und VI.:

$$\delta\beta = 2,183 - [5,98887-10]\,B + [5,67444-10]\,(\lambda - 100'',974)$$
$$\delta\lambda = 13'',164 + [6,22030-10]\,\lambda + [6,04056-10]\,B$$

und mit 86):

$$\left.\begin{aligned} &\text{Breite } \beta_1 = \beta + 2,183 - [5,98887-10]\,B + [5,67444-10] \\ &\qquad\qquad\qquad\qquad\qquad\qquad (\lambda - 100'',974) \\ &\text{Länge } \lambda_1 = 29^0\,16'\,09'',164 - \lambda + [6,22030-10]\,\lambda + [6,04056-10]\,B \end{aligned}\right\} \quad 88)$$

Vorstehende Formeln gelten für das rechtsrheinische Netz. Mittels derselben ergibt sich die Lage der alten Sternwarte:

$$\begin{aligned} \beta &= 48^0\,07'\,35'',25 \\ \lambda &= 29^0\,16'\,08'',86. \end{aligned}$$

Für die Einlegung der Blätter der Rheinpfalz ist zu berücksichtigen, daß hier eine Verschiedenheit des Azimuts nicht besteht, indem die für die Landesvermessung angenommene Orientierung bis auf etwa 1″ mit der Orientierung der Reichskarte übereinstimmt.

Bei der geringen Ausdehnung des pfälzischen Netzes erreichen in den vorstehenden Formeln die Werte von w_3 und w_4 keine Bedeutung für die numerische Berechnung, und die Formeln I und II vereinfachen sich daher in:

$$\delta\beta = p - w_1 x$$
$$\delta\lambda = q + w_2.$$

Der Koordinatennullpunkt des pfälzischen Netzes (Mannheim, Sternwarte, Turmmitte) wurde von Nikolai berechnet:

$$\beta = 49^0\,29'\,13'',70$$
$$\lambda = 26^0\,07'\,23'',40.$$

(Bayer. Landesvermessung Seite 548.)

Die Positionen der Gradabteilungskarte[1]) für diesen Punkt sind:

$$\beta = 49^0\,29'\,15'',44$$
$$\lambda = 26^0\,07'\,38'',27$$

daher

$$p = 1'',74$$
$$q = 14'',87.$$

Hieraus wird:

$$\delta\beta = 1'',74 - (B + 49^0 - 49^0\,29'\,13'')\,[1,48961]\,[4,49919-10]$$

oder

$$\delta\beta = 1'',74 + [5,98887-10]\,B - [9,23265]$$

daher

$$\delta\beta = 1'',57 + [5,98887-10]\,B.$$

Ferner:

$$\delta\lambda = 14'',87 + (\lambda - 11313'')\,[6,22030-10]$$

oder

$$\delta\lambda = 14'',87 + [6,22030-10]\,\lambda - [4,05358]\,[6,22030-10]$$

daher

$$\delta\lambda = 12'',99 + [6,22030-10]\,\lambda$$

und für die Breite β_1 und Länge λ_1 selbst:

$$\left.\begin{aligned}\beta_1 &= \beta + \delta\beta \\ \lambda_1 &= 29^0\,15'\,56'' - \lambda + \delta\lambda\end{aligned}\right\} \quad \ldots\ldots\ldots \quad 89)$$

---

[1]) Nach neuerer Bestimmung ist die geographische Position von Mannheim Sternwarte, Mitte:

$$\beta = 49^0\,29'\,15'',3194$$
$$\lambda = 26^0\,07'\,38'',3761.$$

(Kgl. Preuß. Landestriangulierung — Hauptdreiecke, Berlin 1901, Band XI, S. 101—109).

2. Beispiel für die Berechnung.

Berechnung der geographischen Koordinaten für den Hauptdreieckspunkt Kreuzberg (bayer. Pfeiler), wenn die geographischen Koordinaten, bezogen auf den Nullpunkt des bayer. Atlasses, gegeben sind.

Formeln: $$\begin{cases} \delta\beta = p - [5{,}98887-10]\,B + [5{,}67444-10]\,\lambda \\ \delta\lambda = q + [6{,}22030-10]\,\lambda + [6{,}04056-10]\,B. \end{cases}$$

Die geographischen Koordinaten dieses Punktes, bezogen auf das Gradnetz des bayerischen Atlasses, sind in Beispiel 3 b zu § 33 berechnet:

$$\beta = 50^0\,22''\,14'',829$$

$$\lambda = 1^0\,37'\,17'',978 \text{ (ab Sternwarte).}$$

Es ist also

$$B = 1^0\,22'\,14'',829 = 4934'',829,$$

$$\lambda = 1^0\,37'\,17'',978 = 5837'',978,$$

5,98887—10	5,67444—10	6,22030—10	6,04056—10
3,69327	3,76626	3,76626	3,69327
9,68214—10	9,44070—10	9,98656—10	9,73383—10
— 0,481	+ 0,276	+ 0,969	+ 0,542

— 0″,205	+ 1″,511
50° 22′ 14″,829	29° 15′ 56″,000
	— 1° 37′ 17″,978
$\beta = 50^0\,22'\,14'',624$	$\lambda = 27^0\,38'\,39'',533$

Die von der Kgl. Preuß. Landesaufnahme mitgeteilte Position ist:

$\beta_1 = 50^0\,22'\,16'',447$	daher:	$\lambda_1 = 27^0\,38'\,53'',188$
$p = 1'',823$		$q = 13'',655$

Uebersicht des bayerisch
BELGIEN
FRANKREICH
SCHWEIZ
LUXEMBURG
Provinz
Nassau
GROSSHZGTH. HESSEN
Bayerische Pfalz
Lothringen
Elsass
BADEN
WÜRTTEM
51°
50°
49°
48°
47°
24°
25°
26°
27°

r an der Karte des Deutschen Reiches 1: 100000.

1905.

Sämmtliche Blätter in Schwarzdruck erschienen.

in Buntdruck erschienen.

II. Teil.

Die Messungen.

Vorbemerkung.

Wie schon in der Einleitung (S. 3) näher erörtert wurde, besteht der Zweck der hier zu betrachtenden Messungen in der Festlegung von Geländepunkten. Diese erfordert die Bestimmung der Lage der Punkte nach Grundriß und Höhe. Die einschlägigen Aufgaben lassen sich daher in zwei Gruppen teilen, nämlich:

1. die Horizontalmessungen,
2. die Vertikalmessungen,

und sind, allgemein betrachtet, ebenso zahlreich und mannigfaltig als die Wege, welche zu ihrer Lösung führen.

Unter den Messungsmethoden, welche als Grundlage für die Geländeaufnahme und den Höheneintrag in die Karten die geeignetsten sind und daher fast ausschließlich angewendet werden, dienen für die Horizontalbestimmungen die Triangulierung, für die Höhenbestimmung die trigonometrische Höhenmessung und das geometrische Nivellement. Diese Methoden sowie die zur Anwendung kommenden, für die Lösung aller vorkommenden Aufgaben völlig ausreichenden Instrumente, nämlich Theodolit und Nivellierapparat, sind daher in den nachstehenden Kapiteln näher zu betrachten.

Kapitel 10. Detail-Triangulierung.

§ 42. Allgemeines.

In Bayern werden die für die allgemeine Landesvermessung notwendigen Triangulierungsarbeiten durch das Kgl. Katasterbureau ausgeführt. Nachdem über die Anlage des Dreiecknetzes, die Messung der Grundlinie und Winkel 2c. schon das Wesentlichste in § 8 angegeben wurde, haben wir nur noch jene Messungsarten zu betrachten, welche die für die Geländeaufnahme oder für Kotierungen nötige Verdichtung des gegebenen Netzes bezwecken.

Sieht man von einzelnen Fällen (z. B. der Vermessung von Festungen, Schieß- und Übungsplätzen ꝛc.) ab, so besteht in solchen Gebieten, in welchen durch die Katasteraufnahmen schon ein hinreichend dichtes Netz von Linien gegeben, wie dies für den größten Teil des Flachlandes der Fall ist, kein weiteres Bedürfnis für die Bestimmung neuer Punkte mittels Triangulierung.

Wo jedoch, wie z. B. im Hochgebirge, die in der Natur vorhandenen und in den Katasterblättern dargestellten Geländegegenstände, ihrer geringen Zahl und zerstreuten Lage wegen, keine genügende Grundlage für die topographischen Aufnahmen gewähren, tritt die Notwendigkeit ein, eine weitere Anzahl von Punkten in ihrer horizontalen (und vertikalen) Lage trigonometrisch festzulegen.

Wenn nun auch die allgemeinen Grundsätze für die Ausführung dieser Arbeiten stets die gleichen sind, so richtet sich doch das im einzelnen Falle einzuschlagende Verfahren nach den besonderen Verhältnissen: der Anzahl und Lage der bereits vorhandenen und der noch zu bestimmenden Punkte, der Beschaffenheit des Geländes, der verfügbaren Zeit usw.

Über die Ausführung dieser Arbeiten lassen sich daher nur allgemeine Gesichtspunkte aufstellen, die Erlernung derselben ist Sache der praktischen Übung. Sie erfordern vor allem einen umsichtigen und erfahrenen Geodäten, wenn Zeitaufwand und Arbeitsleistung in einem richtigen Verhältnisse stehen sollen.

Im wesentlichen bestehen die Aufgaben der Triangulierung in

1. Wahl und Bezeichnung der Punkte,
2. Messung der Winkel,
3. Berechnung der Dreieckseiten und Koordinaten.

§ 43. Wahl und Bezeichnung der Punkte.

Die zweckmäßige Auswahl der Triangulierungspunkte ist für deren gute Bestimmung von großer Wichtigkeit.

Man hat hier Rücksicht zu nehmen auf:

a) Günstige Dreiecksverbindungen. Die Winkel in einem zu berechnenden Dreiecke sollen möglichst zwischen 30° und 150° liegen. Linien, welche sich unter sehr spitzen Winkeln schneiden, ergeben einen unsicheren Schnittpunkt, und selbst kleine unvermeidliche Fehler der Winkelmessung bekommen einen bedeutenden Einfluß auf die Schärfe der Bestimmung der Seiten und Koordinaten.

b) Gute Sichtbarkeit der Gegenstände. Die Punkte sollen so gewählt und bezeichnet werden, daß sie von den trigonometrischen Stationen aus deutlich gesehen werden können. Ein allgemeiner Plan läßt sich meist auf Grundlage der bereits vorhandenen Karten aufstellen, eine spezielle Erkundung ist aber unentbehrlich, um festzustellen, ob ein Punkt von einem andern aus sichtbar ist, was nicht selten durch zwischenliegende Gegenstände (Bäume ꝛc.) verhindert wird. Meistens wird es möglich sein, derartige Hindernisse soweit zu beseitigen, daß der freie Ausblick in der gewünschten Richtung hergestellt wird. Ist dies nicht möglich, so muß ein anderer Punkt gewählt werden, und nicht immer ist die Auffindung eines Punktes, der nach sämtlichen gewünschten Richtungen eine freie Absehlinie ermöglicht, eine ganz leichte Sache.

Die gewählten Punkte müssen sodann, wenn sie nicht schon in der Natur markiert sind (wie Türme ꝛc.), durch Signale bezeichnet werden. Hierfür genügen meist einfache Stangen, welche zweckmäßig am oberen Ende mit zwei kreuzweise angebrachten Brettchen versehen werden. Wenn Ölfarbenanstrich möglich ist, so wählt man am besten die Farben so, daß die Signale sich gut von ihrem Hintergrunde abheben: für Signale in Wäldern und Wiesen weiß oder rot, für Signale mit Felsenhintergrund rot und für Gipfelsignale, welche bei der Visur das Firmament als Hintergrund haben, eine dunkle Farbe. Im Hochwalde werden Signalstangen an geeignete Bäume befestigt, so daß dieselben 2—3 m über die Baumwipfel hinausragen. Für Punkte, in denen die Aufstellung des Instrumentes geplant ist, empfehlen sich 0,30—0,40 m dicke, mindestens 0,5 m tief in den Boden eingelassene und in einer Höhe von 1,30—1,40 m über dem Boden wagerecht abgesägte Säulen, auf welchen bei der Winkelmessung das Instrument aufgestellt wird.

§ 44. Messung der Winkel.

A. Prüfung und Berichtigung der Instrumente.

Für die trigonometrischen Messungen wird ein Theodolit oder ein Universalinstrument benutzt. Von der guten Beschaffenheit des Instrumentes hängt der Erfolg der Arbeit wesentlich ab, und Soldner sagt mit Recht, daß die Rektifikation und Behandlung des Instrumentes „ein Hauptteil der Beobachtungskunst“ ist.

Genaue Kenntnis der Bestandteile und Einrichtung des Instrumentes, etwaiger Mängel und des Einflusses derselben auf die Messungsergebnisse, sodann der Art der Berichtigung, Gewandtheit und Sicherheit in der Einstellung des Fernrohrs und in den Ablesungen usw. muß man sich aneignen, bevor man die Messungsarbeit beginnt, wenn man nicht Zeit und Mühe erfolglos opfern will.

Es wird daher nicht überflüssig sein, das Wichtigste über die Prüfung und Berichtigung des Instrumentes hier zusammenzustellen.

Wir nehmen hierbei ein Instrument von guter Konstruktion an, d. h. ein solches, bei welchem grobe Konstruktionsfehler, wie z. B. größere Achsen-, Exzentrizitäts- oder Teilungsfehler, ungleiche Zapfen- und Ringdurchmesser usw., nicht vorhanden sind.

Bei dieser Voraussetzung beschränkt sich die Prüfung des Instrumentes auf die

a) des Fernrohrs,
b) der Libelle,
c) der Achsen.

Zum Zwecke der Prüfung stellt man das Instrument auf einer festen Unterlage (Pfeiler, Brüstungsstein, Mauerkrone) oder, wenn eine solche nicht vorhanden ist, auf dem Stativ auf, nachdem an letzterem mittels der Gelenkschrauben die Beweglichkeit der Stativbeine so geregelt wurde, daß dieselbe weder zu leicht noch zu strenge ist.

Man hat nun zunächst das Instrument von etwa anhaftendem Staube sorgfältig zu reinigen und sich zu überzeugen, ob alle Schrauben und Federn richtig wirken, wobei Teile, die der Reibung ausgesetzt sind, wenn nötig, etwas einzuölen sind.

a) Prüfung des Fernrohrs.

Diese erstreckt sich auf folgende Punkte:

α) Deutlichkeit des Fadenkreuzes. Die Fäden müssen als scharfe dunkle Linien erscheinen. Die etwa nötige Berichtigung erfolgt durch Verschiebung des Fadenkreuzes oder des Okulars längs der Fernrohrachse.

β) Zentrierung des Fadenkreuzes. Die Ziellinien und die mechanische Achse des Fernrohrs müssen zusammenfallen; die Prüfung erfolgt bei drehbarem Fernrohr durch Drehung desselben in seinem Lager, nachdem der Mittelfaden auf einen gut sichtbaren Punkt eingestellt wurde; deckt hierbei das Fadenkreuz nicht fortwährend den anvisierten Punkt, so ist dasselbe mittels seiner Korrektionsschrauben seitlich zu verschieben.

γ) Bewegung der Okularröhre. Ist das Fadenkreuz nach *β*) zentriert, so muß die Ziellinie mit der mechanischen Achse des Fernrohrs auch dann zusammenfallen, wenn der Okularkopf mittels der Triebschraube verschoben wird, d. h. sowohl wenn entfernte als nahe Punkte anvisiert werden. Andernfalls bewegt sich die Okularröhre nicht parallel zur Objektivröhre. Der nachteilige Einfluß dieses Fehlers läßt sich dadurch vermindern, daß man das Fadenkreuz für die mittlere Entfernung zentriert, auf welche man Beobachtungen zu machen hat. (Vgl. auch § 61.)

δ) Parallaxe des Fadenkreuzes. Diese bewirkt, daß das Fadenkreuz bei seitlichem Durchsehen nicht mehr denselben Punkt deckt. Kann die Parallaxe nicht durch Verschieben des Okularkopfes mittels seiner Triebschraube behoben werden, so ist die Berichtigung nach *α*) neu vorzunehmen.

ε) Äquidistanz der äußeren Fäden. Für diese Prüfung benutzt man am besten eine lotrecht stehende Nivellierlatte; sind die zwischen dem mittleren und den äußeren Fäden abgelesenen Lattenstücke nicht gleichgroß, so ist die Stellung der äußeren Fäden an den entsprechenden Korrektionsschräubchen zu berichtigen.

b) Prüfung der Libelle.

An einer Röhrenlibelle ist zu prüfen, ob ihre Achse parallel ist zu der Unterlage, auf welcher sie ruht. Bei der Reiterlibelle geschieht dies wie folgt:

α) Seitliche Neigung der Libelle in ihrem Lager. Schlägt hierbei die Blase aus, so ist ein Kreuzungsfehler vorhanden, welcher an den beiden Korrektionsschräubchen derart zu verbessern ist, daß der Libellenausschlag verschwindet oder stets in gleichem Sinne erfolgt.

β) Abheben der Libelle und Umsetzen um 180°. Schlägt die Blase aus, so ist dies mittels der oberen Korrektionsschraube zu verbessern und das Verfahren zu wiederholen, bis die Libelle in beiden Lagen genau einspielt.

c) Prüfung der Instrumentenachsen.

1. Wenn das Fernrohr in seinem Ringlager dreh- und umlegbar ist.

Die horizontale, die vertikale und die Fernrohrachse sollen zueinander senkrecht und die Alhidadenachse lotrecht stehen.

Verfahren:

α) Man stellt die Reiterlibelle parallel zu zwei Fußschrauben und bringt sie zum Einspielen; nun dreht man die Alhidade um 180° und beseitigt den etwa sich zeigenden Libellenausschlag zur Hälfte mittels der Kippschraube des Fernrohrs und zur Hälfte mittels der Fußschrauben.

β) Man dreht die Alhidade um 90° und bringt die Libelle mittels der Fußschrauben allein zum Einspielen.

γ) Es folgt Wiederholung dieser Berichtigung (*α*, *β*), bis die Libelle in allen Richtungen einspielt.

Nachdem die Alhidadenachse lotrecht gestellt ist, soll sich die Ziellinie beim Kippen des Fernrohrs in einer lotrechten Ebene bewegen, was nur dann der Fall ist, wenn die Kippachse senkrecht zur Alhidadenachse steht. Man findet den Fehler, indem man das Fadenkreuz auf einen lotrechten Gegenstand (Mauerkante, Lotfaden) einstellt und prüft, ob dasselbe beim Kippen des Fernrohrs fortwährend das Lot deckt. Wäre dies nicht der Fall, so müßte der Fehler an den Zapfenträgern des Fernrohrs verbessert werden.

2. Wenn das Fernrohr mit der Kippachse fest verbunden und diese in den Lagerstützen umlegbar ist.

Ist das Fernrohr nicht in seiner Längsachse drehbar, sondern mit der Kippachse fest verbunden, so hängt das Berichtigungsverfahren von der Art der Anordnung der Libellen am Instrument ab. Steht auf der Kippachse des Fernrohrs eine Reiterlibelle, so ist zunächst diese nach b) zu berichtigen. Es wird nun die Alhidadenachse nach c) annähernd lotrecht gestellt

Die rechtwinklige Stellung der Fernrohrachse zur Kippachse wird auf folgende Weise geprüft: Man stellt das Fadenkreuz auf einen Punkt ein und legt hierauf die Kippachse des Fernrohrs in ihren Lagern um. Nun muß beim Kippen des Fernrohrs derselbe Punkt vom Fadenkreuz gedeckt werden. Eine sich etwa zeigende Abweichung wird durch seitliche Verschiebung des Fadenkreuzes um die Hälfte dieser Abweichung beseitigt.

Hierauf bringt man die bereits berichtigte Reiterlibelle in der Richtung zweier Fußschrauben zum Einspielen und dreht sodann die Alhidade um 180°. Der sich zeigende Libellenausschlag wird zur Hälfte an beiden Fußschrauben und zur Hälfte an den Lagerschrauben der Kippachse berichtigt. Hierdurch kommt die Kippachse in die verlangte zur Alhidadenachse senkrechte Stellung. Schließlich wird die Alhidade um 90° gedreht und auch in dieser Stellung die Libelle mittels der noch nicht benutzten dritten Fußschraube zum Einspielen gebracht. Dadurch erhält die Alhidadenachse ihre richtige lotrechte Stellung.

B. Ausführung der Winkelmessung.

1. Nachdem das Instrument auf der Säule oder dem Stativ zentrisch aufgestellt ist, wird die Alhidadenachse auf die oben beschriebene Weise lotrecht gestellt. Kann das Instrument nicht zentrisch, d. h. in der Vertikalen des Signalpunktes aufgestellt werden, so ist die Bestimmung der Koordinaten des exzentrischen Aufstellungspunktes einer umständlichen Winkelzentrierung vorzuziehen, was durch Messung des Richtungswinkels und der Entfernung leicht geschehen kann.

Von besonderer Wichtigkeit ist die scharfe Einstellung des Fadenkreuzes auf die Zielpunkte und die genaue Ablesung der Nonien. Die Möglichkeit guter Fernrohreinstellungen ist von der deutlichen Sichtbarkeit der Gegenstände abhängig. Bei dunstiger oder flimmernder Luft erscheinen diese verschwommen oder in zitternder Bewegung; durch heftigen Wind wird eine scharfe Einstellung des Fadenkreuzes auf die Zielpunkte sehr erschwert. Wolken und Nebel, welche besonders im Hochgebirge oft hartnäckig einen Signalpunkt verdecken, können den Beobachter zwingen, stundenlang auf einem Stationsorte auszuharren, wobei nicht selten dessen Geduld und Wetterfestigkeit einer harten Probe unterzogen wird.

Als **Beobachtungszeit** sind, mit Rücksicht auf die Einflüsse der Strahlenbrechung (insbesondere bei den Höhenmessungen), unter sonst günstigen Umständen die Morgen- und Abendstunden am meisten geeignet. Indes ist es wohl selbstverständlich, daß, besonders bei umfangreichen Arbeiten in schwierigem Gelände, bei unsicherer Witterung u. dgl. die Beobachtungszeit nicht auf die genannten Stunden beschränkt werden kann.

2. **Der Gang der Arbeit auf einer Station** gestaltet sich wie folgt:

α) Einstellung des Fadenkreuzes auf den ersten Punkt P_1, Ablesung der beiden Nonien am Horizontal- und am Vertikalkreise.

β) Einstellung auf den zweiten Punkt P_2, Ablesung wie oben.

γ) Einstellung auf den dritten Punkt $P_3 \ldots P_n$ und die folgenden im Kreise herum, bis man wieder zum ersten Punkte P_1 gelangt, dessen Einstellung und Ablesung wiederholt wird.

Die Übereinstimmung der Anfangs- und Schlußablesung — kleine Änderungen ergeben sich durch die Drehung der Signalsäule ꝛc. — dient zur Kontrolle dafür, daß die Stellung des Instrumentes sich nicht geändert hat.

Hiermit ist ein „Gyrus" beendigt. Es folgt nun:

δ) Umlegen (Durchschlagen des Fernrohrs und Wiederholung der Einstellungen und Ablesungen ad α bis γ), jedoch in umgekehrter Reihenfolge.

Hiermit ist eine „Satzbeobachtung" beendet.

ε) Drehung des Dreifußes um etwa 90^0 (wenn man zwei Satzbeobachtungen machen will), erneute Horizontalstellung und Wiederholung von α bis δ.

Hiermit ist die zweite Satzbeobachtung beendet.

Mittels dieser doppelten Satzbeobachtung erhält man je 8 Nonienablesungen am Horizontal- und ebenso viele am Vertikalkreise für jeden **Beobachtungspunkt**, deren Mittelwerte die in die Rechnung einzuführenden Winkel ergeben.

Will man sich mit zwei Sätzen nicht begnügen, so kann man nach der ersten Satzbeobachtung den Dreifuß um etwa 60^0, wenn drei Sätze, oder um den Winkel $\frac{180^0}{n}$ drehen, wenn n Satzbeobachtungen beabsichtigt werden.

Mit der Anzahl dieser, an verschiedenen Stellen der Kreisteilung gemessenen Sätze erhöht sich — gleiche Güte der einzelnen Beobachtungen vorausgesetzt — die Genauigkeit der erhaltenen Winkelwerte, aber auch der

Bedarf an Zeit, auf welchen für eine zweckmäßige Arbeitseinteilung stets Rücksicht genommen werden muß. Die Güte der Messung hängt aber nicht allein von der Zahl der Beobachtungen, sondern auch von der Schärfe derselben ab. So kann man z. B. mit 36 Sätzen, wenn die einzelne Winkelmessung um 1′ unsicher ist, kein besseres Ergebnis erzielen, als mit einem einzigen Satze, bei welchem die Genauigkeit der Richtungsbeobachtung 10″ beträgt. Hieraus ergeben sich die Folgerungen:

1. Auf möglichste Genauigkeit der Beobachtungen ist in erster Linie Gewicht zu legen.
2. Die Anzahl der Satzbeobachtungen richtet sich nach der verfügbaren Zeit.

§ 45. Berechnung der Dreieckseiten und Koordinaten.

Da in einem auf der Erdoberfläche liegenden, gleichseitigen Dreiecke bei einer Seitenlänge von 50 km der Unterschied zwischen Sehne und Bogen nur 0,2 m, der sphärische Exzeß nur 5″,5 beträgt, so können Dreiecke bis zu dieser Größe stets als ebene behandelt werden.

Die Aufgaben, welche hier zu betrachten sind, lassen sich in zwei Gruppen teilen, nämlich:

A. Ableitung eines oder mehrerer Punkte aus zwei gegebenen Ausgangspunkten.
B. „ „ „ „ „ „ drei „ „

A. Ableitung aus 2 Punkten.

Die Ableitung aus 2 Punkten erfordert mindestens 2 Aufstellungen des Instruments. Sind zwei Punkte A und B durch ihre Koordinaten $x_A\ y_A$ und $x_B\ y_B$ gegeben, so ist auch ihre Entfernung AB und der Direktionswinkel WAB der Seite AB bestimmt (§ 32, C). Man kann nun 2 Fälle unterscheiden:

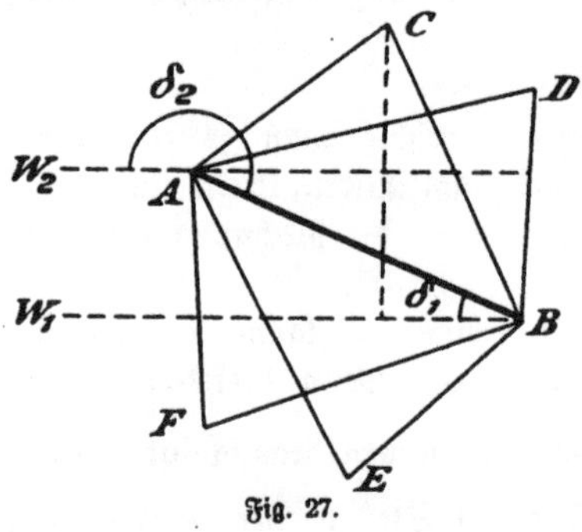

Fig. 27.

a) Die Punkte A, B sind zugänglich und gegenseitig sichtbar (Fig. 27).

Die Bestimmung einer Anzahl von Punkten C, D, E, F ... erfordert die Aufstellung des Instrumentes in A und B, sowie die Messung der Winkel BAC, BAD...., ABC, ABD.... (Aufgabe des „Vorwärts-Einschneidens“).

Man hat dann für die Seiten und ihre Richtungswinkel die nachstehenden Gleichungen:

$$\left.\begin{array}{l} \text{Seite } AC = \dfrac{AB \sin ABC}{\sin (BAC + ACB)}; \\ \quad \text{Richtungswinkel } \sphericalangle\, W_2AC = \sphericalangle\, W_2AB - \sphericalangle\, CAB \\ \text{Seite } BC = \dfrac{AB \sin CAB}{\sin (ACB + CBA)}; \\ \quad \text{Richtungswinkel } \sphericalangle\, W_1BC = \sphericalangle\, W_1BA + \sphericalangle\, ABC \end{array}\right\} \quad 90)$$

usw. usw.,

und wenn $\sphericalangle\, W_1BA = \delta_1$ der Direktionswinkel der Seite BA ist, so hat man für den Punkt C:

$$\left.\begin{array}{l} x_C = x_A + AC \sin W_2AC = x_B + \sin W_1BC \\ y_C = y_A + AC \cos W_2AC = y_B + \cos W_1BC \end{array}\right\} \quad . \quad . \quad 91)$$

Auf gleiche Weise erhält man die Koordinaten der Punkte $D, E, F \ldots$, und zwar für jedes x und y je zwei Werte, welche übereinstimmen, wenn kein Rechenfehler gemacht wurde, worin die Kontrolle der Rechnung besteht.

b) Die Punkte A und B sind unzugänglich oder A und B gegenseitig nicht sichtbar (Fig. 28).

Läßt sich in A und B keine Aufstellung nehmen (wenn A, B Luftsignale, z. B. Kirchtürme sind), so kann eine beliebige Anzahl anderer Punkte (Kranzsystem) abgeleitet werden, wenn in jedem der zu bestimmenden Punkte je zwei Winkel gemessen werden.

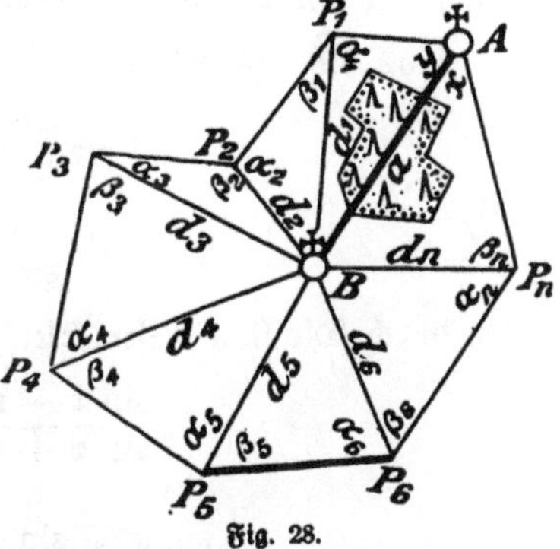

Fig. 28.

Es sind die Punkte A, B durch ihre Koordinaten gegeben, womit nach § 32 C auch die Länge und der Richtungswinkel der Linie AB bestimmt ist, und wurde gemessen:

in P_1 der Winkel α_1, β_1,
„ P_2 „ „ α_2, β_2,
usw. usw.

Bezeichnet man nun die Strecke AB mit a, sowie die Entfernung des Punktes B von $P_1, P_2, P_3 \ldots$ mit $d_1, d_2, d_3 \ldots$ und die beiden wegen Unzugänglichkeit des Punktes A nicht meßbaren Winkel P_1AB mit y und P_nAB mit x, so ist:

$$1.\ \sin y = \frac{d_1 \sin \alpha_1}{a},$$

$$2.\ \sin x = \frac{d_n \sin \beta_n}{a}.$$

Durch Division 1. : 2. erhält man

$$\frac{\sin y}{\sin x} = \frac{d_1 \sin \alpha_1}{d_n \sin \beta_n} \quad . \quad . \quad . \quad . \quad . \quad . \quad . \quad . \quad . \quad 92)$$

ferner ist (aus Figur):

$$\frac{d_1}{d_2} = \frac{\sin \alpha_2}{\sin \beta_1}$$

$$\frac{d_2}{\alpha_3} = \frac{\sin \alpha_3}{\sin \beta_2}$$

$$\vdots \qquad \vdots$$

$$\frac{d_{(n-1)}}{d_{(n)}} = \frac{\sin \alpha_n}{\sin \beta_{(n-1)}}.$$

Durch Multiplikation dieser Gleichungen erhält man:

$$\frac{d_1}{d_n} = \frac{\sin \alpha_2 \sin \alpha_3 \ldots\ldots \sin \alpha_n}{\sin \beta_1 \sin \beta_2 \ldots\ldots \sin \beta_{(n-1)}} \quad . \quad . \quad . \quad . \quad . \quad . \quad . \quad 93)$$

und mittels 92)

$$\frac{\sin y}{\sin x} = \frac{\sin \alpha_1 \sin \alpha_2 \ldots\ldots \sin \alpha_n}{\sin \beta_1 \sin \beta_2 \ldots\ldots \sin \beta_n} = \operatorname{tg} \varphi \quad . \quad . \quad . \quad . \quad . \quad 94)$$

wonach also der Winkel φ berechnet werden kann.

Aus 92) und 94) folgt:

$$1 - \frac{\sin y}{\sin x} = 1 - \operatorname{tg} \varphi, \text{ und}$$

$$1 + \frac{\sin y}{\sin x} = 1 + \operatorname{tg} \varphi,$$

daher durch Division dieser Gleichungen:

$$\frac{\sin x - \sin y}{\sin x + \sin y} = \frac{1 - \operatorname{tg} \varphi}{1 + \operatorname{tg} \varphi}$$

und, weil:

$$\left\{ \begin{aligned} &\sin x \mp \sin y = 2 \begin{matrix} \cos \\ \sin \end{matrix} \left(\frac{x + \gamma}{2}\right) \begin{matrix} \sin \\ \cos \end{matrix} \left(\frac{x - y}{2}\right) \\ &\frac{1 - \operatorname{tg} \varphi}{1 + \operatorname{tg} \varphi} = \cot (45 + \varphi), \end{aligned} \right.$$

so erhält man:

$$\operatorname{tg} \left(\frac{x - y}{2}\right) = \operatorname{tg} \left(\frac{x + y}{2}\right) \cot (45 + \varphi) \quad . \quad . \quad . \quad . \quad 95)$$

ferner ist

$$x + y = (n - 1)\, 180^0 - (\alpha_1 + \alpha_2 + \ldots\ldots \alpha_n + \beta_1 + \beta_2 + \ldots\ldots \beta_n) \quad 96)$$

Aus den Gleichungen 94), 95) und 96) ist also x und y bestimmt. Für die **Berechnung der Seiten** hat man nun die Gleichungen:

$$\left.\begin{aligned} d_1 &= \frac{a \sin y}{\sin \alpha_1} \\ d_2 &= \frac{d_1 \sin \beta_1}{\sin \alpha_2} \end{aligned}\right\} \quad \ldots\ldots\ldots \quad 97)$$

und ebenso:

$$\vdots$$

$$\left.\begin{aligned} AP_1 &= \frac{d_1 \sin(\alpha_1 + y)}{\sin y} \\ P_1P_2 &= \frac{d_2 \sin(\alpha_2 + \beta_1)}{\sin \alpha_2} \\ P_{(n-1)}\,P_n &= \frac{d_n \sin(\alpha_n + \beta_{(n-1)})}{\sin \alpha_n} \end{aligned}\right\} \quad \ldots\ldots \quad 98)$$

Die **Berechnung der Direktionswinkel und Koordinaten** kann nun mittels der Gleichungen 90) und 91) erfolgen.

Besondere Fälle:

Aus den unzugänglichen Punkten A, B soll der Punkt P_1 abgeleitet werden.

Lösung: Von einem Hilfsstandpunkte P_2 werden die Winkel α_2, β_2 und in P_1 die Winkel α_1, β_1 gemessen.

c) Wird P_2 so gewählt (Fig. 29), daß der Schnittpunkt O des Visierstrahles P_1P_2 in der **Verlängerung** von AB liegt, so ist zunächst (aus Figur):

$$x + y = \alpha_2 + \beta_1 \quad \ldots \quad 99)$$

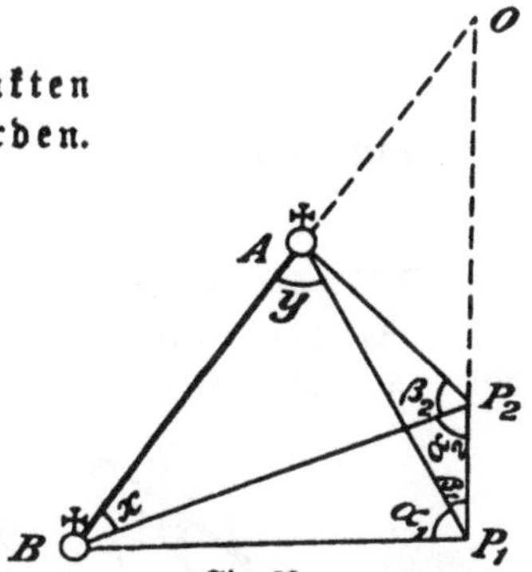

Fig. 29.

Und nach 94) und 95):

$$\frac{\sin y}{\sin x} = \frac{\sin \alpha_1 \sin \alpha_2 \sin(\alpha_2 + \beta_2 + \beta_1)}{\sin \beta_1 \sin \beta_2 \sin(\alpha_1 + \beta_1 + \alpha_2)} = \operatorname{tg} \varphi \quad \ldots \quad 100)$$

$$\operatorname{tg} \frac{x - y}{2} = \cot\left(\frac{\alpha_2 + \beta_1}{2}\right) \cot(45 + \varphi) \quad \ldots\ldots \quad 95)$$

Die Berechnung der Koordinaten ꝛc. geschieht wieder nach 90) und 91).

d) Nimmt man den Hilfsstandpunkt in der **Verlängerung** von AB etwa in O, so wird $\beta_2 = 0$ und $x = 0$, daher $y = \alpha_2 + \beta_1$ und $\sphericalangle ABP_1 = 180 - (\alpha_1 + y)$, womit die Aufgabe auf den Fall a) zurückgeführt ist.

e) Wird P_2 so gewählt, daß der Schnittpunkt O der Linien AB und $P_1 P_2$ zwischen A und B liegt, so ist (Fig. 30):

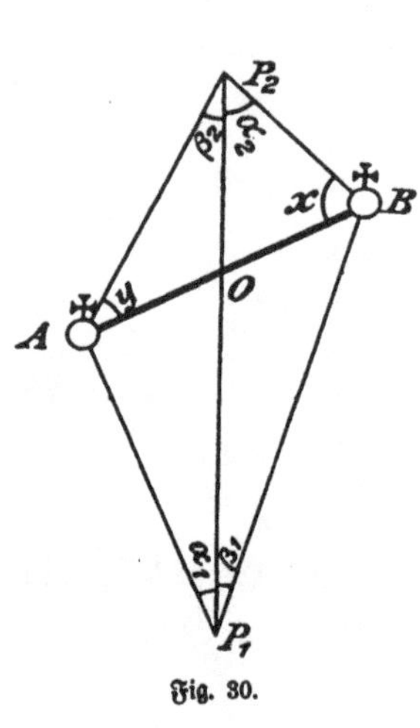

Fig. 30.

$$AB = \frac{AP_2 \sin(\alpha_2 + \beta_2)}{\sin x} = \frac{BP_2 \sin(\alpha_2 + \beta_2)}{\sin y}$$

$$P_1P_2 = \frac{AP_2 \sin(\alpha_1 + \beta_2)}{\sin \alpha_1} = \frac{BP_2 \sin(\alpha_2 + \beta_1)}{\sin \beta_1}$$

woraus durch Division dieser Gleichungen und nach 94) und 95) folgt:

$$\frac{\sin y}{\sin x} = \frac{\sin \beta_1 \sin(\alpha_1 + \beta_2)}{\sin \alpha_1 \sin(\alpha_2 + \beta_1)} = \operatorname{tg} \varphi \quad 101)$$

$$\operatorname{tg} \frac{x - y}{2} = \operatorname{tg} \frac{(x + y)}{2} \cot(45 + \varphi) \quad . \quad 95)$$

$$x + y = 180 - (\alpha_2 + \beta_2) \quad . \quad . \quad 102)$$

Sodann Koordinaten- ꝛc. Berechnung nach 90) und 91).

Diese Aufgabe ist unter dem Namen der **Hansenschen Aufgabe** bekannt.

f) **Aus den Punkten A und B, von denen A unzugänglich ist, soll der ebenfalls unzugängliche Punkt P_1 abgeleitet werden.** (Fig. 31.)

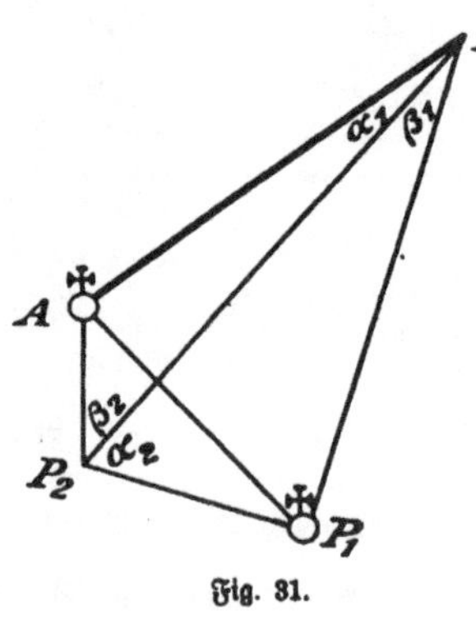

Fig. 31.

Lösung: In einem Hilfsstandpunkt P_2 werden die Winkel β_2 und α_2 und in B die Winkel α_1 und β_1 gemessen.

Nun ergibt sich (aus Figur) zunächst:

$$BP_2 = \frac{AB \sin(\alpha_1 + \beta_2)}{\sin \beta_2}$$

ferner:

$$BP_1 = \frac{BP_2 \sin \alpha_2}{\sin(\alpha_2 + \beta_1)} \quad . \quad . \quad 103)$$

$$P_1P_2 = \frac{BP_2 \sin \beta_1}{\sin(\alpha_2 + \beta_1)} \quad . \quad . \quad 104)$$

Sodann Koordinatenberechnung nach 90) und 91).

B. Ableitung aus 3 (unzugänglichen) Punkten.

g) Gegeben A, B, C; zu bestimmen P_1, von wo aus jeder dieser Punkte sichtbar ist. (Fig. 32.)

Lösung: Messung der Winkel α, β in P_1; dann ist:

$$\frac{\sin y}{\sin \alpha} = \frac{CP_1}{AC}$$

$$\frac{\sin x}{\sin \beta} = \frac{CP_1}{CB},$$

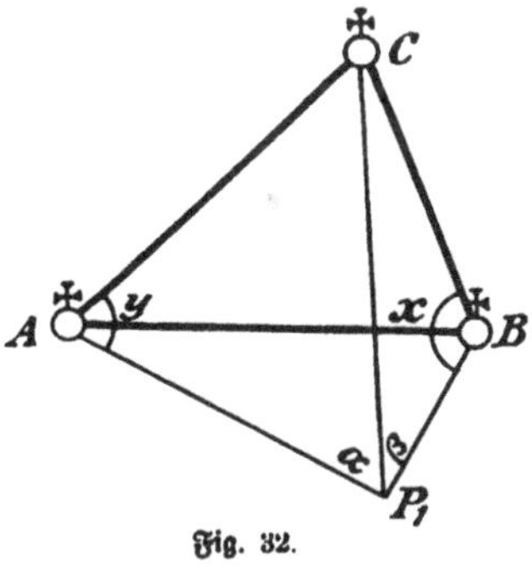

daher analog 92) bis 94):

$$\frac{\sin y}{\sin x} = \frac{CB \sin \alpha}{AC \sin \beta} = \operatorname{tg} \varphi \quad . \quad . \quad 105)$$

$$\operatorname{tg} \frac{(x - y)}{2} = \operatorname{tg} \left(\frac{x + y}{2}\right) \cot (45 + \varphi) \quad 95)$$

$$x + y = 360^0 - (C + \alpha + \beta) \quad . \quad 106)$$

Fig. 32.

Koordinaten- ꝛc. Berechnung nach 90) und 91).

Diese sog. Pothenotsche Aufgabe wird unlösbar, wenn $\alpha + \beta = 180 - C$ ist, d. h. wenn P_1 in der Peripherie des um $\triangle ABC$ beschriebenen Kreises liegt. In diesem Falle ist nämlich auch $x = 180 - y$, daher $\frac{\sin y}{\sin x} = 1$, also $\varphi = 45^0$ und

$$\cot (45 + \varphi = 0$$

$$\operatorname{tg} \left(\frac{x + y}{2}\right) = \infty,$$

weshalb man für $\operatorname{tg} \left(\frac{x - y}{2}\right)$ den unbestimmten Wert $0 \cdot \infty$ erhält.

Wir folgern hieraus, daß der günstigste Aufstellungspunkt je nach der Form des gegebenen Dreiecks im Innern desselben oder in der Nähe des Mittelpunktes des umschriebenen Kreises liegt; auch ist leicht zu erkennen, daß die Bestimmung ungünstig wird, wenn $\alpha + \beta$ ein sehr spitzer Winkel ist. Bei den Triangulierungen für topographische Zwecke lassen sich indes nicht immer die Ableitungspunkte beliebig wählen, sondern man muß sich mit den Punkten begnügen, die vom Standpunkte aus sichtbar sind, auch wenn dieselben ungünstig liegen.

Um auch in solchen Fällen eine genügend scharfe Bestimmung zu erzielen, bedienen wir uns eines Hilfsstandpunktes. (S. die folgende Aufgabe.)

h) Gegeben (Fig. 33a) A, B, C; zu bestimmen P_1, wenn von P_1 aus nur A und C, aber nicht B sichtbar ist und ein Hilfsstandpunkt P_2 nur so gewählt werden kann, daß von P_2 aus zwar P_1, B und C, aber nicht A sichtbar, oder, wenn von P_1 aus zwar A, B und C sichtbar sind, der Punkt P_1 aber in der Nähe des um ABC beschriebenen Kreises liegt.

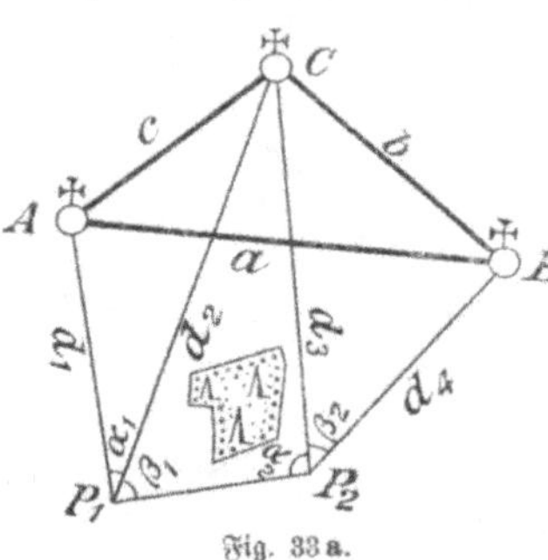

Fig. 33a.

Lösung:

Messung von α_1, β_1 in P_1,

" " α_2, β_2 in P_2.

Dann ist, wenn $\sphericalangle CAP_1 = y$ und $\sphericalangle CBP_2 = x$ gesetzt wird:

$$\frac{d_2}{d_3} = \frac{\sin \alpha_2}{\sin \beta_1}$$

$$\frac{c}{d_2} = \frac{\sin \alpha_1}{\sin y}$$

$$\frac{d_3}{b} = \frac{\sin x}{\sin \beta_2}.$$

Durch Multiplikation dieser Gleichungen erhält man:

$$\frac{\sin y}{\sin x} = \frac{b \sin \alpha_1 \sin \alpha_2}{c \sin \beta_2 \sin \beta_2} = \operatorname{tg} \varphi \quad . \; . \; . \; . \; . \; . \; . \quad 107)$$

woraus wieder die in 95) abgeleitete Gleichung folgt:

$$\operatorname{tg}\left(\frac{x-y}{2}\right) = \operatorname{tg}\left(\frac{x+y}{2}\right) \cot(45 + \varphi) \quad . \; . \; . \; . \quad 95)$$

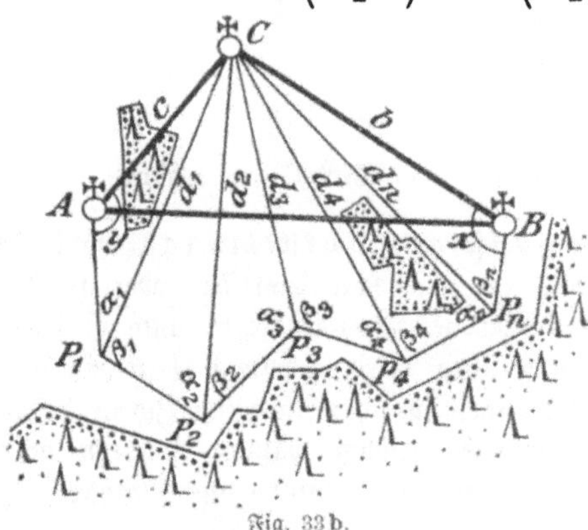

Fig. 33b.

Endlich ist aus Figur:

$$x + y = 540^0 - (C + \alpha_1 + \beta_1 + \alpha_2 + \beta_2) \quad 108)$$

Die Koordinaten-Berechnung kann nun wieder nach 91) und 92) erfolgen.

i) Es sind die Bedingungen der vorigen Aufgabe gegeben, jedoch kann wegen vorhandener Hindernisse (z. B. Wald) kein Hilfsstandpunkt gefunden werden, von welchem B und C sichtbar sind. Es läßt sich aber eine Reihe von Aufstellungen in P_2, P_3 ... P_n so wählen, daß von jeder derselben C und die beiden benachbarten Aufstellungspunkte, und von dem letzten derselben P_n auch B sichtbar ist.

Lösung: Aus Fig. 33b ist:

$$\sin y = \frac{d_1 \sin \alpha_1}{c}$$

$$\sin x = \frac{d_n \sin \beta_n}{b}.$$

Die Multiplikation dieser Gleichungen ergibt:

$$\frac{\sin y}{\sin x} = \frac{b\, d_1 \sin \alpha_1}{c\, d_n \sin \beta_n}.$$

Hieraus erhält man durch Einführung des in 93) entwickelten Wertes von $\frac{d_1}{d_n}$:

$$\frac{\sin y}{\sin x} = \frac{b \sin \alpha_1 \sin \alpha_2 \ldots \sin \alpha_n}{c \sin \beta_1 \sin \beta_2 \ldots \sin \beta_n} = \operatorname{tg} \varphi \quad . \quad . \quad 109)$$

Ferner ist (aus Figur):

$$x + y = (n - 1)\, 180^0 - (C + \alpha_1 + \alpha_2 + \ldots \alpha_n + \beta_1 + \beta_2 + \ldots \beta_n) \quad 110)$$

und ebenfalls wieder:

$$\operatorname{tg}\left(\frac{x - y}{2}\right) = \operatorname{tg}\left(\frac{x + y}{2}\right) \cot (45 + \varphi) \quad . \quad . \quad . \quad . \quad 95)$$

Die letzten drei Gleichungen enthalten die Lösung der Aufgabe, welche auch dazu dienen kann, aus drei gegebenen Punkten A, B, C eine Reihe anderer Punkte P_1, P_2, ... P_n gleichzeitig abzuleiten.

k) Gegeben A, B, C; zu bestimmen P_1, wenn von P_1 nur A und B, aber nicht C sichtbar ist und ein Hilfsstandpunkt nur so gewählt werden kann, daß von P_2 aus zwar B und C, aber nicht A sichtbar ist. (Fig. 34.)

Lösung:

Messung von α_1, β_1 in P_1

" " α_2, β_2 in P_2.

Dann ist:

$$\frac{\sin y}{BP_2} = \frac{\sin \alpha_2}{b}$$

$$\frac{\sin x}{BP_1} = \frac{\sin \beta_1}{a}$$

$$\frac{BP_2}{BP_1} = \frac{\sin \alpha_1}{\sin \beta_2}$$

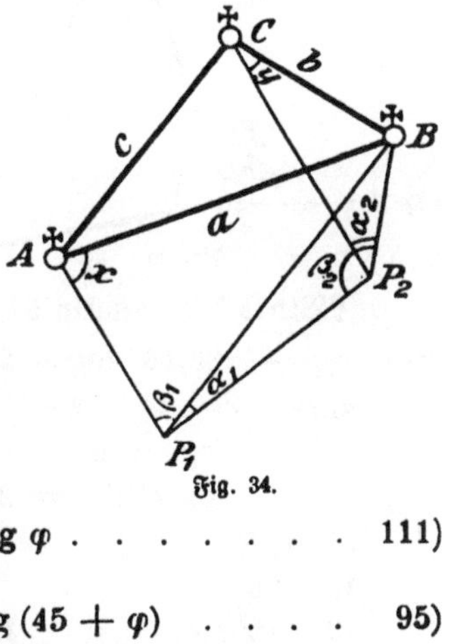

Fig. 34.

und daher:

$$\text{I.} \quad \frac{\sin y}{\sin x} = \frac{a \sin \alpha_1 \sin \alpha_2}{b \sin \beta_1 \sin \beta_2} = \operatorname{tg} \varphi \quad . \quad . \quad . \quad . \quad . \quad . \quad . \quad 111)$$

$$\text{II.} \quad \operatorname{tg}\left(\frac{x + y}{2}\right) = \operatorname{tg}\left(\frac{x - y}{2}\right) \operatorname{tg} (45 + \varphi) \quad . \quad . \quad . \quad . \quad 95)$$

$$\text{III.} \quad x - y = 180 + B - (\alpha_1 + \beta_1 + \beta_2 - \alpha_2) \quad . \quad . \quad 112)$$

Die vorstehenden Beispiele zeigen, wie mannigfaltig die Methoden sind, welcher man sich für die Zwecke der Triangulierung bedienen kann. Die Auswahl derselben richtet sich nach der Lage des einzelnen Falles. Als **allgemeine Grundsätze** gelten hierbei:

1. Die Visierlinien sollen sich unter günstigen Winkeln (60—120°) schneiden.
2. Die Ableitung großer Seiten aus kleinen ist möglichst zu vermeiden.
3. Die bereits festgelegten Punkte sollen möglichst von anderen Punkten aus angeschnitten werden, um dem Netze eine erhöhte Sicherheit und Genauigkeit zu geben. Keine Bestimmung darf als richtig gelten, welche nicht durch mindestens eine zweite, von der ersten unabhängige Bestimmung geprüft ist.

Die Ausführung der numerischen Berechnung ist aus nachstehenden Beispielen zu ersehen:

Rechnungsbeispiele.

1. **Koordinatenberechnung durch „Vorwärts-Einschneiden"** für den trigonometrischen Punkt „**Alpriedlhorn** S." (Fig. 35).

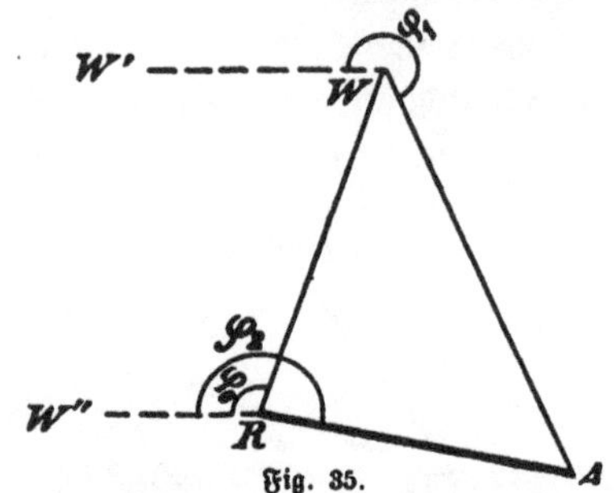

Fig. 35.

Gegeben die Koordinaten:

Rosentalhörndl S. $x_2 = -25150{,}18$
$y_2 = -36792{,}14$

Wildalpe S. $x_1 = -24866{,}72$
$y_1 = -37022{,}46$

Gemessen die Direktionswinkel nach A:

$\varphi_2 = 190^0\,12'\,15''$

$\varphi_1 = 246^0\,32'\,37''$

Mittels der Formeln 51, 52, 90 u. 91) ergibt sich nachstehende Rechnung:

$x_2 - x_1 = -283{,}46$ $\log = 2{,}45249$ $\log \operatorname{tg} \varphi_0 = 9{,}90984$ $\varphi = 39^0\,05'\,42''$

$y_2 - y_1 = +230{,}32$ $\log = 2{,}36233$ $+\,90^0$

$\log \cos \varphi_0 = 9{,}88992$ $W'RW = \varphi_0 = 129^0\,05'\,42''$

$\log RW = 2{,}56257$

∢ R	∢ W	∢ A
$129^0\,05'\,42''$	$-246^0\,32'\,37''$	$246^0\,32'\,37''$
$190^0\,12'\,15''$	$180 + 129^0\,05'\,42''$	$190^0\,12'\,15''$
$61^0\,06'\,33''$	$62^0\,33'\,05''$	$56^0\,20'\,22''$

$\log RW$	$= 2{,}56257$	$\log RW$	$= 2{,}56257$
$\log \sin W$	$= 9{,}94814$	$\log \sin R$	$= 9{,}94228$
$1 : \log \sin A$	$= 0{,}07970$	$1 : \log \sin A$	$= 0{,}07970$
$\log RA$	$= 2{,}59041$	$\log WA$	$= 2{,}58455$
$\log X_2$	$= 1{,}83877$	$\log X_1$	$= 2{,}54709$
$\log \sin \varphi_2$	$= 9{,}24836$	$\log \sin \varphi_1$	$= 9{,}96254$
$\log RA$	$= 2{,}59041$	$\log RW$	$= 2{,}58455$
$\log \cos \varphi_2$	$= 9{,}99308$	$\log \cos \varphi_1$	$= 9{,}59994$
$\log Y_2$	$= 2{,}58349$	$\log Y_1$	$= 2{,}18449$

Koordinaten von A aus:

R		W
$x_2 = -25150{,}18$		$x_1 = -24866{,}72$
$X_2 = +68{,}99$		$X_1 = +352{,}44$
$-25219{,}17$	$= x =$	$-25219{,}16$
$y_2 = -36792{,}14$		$y_1 = -37022{,}46$
$Y_2 = +383{,}26$		$Y_1 = +152{,}93$
$-37175{,}40$	$= y =$	$-37175{,}39$.

2. Koordinatenberechnung durch „Rückwärts-Einschneiden" für den trigonometrischen Punkt Weghauser Kögl (Fig. 36).

Gegeben die Koordinaten	Eschenlohe, Turm	$x_1 =$	$-20536{,}18$
		$y_1 =$	$+9996{,}90$
	Ohlstadt, „	x_2	$-19209{,}24$
		y_2	$+8749{,}97$
	Murnau, „	$x_3 =$	$-17592{,}88$
		$y_3 =$	$+9524{,}78$

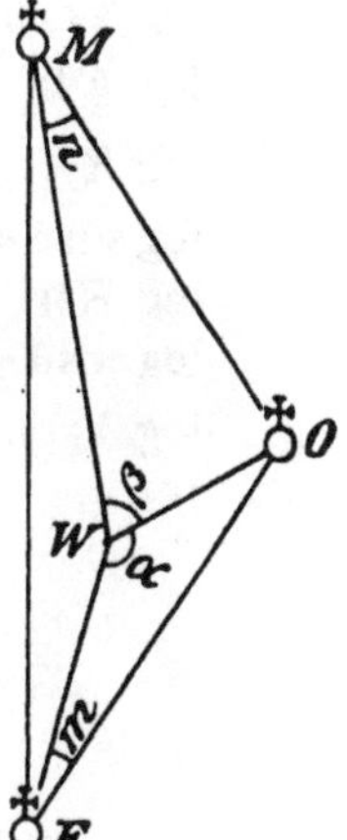

Fig. 36.

Hieraus (Formeln 104 mit 106):

log der Seiten	Direkt.-Winkel	Dreieckswinkel
$EO = [3{,}26028]$	$133^0\ 13'\ 10''$	E $34^0\ 06'\ 23''$
$OM = [3{,}25345]$	$64^0\ 23'\ 21''$	O = $111^0\ 10'\ 10''$
$ME = [3{,}47435]$	$99^0\ 06'\ 47''$	M = $34^0\ 43'\ 27''$

Gemessen wurde in W: $\begin{cases} \alpha = EWO = 136^0\ 31'\ 38'' \\ \beta = MWO = 61^0\ 04'\ 44'' \end{cases}$

Gesucht:

$\sphericalangle WEO = m$

$\sphericalangle WMO = n.$

$\alpha + \beta = 197^0\ 36'\ 18''$

$B = 111^0\ 10'\ 10''$

$360 - (m + n) = 308^0\ 46'\ 28''$

$$\begin{aligned}
\log EO &= 3{,}26028 \\
\log \sin \beta &= 9{,}94215 \\
\log 1 : MO &= 6{,}74655 \\
\log 1 : \sin \alpha &= 0{,}16241 \\
\hline
\log \operatorname{tg} \varphi &= 0{,}11139 \qquad \varphi = 52^0\,16'\,05'' \\
& \qquad\qquad 45 + \varphi = 97^0\,16'\,05''
\end{aligned}$$

$$m + n = 51^0\,13'\,32'' \qquad \frac{1}{2}(m+n) = 25^0\,36'\,46''$$

$$\begin{aligned}
\log \operatorname{tg} \frac{1}{2}(m+n) &= 9{,}68069 \\
\log \cot (45 + \varphi) &= 9{,}10563\,(n) \\
\hline
\log \operatorname{tg} \frac{1}{2}(m-n) &= 8{,}78632\,(n)
\end{aligned}$$

$$\begin{aligned}
\frac{1}{2}(m-n) &= -3^0\,29'\,55'' \\
\hline
m &= 22^0\,06'\,51'' \\
n &= 29^0\,06'\,41'' \\
\hline
\alpha + m &= 158^0\,38'\,29'' \\
\beta + n &= 90^0\,11'\,25''
\end{aligned}$$

$$\delta \sphericalangle EW = \delta \sphericalangle EO - m = \left\{ \begin{array}{r} 133^0\,13'\,10'' \\ 22^0\,06'\,51'' \\ \hline 111^0\,06'\,19'' \end{array} \right.$$

$$\delta \sphericalangle WM = \delta \sphericalangle MO - n = \left\{ \begin{array}{r} 64^0\,23'\,21'' \\ 29^0\,06'\,41'' \\ \hline 93^0\,30'\,02'' \end{array} \right.$$

$\log EO$	$= 3{,}26028$	$\log MO$	$= 3{,}25345$
$\log \sin (\alpha + m)$	$= 9{,}56135$	$\log \sin (\beta + n)$	$= 0{,}0$
$\log 1 : \sin \alpha$	$= 0{,}16241$	$\log 1 : \sin \beta$	$= 0{,}05785$
$\log EW$	$= 2{,}98404$	$\log OW$	$= 3{,}31130$
$\log X_1$	$= 2{,}95388$	$\log X_2$	$= 3{,}31049$
$\log \sin \delta \sphericalangle EW$	$= 9{,}96984$	$\log \sin \delta \sphericalangle MO$	$= 9{,}99919$
$\log EW$	$= 2{,}98404$	$\log OW$	$= 3{,}31130$
$\log \cos \delta \sphericalangle EW$	$= 9{,}55640$	$\log \cos \delta \sphericalangle MO$	$= 8{,}78574$
$\log Y_1$	$= 2{,}54044$	$\log Y_2$	$= 2{,}09704$

Koordinaten von W aus:

E		M
$x_1 = -20536{,}18$		$x_3 = -17592{,}88$
$X_1 = +899{,}25$		$X_2 = -2044{,}05$
$-19636{,}93$	$= x =$	$-19636{,}93$
$y_1 = +9996{,}90$		$y_3 = +9524{,}78$
$Y_1 = -347{,}09$		$Y_3 = +125{,}03$
$+9649{,}81$	$= y =$	$+9649{,}81$

3. **Koordinatenberechnung durch „Rückwärts-Einschneiden" mittels eines Hilfsstandpunktes.**

Gegeben (Fig. 37): Die unzugänglichen Punkte A, B, C durch ihre Koordinaten.

Aufgabe: Es sollen die Koordinaten von D unter der Voraussetzung bestimmt werden, daß man entweder von D aus nur die Punkte B und C, aber nicht A sehen kann, oder daß D sehr nahe der Peripherie des um ABC beschriebenen Kreises liegt, und daß man eine zweite Aufstellung in E nehmen kann, von wo D, A und C, aber nicht B sichtbar ist.

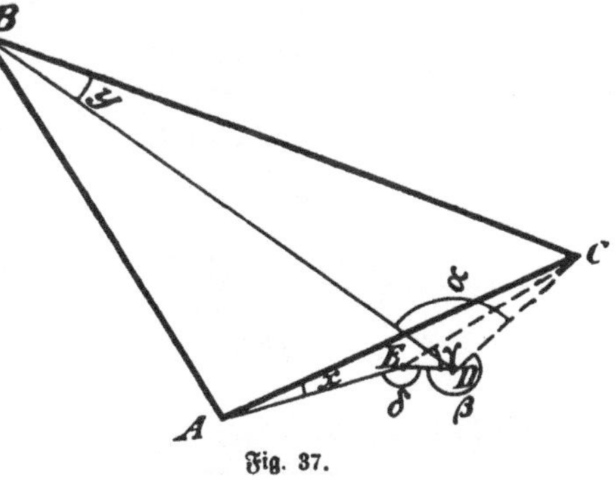

Fig. 37.

Lösung:

1. Winkelmessung

in D:	BDC	α =	115° 41′ 17″
	CDE	β =	209° 50′ 49″
in E:	CED	γ =	−29° 01′ 53″
	$AED = \delta$		181° 57′ 17″

2. Berechnung (Formeln 111, 112 und 95):

Koordinaten und Koordinatendifferenzen:

A	30178,44	12241,48	3,053445	0,198617	φ_1 = 57° 40′ 03″;
	1133,56	715,86	2,854828		
B	29044,88	12957,34	2,776665		
			3,235213	9,541452	φ_2 = 19° 10′ 58″;
	597,95	1718,75	9,975191		
C	29642,82	11238,59	2,728849		
			3,001253	9,727596	φ_3 = 28° 06′ 19″;
	535,61	1002,89	9,945510		

log der Dreieckseiten:
$\log BC = 3,260022$
$\log AC = 3,055743$

Dreieckswinkel:
B 38° 29′ 05″
C 47° 17′ 17″
A 94° 13′ 38″

Formeln:

$$1)\ \operatorname{tg}\varphi = \frac{AC \sin\gamma \sin\alpha}{BC \sin\beta \sin\delta}$$

$\log AC = 3,055743$	$\log BC = 3,260022$
$\log \sin\gamma = 9,686001$	$\log \sin\beta = 9,696954$
$\log \sin\alpha = 9,954806$	$\log \sin\delta = 8,532878$
2,696550	1,489854

$\log \operatorname{tg}\varphi = 1,206696 \qquad \varphi = 86° 26′ 41″ \qquad 45 + \varphi = 131° 26′ 41″$

2) $\operatorname{tg}\frac{1}{2}(x+y)=\operatorname{tg}\frac{1}{2}(x-y)\operatorname{tg}(45+\varphi)$

$$\begin{array}{rr}
C = & 47^0\,17'\,17'' \\
\alpha = & 115^0\,41'\,17'' \\
\beta = & 209^0\,50'\,49'' \\
\gamma = & -29^0\,01'\,53'' \\
\delta = & 181^0\,57'\,17'' \\
\hline
 & 525^0\,44'\,47'' \\
 & 540^0 \\
\hline
x-y = & 14^0\,15'\,13'' \\
\frac{1}{2}(x-y) = & 7^0\,07'\,37'' \\
\frac{1}{2}(x+y) = & -8^0\,03'\,35'' \\
\hline
CAE = x = & -0^0\,55'\,58'' \\
CBD = y = & 15^0\,11'\,12''
\end{array}$$

3) $x-y=540-(C+\alpha+\beta+\gamma+\delta)$

$$\begin{array}{lr}
\log\frac{1}{2}(x-y) = & 9{,}097039 \\
\log\operatorname{tg}(45+\varphi) = & 0{,}054036\ (n) \\
\hline
\log\operatorname{tg}\frac{1}{2}(x+y) = & 9{,}151075\ (n) \\
\frac{1}{2}(x+y) = & -8^0\,03'\,35''
\end{array}$$

$$\begin{array}{rr|l}
\alpha = & 115^0\,41'\,17'' & 3{,}260022 = \log BC = 3{,}260022 \\
y = & 15^0\,11'\,12'' & 9{,}878604 = \log\sin(\alpha+y)\ \ 9{,}418243 \quad \log\sin y \\
\hline
 & 130^0\,52'\,29'' & 0{,}045194 = \log(1:\sin\alpha) = 0{,}045194
\end{array}$$

$$\log BD = 3{,}183820 \qquad \log CD = 2{,}723459$$

$$\begin{array}{rl|rl}
\log X_1 = & 2{,}935505 & \log X_2 = & 2{,}421673 \\
\hline
\log\sin\delta\sphericalangle BD = & 9{,}751658 & \log\sin\delta\sphericalangle CD = & 9{,}698214 \\
\log BD = & 3{,}183820 & \log CD = & 2{,}723459 \\
\log\cos\delta\sphericalangle BD = & 9{,}916672 & \log\cos\delta\sphericalangle CD = & 9{,}937782 \\
\hline
\log Y_1 = & 3{,}100492 & \log Y_2 = & 2{,}661241
\end{array}$$

Koordinaten von D				
	29044,88			29642,83
	862,00			264,04
	29906,88	=	x_1 =	29906,87
	12957,34			11238,59
	1260,35			458,40
	11696,99	=	y_1 =	11696,99

Kapitel 11. Trigonometrische Höhenmessung.

§ 46. Erklärung.

Der Höhenunterschied zweier Punkte A und B (Fig. 38) ist der Unterschied ihrer Lotlinien. Ist die Projektionsfläche eine Ebene und $DE = AC = e$ die Normalprojektion der Linie AB auf diese Ebene, ferner $\sphericalangle BAC = \alpha$ der Höhenwinkel, welchen die Gerade AB mit ihrer Normalprojektion AC einschließt, so ist der Höhenunterschied h von B über A:

$$h = BC = e \operatorname{tg} \alpha \quad . \quad . \quad . \quad . \quad 113)$$

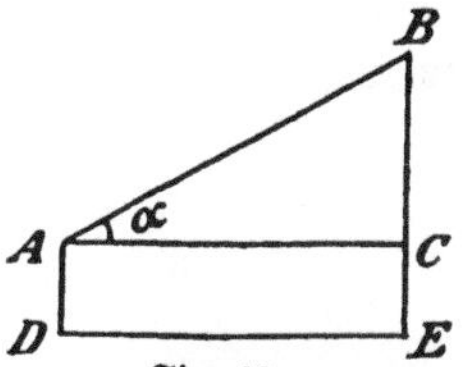

Diese Gleichung kann zur Bestimmung des Höhenunterschiedes zweier Punkte A und B der Erdoberfläche dienen, wenn die Entfernung derselben so gering ist, daß die durch A und B gehenden Lotlinien als parallel betrachtet werden können, d. i. wenn $e < 500$ m ist.

Fig. 38.

Sieht man zunächst von der Abplattung ab und betrachtet die Erde als Kugel, so schneiden sich sämtliche Lotlinien im Erdmittelpunkte, und der Höhenunterschied zweier Punkte ist der Abstand ihrer Niveauflächen, d. i. der durch die beiden Punkte gelegten konzentrischen Kugelflächen.

Wird der Theodolit im Punkte A (Fig. 39) aufgestellt und die Alhidadenachse lotrecht gestellt, so rückt diese in die Lotlinie AM des Punktes A und die Messung des Höhenwinkels einer nach B gerichteten Ziellinie liefert den scheinbaren Höhenwinkel $BAC_1 = \alpha_1$, welcher die Neigung des Visierstrahles AB gegen die in der Vertikalebene ABM liegende Tangente AC_1 darstellt. Der wahre Höhenwinkel ist daher

$$BAC = BAC_1 + C_1AC$$

oder, da nach einem bekannten geometrischen Satze $C_1AC = \frac{1}{2}\,AMC = \frac{\varphi}{2}$ ist,

$$\alpha = \alpha_1 + \frac{\varphi}{2}.$$

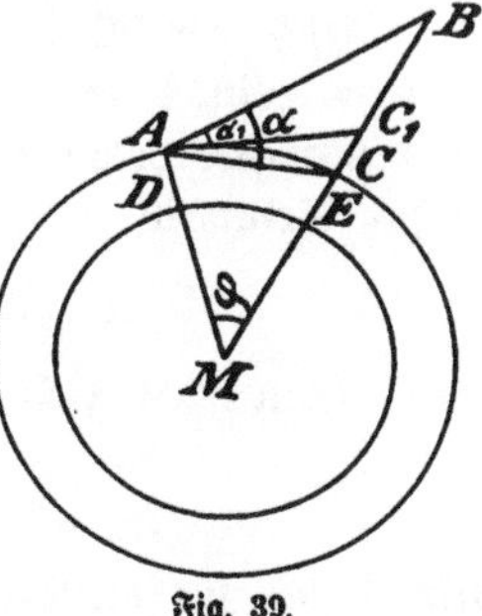

Fig. 39.

Für den Höhenunterschied der Punkte A und B erhält man somit aus $\triangle ABC$, wenn wieder $AC = e$ gesetzt wird, die Gleichung:

$$BC = h = \frac{e \sin\left(\alpha_1 + \frac{\varphi}{2}\right)}{\cos\left(\alpha_1 - \frac{\varphi}{2}\right)},$$

worin α_1 für Höhenwinkel mit positivem, für Tiefenwinkel mit negativem Vorzeichen einzuführen ist.

Setzt man $\left(\text{da } \frac{\varphi}{2} \text{ stets klein, z. B. für } e = 30 \text{ km erst } 8',5\right)$:

$$\cos\frac{\varphi}{2} = 1$$

$$\sin\frac{\varphi}{2} = \frac{\operatorname{tg}\varphi}{2}$$

$$\sin^2\frac{\varphi}{2} = 0,$$

so wird:

$$h = \frac{e\left(\operatorname{tg}\alpha_1 + \operatorname{tg}\frac{\varphi}{2}\right)}{1 - 2\operatorname{tg}\alpha_1\operatorname{tg}\frac{\varphi}{2}}.$$

Da der Wert $\operatorname{tg}\frac{\varphi}{2}$ für $\frac{\varphi}{2} = 8',5$ nur 0,0026 wird, so kann man im Nenner $\operatorname{tg}\alpha_1\operatorname{tg}\frac{\varphi}{2}$ statt $2\operatorname{tg}\alpha_1\operatorname{tg}\frac{\varphi}{2}$ setzen (was einen Höhenfehler von höchstens 0,3% bewirkt), und erhält dann:

$$h = e\operatorname{tg}\left(\alpha_1 + \frac{\varphi}{2}\right) \quad \ldots \ldots \quad 114)$$

Aus der Messung wird unmittelbar nur α_1, nicht aber φ erhalten. Letzterer Winkel ist aber der zu dem Bogen e gehörige Zentriwinkel und da e entweder bekannt ist oder aus der Triangulierung berechnet wird, so ist für Sekunden:

$$\frac{\varphi}{2} = \frac{e}{2r\sin 1''} \quad \ldots \ldots \quad 115)$$

Man erhält z. B. für $e = 30\,000$ m den bereits oben angegebenen Wert:

$$\frac{\varphi}{2} = 8'\,5'',$$

also ist der für die Erdkrümmung verbesserte Winkel $\alpha_1 + 8'\,5''$, so daß für dieses Beispiel die Gleichung 114) übergeht in:

$$h = 30000\operatorname{tg}(\alpha_1 + 8'\,5'').$$

Gewöhnlich führt man aber nicht den verbesserten Winkel in die Rechnung ein, sondern man berechnet den Höhenunterschied mit dem aus der Messung gefundenen Winkel und bringt an dem Ergebnis den Korrektionswert c_1 für die Erdkrümmung an.

Dieser Korrektionswert ist die Gerade CC_1, welche näherungsweise $= e \operatorname{tg} \frac{\varphi}{2}$ gesetzt werden kann.

Mit dem oben (115) erhaltenen Werte für $\frac{\varphi}{2}$ wird daher:

$$CC_1 = c_1 = \frac{e^2}{2r} \quad . \quad . \quad . \quad . \quad . \quad . \quad . \quad . \quad 116)$$

und wenn man $r = [6{,}80481]$ einführt:

$$\left.\begin{array}{l} c_1 = [2{,}89417-10]\, e^2 \text{ für Meter oder} \\ c_1 = [2{,}35936-10]\, e^2 \text{ für b. Fuß.} \end{array}\right| \quad . \quad . \quad . \quad . \quad . \quad 117)$$

Demnach ist der für die Erdkrümmung verbesserte Höhenwert:

$$h = e \operatorname{tg} \alpha_1 + c_1 \quad . \quad . \quad . \quad . \quad . \quad . \quad . \quad . \quad . \quad 118)$$

Dieser Höhenwert bedarf noch einer weiteren Verbesserung wegen der atmosphärischen Strahlenbrechung (Refraktion). Da der Weg eines von B ausgehenden Lichtstrahles durch die Atmosphäre wegen der verschiedenen Dichtigkeit der Luftschichten und der durch diese bewirkten Brechung keine Gerade, sondern eine gegen die Erdoberfläche konkave Kurve ist, so ist der Visierstrahl von A nach B nicht die Gerade AB, sondern die Tangente an die Lichtkurve in A, d. h. der Zielpunkt wird zu hoch gesehen.

Es werden deshalb alle Höhenwinkel zu groß und alle Tiefenwinkel zu klein gemessen, und es ist demnach der Einfluß der Strahlenbrechung jenem der Erdkrümmung entgegengesetzt.

Während aber letztere (für die kugelförmig angenommene Erde) eine nur von der Entfernung e abhängige Größe ist, wird die Strahlenbrechung auch durch die Temperatur und die Feuchtigkeit der Luft, den Barometerstand, die geographische Breite und die Höhenlage beeinflußt. Da aber für nicht zu große Entfernungen die durch die genannten Einflüsse bewirkte Änderung sehr klein und jedenfalls geringer als die sonstigen bei der trigonometrischen Höhenmessung zu erwartenden Fehler ist, so genügt es für die meisten praktischen Zwecke, auch den Refraktionswert als eine Funktion der Entfernung e oder, was dasselbe ist, des der Entfernung e entsprechenden Mittelpunktwinkels φ anzunehmen.

Man hat die Größe der Strahlenbrechung aus gegenseitig gleichzeitigen Winkelmessungen bestimmt und für das konstante Verhältnis des Refraktionswinkels ϱ zum Winkel φ gefunden:

$$\frac{\varrho}{\varphi} = 0{,}0685 \text{ (Besselscher Koeffizient).}$$

Demnach wird der Korrektionswert:

$$c_2 = AC \operatorname{tg} \varrho = AC \operatorname{tg} [0{,}0685\, \varphi].$$

Da aber:

$$\operatorname{tg} \varphi = \frac{e}{r},$$

so ist:

$$c_2 = \frac{0{,}0685\, e^2}{r}.$$

Wird dieser Korrektionswert c_2 von dem Korrektionswerte für die Erdkrümmung c_1 (Gleichung 116) subtrahiert, so ergibt sich als Gesamtkorrektion:

$$c = c_1 - c_2 = \frac{e^2}{2\,r} - \frac{e^2\, 0{,}0683}{r}$$

oder (mittels 117):

$$c = [2{,}83045]\, e^2 \text{ für Meter} \quad \ldots\ldots \quad 119)$$

Dieser Wert wird für Höhenwinkel positiv, für Tiefenwinkel negativ und *ist stets zum Höhenunterschiede algebraisch zu addieren.*

Man erhält nun für die Meereshöhe B eines Punktes, wenn A die Meereshöhe der Ausgangsstation ist:

$$B = A + c + e \operatorname{tg} \alpha \quad \ldots\ldots\ldots \quad 120)$$

Da hiermit die Korrektion für Erdkrümmung und Strahlenbrechung auf eine quadratische Funktion der Entfernung zurückgeführt ist, so braucht dieselbe nicht für jede Entfernung berechnet zu werden, sondern kann ein für allemal in Tabellen zusammengestellt werden, aus welchen für die — in Logarithmen gegebene — Entfernung e der entsprechende Korrektionswert c einfach entnommen werden kann.

Wir lassen diese Tabelle hier im Auszuge folgen:

Tabelle der Erdkrümmung und Strahlenbrechung.

$\log e$	c	$\log e$	c
$-\infty$	0	3,93512	5,0
3,43512	0,5	95582	5,5
58564	1,0	97471	6,0
67368	1,5	99209	6,5
73615	2,0	4,00819	7,0
78466	2,5	02317	7,5
82420	3,0	03718	8,0
85767	3,5	05035	8,5
88667	4,0	06276	9,0
91224	4,5	07450	9,5

Korrektion der Entfernung.

Wenn die Projektion e der Entfernung der Punkte A und B aus den Koordinaten dieser Punkte berechnet wird, so ergibt die Berechnung nicht ihre wirkliche, sondern die auf den Meereshorizont projizierte Entfernung (vgl. § 8), welche daher auf die mittlere Höhenlage beider Punkte reduziert werden muß.

Ist e die aus den Koordinaten berechnete Entfernung, h die mittlere absolute Höhe und r der Erdradius bis zur Meeresfläche, so erhält man aus der auf S. 23 abgeleiteten Formel, weil hier $x = c_3$ und $b = e$ ist:

$$c_3 = \frac{eh}{r}.$$

Die reduzierte Entfernung e_1 wird daher

$$e_1 = e + \frac{eh}{r}$$

oder

$$\log e_1 = \log e + \log (r + h) - \log r \quad . \quad . \quad . \quad . \quad 121)$$

Mittels dieser Gleichung können die Korrektionswerte der Logarithmen der Entfernung für die verschiedenen mittleren Höhen berechnet und in einer Tabelle zusammengestellt werden, aus welcher dieselben bei der Höhenberechnung einfach entnommen werden. Man erhält z. B.:

Mittlere Höhe h (Dieselbe braucht nur annähernd bekannt zu sein.)	Korrektionswert des $\log e$ $\log (r + h) - \log r$
500	0,0000270
1000	0,0000678
1500	0,0001029
2000	0,0001359
2500	0,0001631
3000	0,0002039

§ 47. Genauigkeit der trigonometrischen Höhenmessung.

Nimmt man den Fehler der aus der Triangulierung berechneten Entfernung als verschwindend an, so hängt die Genauigkeit der trigonometrischen Höhenmessung von der Genauigkeit der Vertikalwinkelmessung ab.

Diese wird beeinträchtigt durch:

1. mangelhafte Beschaffenheit des Instruments;
2. ungenaue Einstellung des Fadenkreuzes auf den Signalpunkt;
3. ungenaue Ablesungen an den Kreisen;
4. bei großen Entfernungen die Schwankung der Refraktionsgröße.

Schema für die Berechnung der Seiten,

Station Nr. LXII. Rosentalhörndl S. (Grenzstein Nr. 149 1/2).

Nr.	Gemessener Gegenstand		Horizontalwinkel						Vertikalwinkel					
	Name	Bezeichnung	Gemessen			Mittelwert			Gemessen			Mittelwert		
			°	'	"	°	'	"	°	'	"	°	'	"
1	Funtensee-tauern S.	Obm.	239 59 239 59	15 16 15 16	40 15 45 10	239	15	58	78 101 78 101	49 11 49 12	05 50 10 00	+11	11	24
2	Wildalpe S.	Erdb.	321 141 321 141	36 36 36 36	40 50 45 45	321	36	45	96 83 96 83	37 23 37 23	05 50 00 45	− 6	36	38
3	Alpriedlhorn S.	Obm.	22 202 22 202	44 45 44 45	15 10 05 20	22	44	42	78 101 78 101	58 03 58 03	15 10 15 10	11	02	28

Bemerkung. Die Koordinaten sind in bayerischen Ruten gegeben;

Aus der Gleichung 113):

$$h = e \operatorname{tg} \alpha$$

erhält man durch Logarithmieren und Differentiieren:

$$\frac{(\delta h)}{h} = \frac{(\delta e)}{e} + \frac{2\,(\delta \alpha)}{\sin 2\alpha} \quad . \; . \; . \; . \; . \; . \; . \; . \quad 122)$$

und aus dieser Gleichung, wenn $\frac{(\delta e)}{e} = 0$ gesetzt und der Wert von h aus 113) eingeführt wird:

$$(\delta h) = \frac{2\, e \operatorname{tg} \alpha\, (\delta \alpha)}{\sin 2\alpha} \quad . \; . \; . \; . \; . \; . \; . \; . \quad 123)$$

Da in der Regel $\alpha < 20^0$, ist bis auf 2 % des Wertes genähert:

$$(\delta h) = \frac{e\,(\delta \alpha)}{\cos^2 \alpha} \quad . \; . \; . \; . \; . \; . \; . \; . \quad 124)$$

Direktionswinkel und Höhenunterschiede.

$x = 25150{,}18 \quad y = 36792{,}14 \qquad\qquad h = 2119{,}26$

Koordinaten und Koordinaten-Differenzen		$\log x_1$ $-\log x_2$ $\log y_1$ $-\log y_2$ $\log \sin \varphi$	$\log \operatorname{tg} \varphi$	Direktionswinkel			Höhenberechnung	Höhenunterschied	Kote
x	y			°	′	″	$c = 0{,}46517$		
−24572,56 — 577,62	−36248,39 — 543,75	2,76164 2,73540 9,86221	0,02624	46	43	47	2,89943 + 16 9,29628 2,66104	+0,36 458,18 458,54	2119,26 458,54 2577,80
−24866,72 — 283,46	−37022,46 + 230,32	2,45249 2,36233 9,88992	0,09016	180 −50 129	 54 05	 18 42	2,56257 + 14 9,06405 2,09193	−0,07 123,58 123,51	2119,26 −123,51 1995,75
−25219,16 + 68,98	−37175,39 + 383,25	1,83877 2,58348 2,24836	9,25529	180 +10 190	 12 12	 15 15	2,59041 + 15 9,29032 2,34605	+0,08 221,85 221,93	2119,26 +221,93 2341,19

die Höhenberechnung ist für Meter durchgeführt.

Nimmt man den bei der Einstellung des Fadenkreuzes und der Ablesung entstehenden Gesamtfehler ($\delta \alpha$) zu 30″ an, so erhält man:

$$(\delta h) = \frac{e \sin 30''}{\cos^2 \alpha}.$$

Setzt man die Entfernung $e = 1000$ m, so findet man:

Höhenwinkel α	Höhenfehler (δh)
1°	0,145
5°	0,147
10°	0,150
15°	0,156
20°	0,165

also z. B. für $e = 10$ km und $\alpha = 10^0$ einen Höhenfehler von 1,5 m.

Soll der Höhenfehler bei einer Entfernung von 10 km den Betrag von 1 m nicht übersteigen, so müssen die gemessenen Höhenwinkel bis auf 20″ richtig sein; bei einer Entfernung von 20 km müßte unter der gleichen Voraussetzung der Winkel bis auf 10″ richtig bestimmt werden. Da eine solche Genauigkeit der Messung des Höhenwinkels mit dem gewöhnlich hierzu benutzten Theodoliten (mit einer Noniusangabe des Vertikalkreises von 20″) nicht immer erreicht wird, so kann auch der bei einer einzelnen Höhenbestimmung zu erwartende Fehler nicht immer eine Grenze von ± 1 m haben. Der Höhenfehler vermindert sich aber dadurch, daß die Punkte nicht nur aus einer einzelnen Messung, sondern als Mittelwert aus mehreren Messungen, d. h. aus verschiedenen Stationen bestimmt werden.

Für die Punkte der älteren bayerischen trigonometrischen Höhenmessung hat sich durch die Vergleichung mittels nivellitischer Messung eine mittlere Genauigkeit von ± 0,4 m ergeben.

Hieraus ist zu folgern, daß im allgemeinen der Angabe einer trigonometrisch bestimmten Höhenziffer auf Dezimeter eine sachliche Berechtigung nicht zugestanden werden kann.

§ 48. Bestimmung von Bodenpunkten.

Eine bei der trigonometrischen Kotierung nicht selten vorkommende Aufgabe ist auch die Bestimmung der Höhe eines Luftsignals, z. B. eines Turmes, um das Niveau des gemessenen Punktes, z. B. des Turmknopfes, auf den Boden bzw. das Kirchpflaster zu reduzieren. Es ist wohl bisweilen möglich, diese Messung unmittelbar mit Stangen oder Bandmaß auszuführen, doch ist diese Arbeit meist mühsam, ohne die nötige Sicherheit zu gewähren.

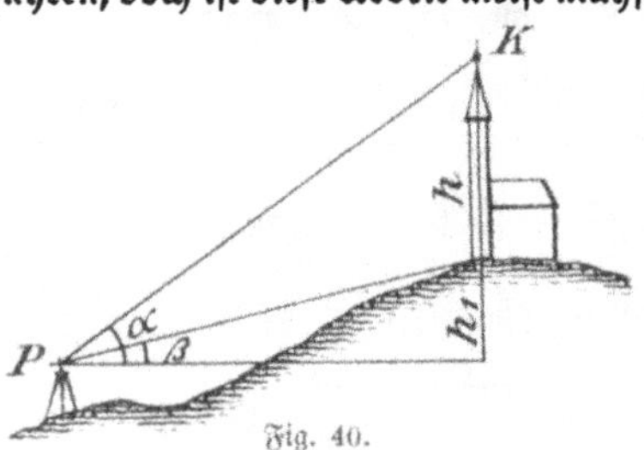

Fig. 40.

Zur trigonometrischen Bestimmung der Turmhöhe benötigt man eine Standlinie e, deren Länge nicht zu klein, jedenfalls aber nicht kleiner als die Turmhöhe selbst sein soll. Es ergeben sich hier zwei Fälle, je nachdem eine gegen den Turmknopf gerichtete oder eine seitliche Standlinie benutzt wird.

1. Kann man von einem genügend weit entfernten Punkte P aus eine gerade Linie bis zur Projektion des Turmknopfes messen, so braucht man nur den Theodoliten in P aufzustellen und den Vertikalwinkel α nach dem Knopfe zu messen und findet dann aus der Gleichung 113):

$$h = e \operatorname{tg} \alpha$$

den Höhenunterschied h des Knopfes über der Fernrohrachse; der Höhenunterschied h' (Fig. 40) von P über dem Turmpflaster kann mittels geometrischen Nivellements oder auch trigonometrisch bestimmt werden, nämlich: wenn β der nach dem Turmpflaster gemessene Vertikalwinkel ist:

$$h' = e \operatorname{tg} \beta,$$

so daß man also für die gesuchte Turmhöhe H erhält:

$$H = h \pm h' = e (\operatorname{tg} \alpha \pm \operatorname{tg} \beta) = \frac{e \sin (\alpha \pm \beta)}{\cos \alpha \cos \beta} \quad . \quad . \quad 125)$$

2. Ist es nicht möglich (etwa wegen zwischenliegender Gebäude, von einem Punkte aus eine nach dem Turm gerichtete Standlinie zu messen (Fig. 41), so wählt man zwei seitwärts gelegene Punkte P_1 und P_2, mißt deren schiefe Entfernung $P_1 P_2$, sodann in P_1 den Vertikalwinkel α_1 nach dem Knopfe K, den Vertikalwinkel α_2 nach P_2 und den Horizontalwinkel β_1 zwischen K und P_2, sodann im Punkte P_2 den Vertikalwinkel α_3 und den Horizontalwinkel β_2 zwischen P_1 und K.

Man erhält nun zunächst die Horizontalprojektion $P_1 P K_1$ des Dreiecks $P_1 P_2 K$, deren Seiten durch nachstehende Gleichungen bestimmt sind:

$$\left.\begin{aligned} e = P_1 P &= P_1 P_2 \cos \alpha_2 \\ P_1 K_1 &= \frac{e \sin \beta_2}{\sin (\beta_1 + \beta_2)} \\ P K_1 = P_2 K_2 &= \frac{e \sin \beta_1}{\sin (\beta_1 + \beta_2)} \end{aligned}\right| \quad 126)$$

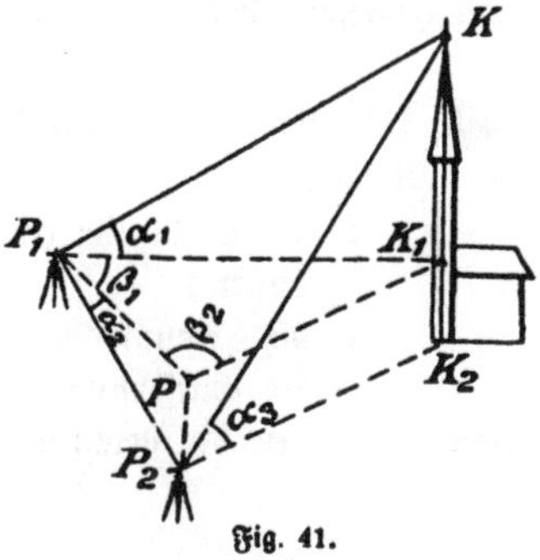

Fig. 41.

Ferner hat man:

$h_{P_1} = P_1 K_1 \operatorname{tg} \alpha_1$ (Überhöhung des Knopfes über der Fernrohrachse im Punkte P_1)

$h_{P_2} = P_2 K_2 \operatorname{tg} \alpha_3$ („ „ „ „ „ „ „ „ P_2).

Wird nun noch mittels geometrischen Nivellements der Höhenunterschied der Fernrohrachse h'_{P_1} in P_1 bzw. h'_{P_2} in P gegenüber dem Turmpflaster K_2 bestimmt, so erhält man wieder, wie oben die Turmhöhe:

$$H = h_{P_1} \pm h'_{P_1} = h_{P_2} \pm h'_{P_2}.$$

Kapitel 12. Das trigonometrische Nivellement.

§ 49. Erklärung.

Hierunter verstehen wir die Höhenbestimmung aus Höhenwinkeln und Entfernungen, welch letztere aber nicht durch Triangulierung, sondern durch Messung mit Fernrohr und Latte bestimmt werden.

Der für diese Messung nötige Apparat besteht demnach in einem Instrumente mit Höhenkreis und entfernungsmessendem Fernrohr (z. B. das große oder mittlere Ertelsche Nivellierinstrument) sowie einer oder besser zwei Nivellierlatten.

Da die Entfernungen mittels des Okularfaden-Distanzmessers gemessen werden, so erstreckt sich die Prüfung des Instruments für diese Messungsart außer auf die in § 44 angegebenen Punkte auch auf das Fernrohr in seiner Eigenschaft als Entfernungsmesser.

Zu diesem Zwecke müssen zunächst die Konstanten des Okularfaden-Distanzmessers bestimmt werden.

§ 50. Bestimmung der Konstanten des Okularfaden-Distanzmessers.

Wenn:

$\mathfrak{F}$ die Bildweite (Entfernung des Lattenbildes vom Objektivmittelpunkte),

F die Brennweite des Objektivs,

e_1 die Entfernung der Latte vom Objektivmittelpunkt

bezeichnet, so ist die bekannte dioptrische Formel:

$$\frac{1}{\mathfrak{F}} = \frac{1}{F} - \frac{1}{e_1} \quad \ldots\ldots\ldots\ldots \quad 127)$$

Für die Bestimmung der Lattenabstände e_1 hat man ferner, wenn l das zwischen den beiden Distanzfäden abgelesene Lattenstück und b den Fadenabstand bezeichnet:

$$e_1 : \mathfrak{F} = l : b$$

oder:

$$\mathfrak{F} = \frac{b\,e_1}{l}.$$

Setzt man diesen Wert in die Gleichung 127) ein, so wird:

$$\frac{l}{b\,e_1} = \frac{1}{F} - \frac{1}{e_1},$$

woraus durch Multiplikation mit F und Addition von 1,5 F auf beiden Seiten die Gleichung folgt:

$$\frac{l}{b} F + 1{,}5\,F = e_1 + 0{,}5\,F.$$

Da aber 0,5 F der Abstand des Objektivs von der Drehachse des Fernrohrs ist, so bezeichnet $e_1 + 0{,}5\ F$ die Entfernung e der Latte von der Instrumentachse.

Setzt man ferner das konstante Verhältnis der Brennweite zum Fadenabstand:

$$\frac{F}{b} = c,$$

so wird:

$$cl + 1{,}5\ F = e \quad . \quad . \quad . \quad . \quad . \quad . \quad . \quad . \quad . \quad 128)$$

In dieser Gleichung sind c und F konstant, l und e veränderlich. Da man die Größen l, e und F durch unmittelbare Messung finden kann, so wäre, theoretisch betrachtet, zur Bestimmung von c nur eine Entfernung direkt zu messen und das derselben entsprechende Lattenstück l abzulesen.

Um jedoch den Einfluß zufälliger kleiner Messungsfehler möglichst zu vermindern, ist es zweckmäßig, die Konstante c nicht nur aus zwei Werten von e und l, sondern aus einer Anzahl solcher zu berechnen. Das praktische Verfahren wird sich am besten an einem Beispiele zeigen lassen.

Auf möglichst wagerechtem Boden (Straße, Eisenbahnplanie) wird die Entfernung von etwa 130 m mit Latten oder Bandmaß genau gemessen und die Abstände von 10 zu 10 m (durch Pflöcke, Kreidestriche auf den Schienen ꝛc.) genau bezeichnet.

Nachdem man das Instrument so aufgestellt hat, daß dessen Achse genau in den Endpunkt der Linie kommt, was mittels eines Senkels geschehen kann, wird die Latte in der Entfernung 10 m, 20 m, 30 m .... lotrecht aufgestellt und jedesmal mit horizontaler Visierlinie das betreffende Lattenstück l abgelesen.

Auf diese Weise wurde z. B. für das Ertelsche Nivellierinstrument Nr. 2 gefunden:

Entfernung e in Metern	Lattenstück l (Differenz der oberen und unteren Fadenablesung)
10	0,096
20	0,200
30	0,302
40	0,403
50	0,505
60	0,607
70	0,709
80	0,811
90	0,913
100	1,015
110	1,116
120	1,219
130	1,322
$(\Sigma e) = 910$	$(\Sigma l) = 9{,}218.$

Für jede dieser Entfernungen und das derselben entsprechende Lattenstück gilt nun die Gleichung 128):

$$cl + 1{,}5\,F = e.$$

Durch Addition dieser n Gleichungen erhält man:

$$c\,(\Sigma l) + n \cdot 1{,}5\,F = (\Sigma e) \quad \ldots\ldots \quad 129)$$

Für F wurde durch unmittelbare Messung am Fernrohr gefunden:

$$F = 0{,}32 \text{ m}.$$

Und da im vorliegenden Falle $n = 13$ ist, und aus obigem Messungsergebnisse:

$$(\Sigma l) = 9{,}218 \text{ m}$$
$$(\Sigma e) = 910 \text{ m}$$

gefunden wird, so erhält man mit Einsetzung dieser Werte in die Gleichung 129):

$$9{,}218\,c + 13 \cdot 1{,}5 \cdot 0{,}32 = 910$$

und hieraus:

$$c = 98{,}04.$$

Die Gleichung 128) erhält daher für das untersuchte Instrument die Form:

$$98{,}04\,l = e - 0{,}5 \text{ m}.$$

Es können nun für alle Lattenstücke die entsprechenden Entfernungen berechnet und die gefundenen Werte tabellarisch zusammengestellt werden.

§ 51. Messung von schiefen Entfernungen.

Wenn die Latte nicht normal von der Visierlinie getroffen wird (wie dies bei dem trigonometrischen Nivellement der Fall ist), so gibt (Fig. 42) das abgelesene Lattenstück $ab = l$ nicht die wirkliche schiefe Entfernung SO, sondern letztere entspricht dem Lattenstücke $a_1 b_1$. Es ist genähert, d. h. wenn man $Sa = SO = Sb$ und den Vertikalwinkel $OST = \alpha$ setzt:

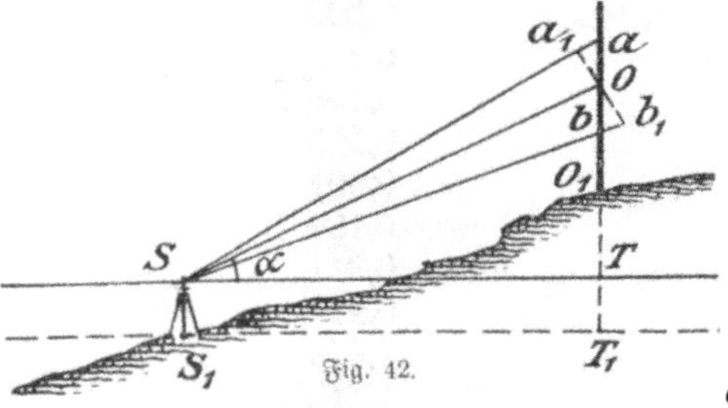

Fig. 42.

$$a_1 O = aO \cos \alpha$$
$$b_1 O = bO \cos \alpha$$

hieraus:

$$a_1 O + b_1 O = (aO + bO) \cos \alpha,$$

d. h. das abgelesene Lattenstück l ist mit dem Kosinus des Neigungswinkels α zu multiplizieren, um das der schiefen Entfernung SO entsprechende Lattenstück $a_1 b_1$ zu erhalten.

Für die Horizontalentfernung $ST = e$ ist aber ebenfalls:

$$e = SO \cos \alpha.$$

Demnach wird die dem abgelesenen Lattenstücke ab entsprechende Horizontalentfernung:

$$e = l \cos^2 \alpha. \quad \ldots\ldots\ldots \quad 130)$$

§ 52. Bestimmung des Höhenunterschiedes.

a) Aus einer Fernrohreinstellung.

Der Höhenunterschied h zwischen dem Punkte O und der Fernrohrachse ist durch die Gleichung 113) bestimmt:

$$OT = h = e \operatorname{tg} \alpha$$

und, da nach der Gleichung 128) $e = l \cos^2 \alpha$ ist, so wird:

$$h = l \cos \alpha \sin \alpha = \frac{1}{2} l \sin 2 \alpha \quad \ldots\ldots \quad 131)$$

Der Höhenunterschied des Lattenfußpunkts in O_1 und der Erdbodenhöhe der Instrumentaufstellung in S_1 ist, wenn man mit i die Instrumenthöhe und mit u die Höhe des anvisierten Lattenpunktes über dem Boden bezeichnet:

$$O_1 T_1 = h' = h + i - u.$$

Man erhält daher $h' = h$, wenn die Latte in der Instrumenthöhe anvisiert wird.

Stellt man das Instrument zwischen den Punkten auf, deren Höhenunterschied H gemessen werden soll, und wählt gleiche Zielhöhen, so eliminieren sich in der Berechnung die Größen i und u, und der Höhenunterschied wird:

$$H = h_1 - h_2, \quad \ldots\ldots\ldots \quad 132)$$

worin h_1 bzw. h_2 für Höhenwinkel positiv und für Tiefenwinkel negativ in Rechnung zu nehmen ist.

b) Aus zwei Fernrohreinstellungen.

Eine erhöhte Sicherheit und Genauigkeit erhält das trigonometrische Nivellement (s. § 49), wenn es nach dem nachstehenden Verfahren ausgeführt wird, welches sich bei Höhenmessungen in schwierigem Hochgebirgsgelände gut bewährt hat. Hierbei wird die in § 51 besprochene Ablesung von l und α nicht nur an einer Stelle der Latte, sondern an zwei Stellen derselben vorgenommen, z. B. an ihrem Fußpunkte und oberen Ende, besser aber, der sicheren Einstellung des Fadenkreuzes wegen, an zwei auf der Latte angebrachten Marken o, u, von denen später die Rede ist.

Bei jeder der beiden Einstellungen wird der Mittelfaden auf die Lattenmarke gerichtet und die Vertikalwinkel sowie die zwischen den äußeren Fäden abgeschnittenen Lattenhöhen abgelesen.

Man erhält nun für die Entfernung und den Höhenunterschied nach 130) und 131) je einen Wert aus der oberen und je einen aus der unteren Lattenablesung, womit eine gewisse Kontrolle der Arbeit gegeben ist.

Außerdem bietet aber diese Messungsart noch die Möglichkeit einer weiteren Kontrolle:

Wenn nämlich (Fig. 43)

$AC = e$ die Horizontalentfernung,

$uC = h$ den Höhenunterschied der unteren Zielmarke und der Instrumentachse

bezeichnet und $\sphericalangle oAC = \alpha$ und $\sphericalangle uAC = \beta$ sowie das konstante Lattenstück $ou = m$ gesetzt wird, so ist:

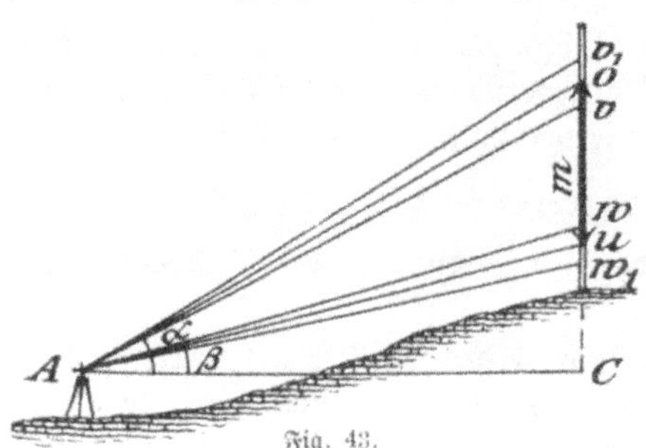

Fig. 43.

$$oC = e \operatorname{tg} \alpha$$

$$uC = e \operatorname{tg} \beta$$

$$oC - uC = e (\operatorname{tg} \alpha - \operatorname{tg} \beta)$$

oder

$$m = \frac{e \sin (\alpha - \beta)}{\cos \alpha \cos \beta}.$$

Man erhält daher für die Entfernung e den auch aus 125) sich ergebenden Wert:

$$e = \frac{m \cos \alpha \cos \beta}{\sin (\alpha - \beta)} \quad . \quad 133)$$

und für den Höhenunterschied $uC = h$:

$$h = e \operatorname{tg} \beta = \frac{m \cos \alpha \sin \beta}{\sin (\alpha - \beta)} \quad . \ . \ . \ . \ . \ . \ . \quad 134)$$

Die Gleichungen 133) und 134) können auch dazu dienen, um aus der bekannten Höhe m eines hohen Signals ꝛc. die Entfernung und den Höhenunterschied zweier Punkte nur mittels Höhenwinkelmessung zu bestimmen. Dieselben liefern jedoch, weil $\alpha - \beta$ ein kleiner Winkel ist und ein kleiner Fehler der gemessenen Winkel α, β eine beträchtliche Änderung des Wertes von h bewirkt, nur dann brauchbare Ergebnisse, wenn m einen großen oder e einen kleinen Wert hat.

Der Abstand m der beiden Marken sollte demnach möglichst groß gewählt werden. Da aber nur eine Latte von höchstens 6 m Länge zur

Verfügung steht, so wählen wir die Länge von m so, daß bei voller Ausnutzung der Lattengröße eine möglichste Vereinfachung der Rechnung erreicht wird. Werden z. B. an der Latte zwei Marken in einem Abstande von $m = 5{,}012$ m angebracht, so wird, weil $\log m = 0{,}700\,000$ ist, die Addition dieses Logarithmus wesentlich vereinfacht.

Die Vorteile des trigonometrischen Nivellements gegenüber dem geometrischen treten um so mehr hervor, je steiler das Gelände ist. Bei Aufstellung des Instruments zwischen den Latten (Nivellement „aus der Mitte") können aus einer Station Höhenunterschiede bis zu 100 m bestimmt werden und, da die Horizontalstellung des Instruments und die Ablesungen einen Zeitaufwand von etwa 15 Minuten erfordern, so beträgt der Zeitbedarf für das trigonometrische Nivellement ungefähr den sechsten Teil des Zeitbedarfes für das geometrische Nivellement.

§ 53. Genauigkeit des trigonometrischen Nivellements.

Hinsichtlich der Genauigkeit bleibt das trigonometrische Nivellement aus den in § 58 angegebenen Gründen hinter dem geometrischen beträchtlich zurück, wobei aber zu berücksichtigen ist, daß in steilem und schwierigem Gelände auch die Genauigkeit des geometrischen Nivellements sich erheblich vermindert.

Wenn das Instrument gut berichtigt ist und besonders die Konstanten für die Entfernungsmessung genau bestimmt sind, wenn ferner der Horizontalstellung des Instruments, der ruhigen und lotrechten Haltung der Latten sowie der genauen Einstellung und Ablesung die nötige Sorgfalt zugewendet wird, so ist die durchschnittliche Genauigkeit des trigonometrischen Nivellements jener der trigonometrischen Höhenmessung (§ 47) ungefähr gleich.

Bei Messungen mit dem mittleren Ertelschen Nivellierinstrument kann erfahrungsgemäß der Gesamtfehler, welcher für eine Entfernung von 100 m durch Schiefhalten der Latte, Ungenauigkeit der Einstellung und Ablesung ꝛc. zu erwarten ist, bei der Winkelmessung $(\delta\alpha) = 1'$ und bei den Lattenablesungen 0,003 mm für jeden Faden, also $(\delta e) = 0{,}006$ m betragen.

Aus der in 122) abgeleiteten Fehlergleichung:

$$\frac{(\delta h)}{h} = \frac{(\delta e)}{e} + \frac{2\,(\delta\alpha)}{\sin 2\,\alpha}$$

erhält man daher:

$$(\delta h) = h\left(0{,}006 + \frac{1}{1719 \sin 2\,\alpha}\right).$$

Für die Annahme:

$$e = 100 \text{ und } h = 100$$

wird:

$$\alpha = 45^0 \text{ und } \sin 2\,\alpha = 1$$

und daher der größte Wert für (δh):

$$(\delta h) = 0{,}658,$$

d. h. der Fehler des Höhenunterschiedes erreicht für die einzelne Bestimmung 0,66 % des Höhenunterschiedes; derselbe vermindert sich für das Mittel aus zwei Bestimmungen auf $\frac{0{,}66}{\sqrt{2}} = 0{,}47\,\%$, und für kleinere Zielweiten, z. B. $e = 50$ m, auf 0,33 % des Höhenunterschiedes.

Anmerkung. Für das Hellersche Topometer erhält man, wenn die durch Vergleichung mit dem geometrischen Nivellement bestimmten Fehlergrößen für die Entfernung zu 2 % und für den Höhenwinkel zu 3′, also:

$$\frac{(\delta e)}{e} = 0{,}02$$

$$(\delta \alpha) = 3'$$

in die Gleichung 122) eingeführt werden:

$$(\delta h) = h\left(0{,}02 + \frac{1}{1146 \sin 2\,\alpha}\right).$$

Der Fehler wächst also mit dem Höhenunterschiede und beträgt z. B. für eine Entfernung von 100 m etwa 2 % des Höhenunterschiedes. Für $h = 0$ liefert die Gleichung den unbestimmten Wert $(\delta h) = 0 \cdot \infty$. Mittels 113) ist aber auch

$$(\delta h) = e\left(0{,}02 \operatorname{tg} \alpha + \frac{1}{2292 \cos^2 \alpha}\right),$$

woraus man für $\alpha = 0$ (d. h. für wagerechte Absehlinien) erhält

$$(\delta h) = \frac{e}{2292}.$$

Dies ist der Ablesefehler auf der Latte, wenn mittels des Topometers geometrische Nivellements ausgeführt werden. Man erkennt auch aus der Gleichung, daß die Fehler mit zunehmenden Entfernungen und Höhenwinkeln wachsen; für kleine Entfernungen (bis 300 m) und mittlere Höhenwinkel (5 bis 20°) ist der durch die Ungenauigkeit der Entfernungsmessung verursachte Höhenfehler 4 bis 12 mal so groß als der durch die Unrichtigkeit der Winkelmessung entstehende Höhenfehler. Hieraus ergibt sich die bereits oben erwähnte Wichtigkeit der genauen Prüfung des Fernrohrs in seiner Eigenschaft als Entfernungsmesser.

Kapitel 13. Die unvermeidlichen Beobachtungsfehler bei Lattenablesungen.

§ 54. Erklärung.

Der Unterschied der vorstehend besprochenen Höhenbestimmung gegenüber der trigonometrischen Höhenmessung besteht darin, daß bei letzterer die Entfernung e durch die Triangulierung fast fehlerfrei gefunden werden kann, bei ersterer aber aus Lattenablesungen bestimmt werden muß. Zu den Fehlerquellen, welche die Genauigkeit der trigonometrischen Höhenmessung beeinflussen (§ 47), treten also bei dem trigonometrischen Nivellement noch jene hinzu, welche durch Ungenauigkeit der Lattenablesungen entstehen.

Es kommen hier zunächst in Betracht:

1. Die Ziel- bzw. Ablesefehler.
2. Die Fehler, welche durch schiefe Lattenstellung verursacht werden.

§ 55. Zielfehler.

Wenn der Fehler des Vertikalwinkels α bei lotrecht stehender Latte $(\delta\alpha)$ ist, so ergibt sich aus der Gleichung 113):

$$h = e \operatorname{tg} \alpha;$$

durch Differentiierung:

$$(\delta h) = \frac{e\,(\delta\alpha)}{\cos^2\alpha} \quad \ldots\ldots\ldots \quad 135)$$

Hier stellt (δh) das Lattenstück vor, um welches die, unter dem Winkel α anvisierte Latte unrichtig abgelesen wird.

Der Fehler (δh) wird also am kleinsten für $\alpha = 0$, nämlich $(\delta h) = e\,(\delta\alpha)$, er wächst bei zunehmendem α, und zwar im Verhältnisse des Quadrats der Sekante des Vertikalwinkels, und erreicht z. B. für $\alpha = 60^0$ den vierfachen Betrag des Ablesefehlers bei wagerechter Visur. Anderseits vergrößert sich aber auch der Zielfehler im Verhältnisse zur Entfernung e.

Da also bei wagerechter Absehlinie und kleiner Zielweite der kleinste Zielfehler entsteht, so folgt hieraus die Überlegenheit des geometrischen Nivellements gegenüber der Höhenbestimmung mittels Winkelmessungen (vgl. § 58).

In der Gleichung 135) ist $(\delta\alpha)$ noch unbestimmt. Dieser Fehler ist nicht konstant, sondern kann je nach der Größe der Zielweite, der Vergrößerung des Fernrohrs, der Beschaffenheit des Wetters (vgl. § 44 B) und der Tüchtigkeit des Beobachters einen sehr verschiedenen Wert erhalten.

Unter günstigen Umständen kann für ein 30fach vergrößerndes Fernrohr bei einer Zielweite von 80 m der Fehler des Mittels aus 3 Fadenablesungen zu 1 mm angenommen werden.

§ 56. Einfluß der schief stehenden Latte.

Wenn (Fig. 44) α die Neigung der Ziellinie und δ der Winkel ist, unter welchem die Latte gegen das Lot geneigt ist, so trifft die Visierlinie die Latte nicht unter dem Winkel $90 \pm \alpha$, sondern unter dem Winkel $90 \pm (\alpha \mp \delta)$, weshalb die Entfernungen und die Zielhöhen unrichtig erhalten werden.

a) Fehler der Entfernung.

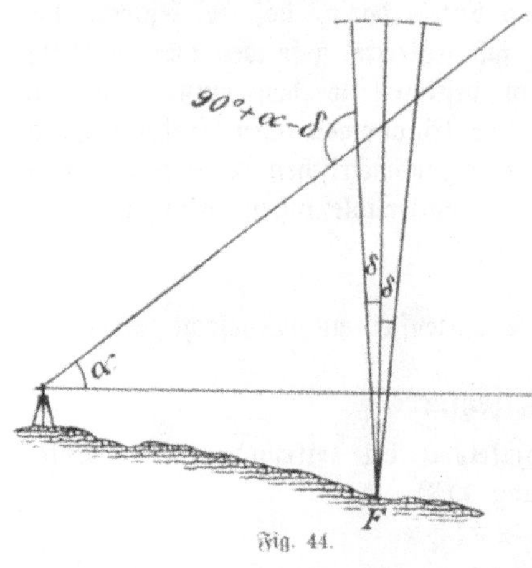

Fig. 44.

Da die Horizontalentfernung nach 130):

$$e = l \cos^2 \alpha$$

ist, so wird bei schiefer Lattenhaltung, d. h. wenn die Latte unter dem kleinen (etwa 1° nicht übersteigenden) Winkel δ gegen das Lot geneigt ist und $\cos \delta = 1$ gesetzt wird:

$$e_1 = l \cos \alpha \cos (\alpha \pm \delta)$$

$$= l \left(\cos^2 \alpha \mp \frac{\delta}{2} \sin 2\alpha\right)$$

und daher der Fehler der Entfernung:

$$(\delta e) = \pm \frac{l\delta}{2} \sin 2\alpha \quad . \quad 135)$$

Bei horizontaler Visierlinie bleibt, weil hier $\alpha = 0$ und $\sin 2\alpha = 0$ werden, eine etwas schiefe Stellung der Latte auf die Richtigkeit der Entfernungsmessung von verschwindend geringem Einflusse. Da man ferner für α und $90-\alpha$ gleiche mit α wachsende Werte für $\sin 2\alpha$ erhält, so wächst der Fehler mit dem Winkel α und erreicht seinen größten Betrag für $\alpha = 45$, nämlich:

$$(\delta e) = \frac{l\delta}{2}.$$

Aus der Gleichung 135) findet man z. B. für eine Neigung der Latte um 1° (d. h. wenn das obere Lattenende um 0,1 m von der Vertikalen des Fußpunktes abweicht):

Höhenwinkel α	Fehler (δe) in Prozenten der Entfernung
10° oder 80°	0,298
20° „ 70°	0,561
30° „ 60°	0,756
40° „ 50°	0,859
45°	0,873

b) Fehler der Zielhöhe.

Wenn (Fig. 45) $BF = h$ die Zielhöhe des unter dem Winkel α geneigten Visierstrahles AB auf der lotrechten Latte, und $B_1F = h_1$ bzw. $B_2F = h_2$ die Zielhöhe des gleichen Visierstrahles auf der unter dem Winkel $\mp\delta$ vor- oder rückwärts geneigten Latte ist, so hat man im $\triangle BFB_1$:

$$B_1F = \frac{BF \cos\alpha}{\cos(\alpha \mp \delta}$$

$$(\delta h) = h\left(1 - \frac{\cos\alpha}{\cos(\alpha \mp \delta)}\right) \quad \ldots\ldots \quad 136)$$

I. Für eine wagerechte Ziellinie.

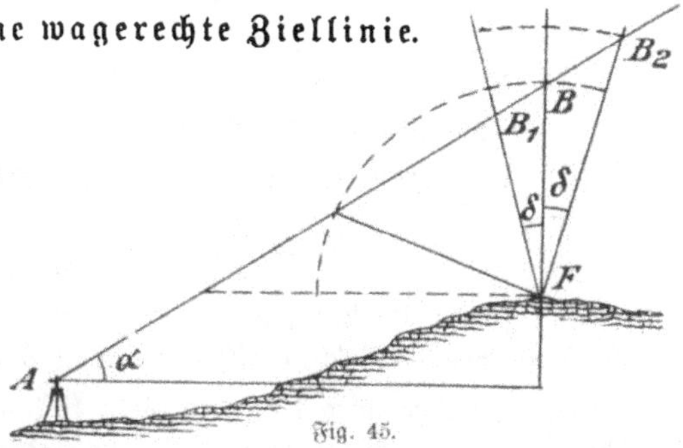

Wenn $\alpha = 0^0$ ist, so gibt obige Gleichung:

$$(\delta h) = h\left(1 - \frac{1}{\cos\alpha}\right)$$

und, wenn δ ein kleiner Winkel ist:

$$(\delta h) = \frac{h}{2}\sin^2\delta \quad . \ 137)$$

Fig. 45.

Nimmt man die Ungenauigkeit der Lattenhaltung als konstant an, so kann man sagen: Die Fehler der Zielhöhe wachsen mit dem Abstande des anvisierten Punktes vom Boden.

Wenn δ z. B. wieder 1^0 ist, so wird $\frac{1}{\cos 1^0} - 1 = 0{,}00015$, und daher der Fehler der wagerechten Visur auf das obere Ende der 6 m hohen Latte:

$$(\delta h) = \pm\ 0{,}00090 \text{ m},$$

also etwas kleiner als 1 mm. — Eine kleine Neigung der Latte ist daher auf die Güte des geometrischen Nivellements von geringem Einflusse. Dagegen bewirkt eine größere Abweichung δ der Lattenstellung von der Lotlinie sehr beträchtliche Fehler:

Höhe des anvisierten Lattenpunktes in m	$\delta = 2^0$	$\delta = 3^0$
	Fehler der Zielhöhe in mm	
1	0,6	1,4
2	1,2	2,7
3	1,8	4,1
4	2,4	5,5
5	3,0	6,9
6	3,7	8,3

Um die obigen Beträge wird die Lattenablesung zu groß erhalten, gleichviel nach welcher Richtung die Latte von der lotrechten Stellung abweicht.

Für genaue Nivellements ist daher die lotrechte Haltung der Latte von großer Wichtigkeit.

II. Für eine geneigte Ziellinie.

Wird die unter dem Winkel δ gegen die Vertikale geneigte Latte unter dem Winkel α anvisiert, so hängt es von diesem Winkel ab, ob die Zielhöhe zu groß, zu klein oder richtig erhalten wird.

1. Betrachtet man zunächst den einfachsten Fall, wenn die Latte, wie in I, Fig. 44, in der durch ihren Fußpunkt und die Vertikalachse des Instruments gelegten Vertikalebene vor- oder rückwärts geneigt wird.

In diesem Falle gilt die obige Gleichung 136):

$$\delta h = h\left(1 - \frac{\cos\alpha}{\cos(\alpha \mp \delta)}\right).$$

Der Fehler δh der Zielhöhe wird also positiv, wenn in dem Divisor $\cos(\alpha \mp \delta)$ das —Zeichen gilt und wenn $\delta < 2\alpha$ ist, sonst negativ.

Die Zielhöhe wird daher zu klein bestimmt, wenn die Latte um einen in den Grenzen zwischen 0 und 2α liegenden Winkel δ gegen Instrument geneigt wird; sie wird fehlerlos bestimmt, wenn $\delta = 0$ oder $\delta = 2\alpha$ ist, in allen übrigen Fällen (Vorwärtsneigung unter einem Winkel $\delta > 2\alpha$ oder Rückwärtsneigung der Latte) erhält man die Zielhöhe zu groß.

2. Wird die Latte nicht in der unter 1. erwähnten Lotebene, sondern in einer beliebigen Richtung im Raume (Fig. 46) unter dem Winkel $PFX = \delta$ geneigt, so kann sich ebenfalls der Fehler der Zielhöhe teilweise, ja sogar völlig aufheben.

Letzteres ist der Fall, wenn die Latte so geneigt wird, daß der Lattenpunkt x, welcher bei lotrechter Lattenstellung von dem (unter dem geneigten Vertikalwinkel α ausgehenden) Visierstrahl getroffen wird, sich in der Mantelfläche des Rotationskegels bewegt, welchen die unter α geneigte Visierlinie bei Drehung der Alhidade um die vertikale Achse beschreibt, d. h. wenn x in der Schnittlinie des durch den Fußpunkt der Latte als Mittelpunkt und den Abstand des Punktes x als Halbmesser bestimmten Kugelfläche mit dem erwähnten Kegelmantel liegt.

Um die Stellung der Latte für diesen Fall allgemein zu untersuchen, bezeichnen wir mit (Fig. 46):

δ den Neigungswinkel der Latte gegen die Vertikale ihres Fußpunktes F;

γ den Flächenwinkel, welchen die durch die genannte Vertikale und die schiefstehende Latte FX gelegte Ebene mit der durch den Lattenfußpunkt F und die Vertikalachse J des Instrumentes gelegten Vertikalebene einschließt;

α den Vertikalwinkel $F'JX$ der Ziellinie JX;

l die Lattenhöhe $FX = FP$;

h den Höhenunterschied $F'P$ zwischen P und J;

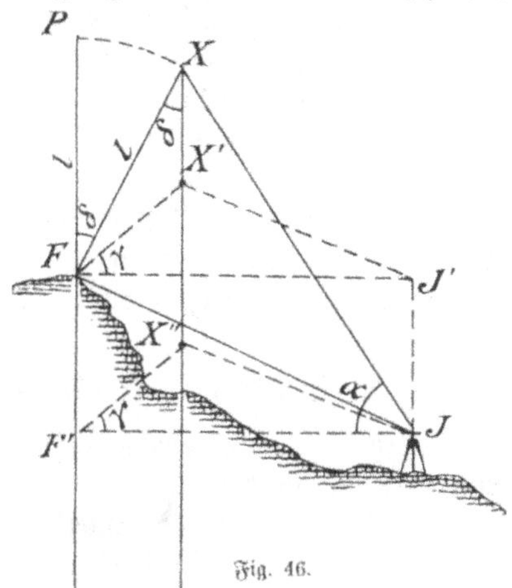

Fig. 46.

dann ist in der Projektion $FX'J'$ des Dreiecks FXJ:

$$FX_1 = l \sin \delta,$$
$$FJ_1 = h \cot \alpha,$$
$$J_1X_1 = (l \cos \delta + h - l) \cot \alpha,$$

oder

$$J_1X_1 = \left(h - 2l \sin^2 \frac{\delta}{2}\right) \cot \alpha$$

und aus diesen drei Seiten mittels des Kosinussatzes:

$$\cos \gamma = \frac{l}{h} \sin \frac{\delta}{2} \left(\cos \frac{\delta}{2} \operatorname{tg} \alpha - \sin \frac{\delta}{2} \operatorname{tg} \frac{\delta}{2} \cot \alpha\right) + \operatorname{tg} \frac{\delta}{2} \cot \alpha \quad . \quad 138)$$

oder, wenn δ ein kleiner Winkel ist,

$$\cos \gamma = \frac{\delta}{2} \left(\frac{l}{h} \operatorname{tg} \alpha + \cot \alpha\right).$$

Ist die Latte so geneigt, daß sie mit den Vertikalen ihres Fußpunktes den Winkel δ, und daß ihre Projektion mit der Vertikalebene des um $\sphericalangle \alpha$ geneigten Visierstrahls den Winkel γ bildet, so entsteht **kein Fehler** der Zielhöhe.

Nimmt man den einfacheren Fall an, daß J in gleicher Höhe mit F liegt, also $l = h$ ist, so wird aus 138:

$$\cos \gamma = \frac{\sin \delta}{\sin 2\alpha}.$$

Für $\gamma = 0$ wird $\cos \gamma = 1$, und

$$\sin \delta = \sin 2\alpha,$$

woraus wie oben folgt, daß kein Zielhöhenfehler entsteht, wenn die Latte um den doppelten Neigungswinkel der Visierlinie vorwärts geneigt wird.[1])

[1]) Was sich auch aus der Gleichung 136) ergibt, wenn man den Wert $\delta = 2\alpha$ einführt, woraus folgt:

$$(\delta h) = h \left(1 - \frac{\cos \alpha}{\cos \alpha}\right) = 0.$$

Für $\alpha = 45^0$ wird $\cos\gamma = \sin\delta$, also $\gamma = 90^0 - \delta$, d. h. wird die Latte unter dem Winkel $\alpha = 45^0$ anvisiert, so hebt sich der Fehler, welcher durch Neigung der Latte gegen die Vertikale des Fußpunktes um den Winkel δ entsteht, vollständig auf, wenn die Latte gleichzeitig so seitwärts geneigt ist, daß ihre Projektion mit der Vertikalebene der Visierlinie den Winkel $\gamma = 90 - \delta$ einschließt.

Wäre $\delta = 5^0$ und $\alpha = 2^0 31'$, so würde $\gamma = 6^0 35'$ die Größe der seitlichen Neigung bezeichnen, bei welcher der Zielfehler verschwindet. Würde aber die Latte in der Ebene der Visierlinie z. B. nach rückwärts geneigt, wenn α ein Elevationswinkel ist, und in der Höhe $x = 5$ m anvisiert, so würde ein Zielhöhenfehler von 0,024 m entstehen.

§ 57. Weitere Fehlerquellen bei Lattenablesungen.

Fehler der Lattenablesungen können außer den bereits besprochenen noch entstehen durch:

1. Unrichtige Lattenteilung.
2. Die atmosphärischen Einflüsse.
3. Einsinken der Latten während der Ablesung.

ad 1. Die Fehler der unrichtigen Lattenteilung können unschädlich gemacht werden, wenn die Latten vor ihrem Gebrauche mit richtig geteilten Latten verglichen werden.

ad 2. Auch richtig geteilte Latten unterliegen einer Änderung durch die Einflüsse der Wärme und Feuchtigkeit. Die Wärmeausdehnung beträgt für hölzerne Meßlatten pro Lattenmeter und 10^0 C 0,03 mm, also der Unterschied der größten und kleinsten Lattenlänge bei einer Temperaturschwankung von $\pm 15^0$ C für eine 6 m-Latte etwa $^1/_2$ mm.

Etwas größer ist der Einfluß der Feuchtigkeit, welcher eine Änderung des Lattenmeters von 0,1 bis 0,2 mm pro Lattenmeter, also für eine 6 m-Latte eine Änderung von 0,6 bis 1,2 mm bewirkt.

ad 3. Der bedeutendste unter den obenangeführten Fehlern ist derjenige, welcher dadurch entsteht, daß die Latten, besonders auf weichem Boden, während der Ablesung bzw. des Stationswechsels sich senken. Die hierdurch sich ergebenden Fehler können vermieden oder doch sehr vermindert werden, wenn für die Lattenaufstellungen möglichst harter Boden, festliegende Steine &c. gewählt und für die Aufstellung der Latte auf dem Erdboden schwere Fußplatten benützt werden.

Kapitel 14. Das geometrische Nivellement.

§ 58. Erklärung.

Von den bisher besprochenen Arten der Höhenmessung, bei welcher der Höhenunterschied als Funktion der Entfernung und des Vertikalwinkels gefunden wird, unterscheidet sich das geometrische Nivellement dadurch, daß der Höhenunterschied nur aus Lattenablesungen bei wagerechter Ziellinie bestimmt wird.

Hierdurch scheiden nicht nur die Fehlerquellen aus, welche durch die Ungenauigkeit der Entfernungs- und Winkelmessung verursacht sind, sondern es vermindern sich — infolge des senkrechten Schnittes der Visierlinie mit der lotrecht stehenden Latte — auch die Zielfehler (§ 55) sowie der Einfluß der etwaigen schiefen Haltung der Latte (§ 56).

Bei der jetzt ausschließlich zur Anwendung kommenden Methode des Nivellierens „aus der Mitte" heben sich außerdem die Einflüsse der Erdkrümmung und der Strahlenbrechung und sogar die durch ungenaue Berichtigung des Instrumentes verursachten Fehler in dem Maße auf, in welchem das Einhalten der Mitte, d. h. gleicher Entfernungen des Instrumentes von beiden Latten beachtet wird.

Infolge des großen Genauigkeitsgrades, welcher dieser Methode eigen ist, findet dieselbe für feinere Höhenbestimmungen ausschließliche Anwendung.

Um mittels geometrischen Nivellements den Höhenunterschied zweier Punkte a, b zu bestimmen, hat man nur die Latten in diesen Punkten und das Instrument zwischen denselben aufzustellen und bei einspielender Libellenblase die vom Mittelfaden abgeschnittene Lattenhöhe abzulesen. Ist die Ablesung auf der in a stehenden Latte r_1, die auf der in b stehenden v_1, so ist der Höhenunterschied dieser Punkte $h_1 = r_1 - v_1$. Indem man nun die Latte in b stehen läßt und die in a stehende Latte nach c sowie das Instrument zwischen b und c bringt, kann auf gleiche Weise der Höhenunterschied zwischen b und c bestimmt werden, nämlich $h_2 = r_2 - v_2$ usw.

Für eine auf diese Weise gemessene Nivellementslinie ist also der Höhenunterschied:

$$H = r_1 + r_2 + \ldots . r_n - v_1 - v_2 - \ldots . v_n = \Sigma r - \Sigma v = \Sigma (r - v)$$

und die Höhenkote eines Punktes N, wenn A die Kote des Ausgangspunktes ist:

$$N = A + \Sigma (r - v) \quad \ldots \ldots . \quad 139)$$

Die Theorie des Nivellierens ist demnach außerordentlich einfach.

Hieraus aber folgern zu wollen, daß dasselbe deshalb auch eine sehr leichte, von fast jedermann ausführbare Arbeit sei, würde, besonders wenn es sich um viele Kilometer lange Linien durch wechselndes Gelände und um jene Genauigkeit handelt, die allein dem für diese Methode erforderlichen Zeit- und Kostenaufwand entspricht, ein Irrtum sein, der stets zu Mißerfolgen führen muß.

§ 59. Allgemeine Regeln.

Wir haben hier jene Nivellements zu betrachten, welche zum Zwecke der grundlegenden Höhenbestimmungen für Geländeaufnahmen und Kotierungen ausgeführt werden. Diese Aufgabe besteht in der Bestimmung der absoluten Höhe einer gewissen Zahl von Punkten, deren horizontale Lage entweder schon durch die Katasterpläne gegeben oder durch Entfernungsmessung noch näher zu bestimmen ist. Die Zahl der auf eine gewisse Fläche treffenden Punkte wechselt hierbei nach den Steigungsverhältnissen des Geländes sowie nach dem Abstande der Nivellementslinien, welcher für den obengenannten Zweck auf etwa 1 km zu bemessen ist, so daß also die in ein Katasterblatt treffende nivellierte Strecke eine Länge von etwa 5 km erhält.

Soll ein größeres Gebiet (z. B. ein Atlasblatt) mit einem Nivellementsnetze überzogen werden, so ist zunächst eine sachgemäße Arbeitseinteilung von Wichtigkeit. Als Grundsatz ist hierbei festzuhalten, vom Großen ins Kleine zu arbeiten, d. h. in ähnlicher Weise wie bei der Triangulierung, von gegebenen Hauptpunkten ausgehend, ein Netz von Hauptlinien zu legen, diese durch Linien 2. Ordnung zu verbinden und je nach Bedarf das Netz durch Linien 3. ev. 4. Ordnung zu verdichten.

Als Hauptpunkte dienen die Festpunkte des Präzisions- und Eisenbahn-Nivellements und es hängt ganz von der Zahl und Lage der Festpunkte ab, wie die Hauptlinien zu legen sind. Doch müssen für letztere nur gute, feste und trockene Straßen gewählt und das Nivellement derselben nur bei gutem Wetter (nicht bei starkem Wind 2c.) ausgeführt werden. Daß bei diesen Linien keine allzu großen — 80 m überschreitenden — Zielweiten genommen werden dürfen und die Libelleneinstellungen und Ablesungen besonders sorgfältig ausgeführt werden müssen, bedarf kaum der Erwähnung. Wichtig ist ferner die rationelle Ausgleichung des Hauptnetzes. Ist es möglich, ein größeres Netz von gleich gut gemessenen Hauptlinien zu legen, so dürfen die beim Anschlusse sich ergebenden Widersprüche nicht in jeder Linie gesondert (linienweise), sondern sie müssen in geschlossenen Zügen ausgeglichen werden, weil nur dadurch die Fehler der Einzelmessungen auf das geringste Maß und die Höhenbestimmung auf die größtmögliche Genauigkeit gebracht wird.

Auf keinen Fall ist die Kombination von guten Arbeiten (auf festen Straßen, bei gutem Wetter, durch geübte Beobachter) mit minderguten (auf weichem Boden, bei Sturmwind, durch ungeübte Beobachter) und die Ausgleichung der sich ergebenden Unterschiede nach dem arithmetischen Mittel zulässig, da solchen Messungen ungleiche Gewichte zukommen. Ebenso verwerflich ist das einfache Aneinanderfügen von Nivellementszügen wegen der schädlichen Fehlerfortpflanzung, zufolge welcher in den äußeren Linien des Netzes Fehler auftreten können, welche den Wert des ganzen Nivellements in Frage stellen.

Auch für die Linien 2. Ordnung empfiehlt es sich, möglichst gute Straßen oder Wege zu wählen. Nivellements auf weichen, sandigen oder begrasten Feldwegen können nicht mit der gleichen Genauigkeit ausgeführt werden wie solche auf harten Straßen. Anderseits wird aber bei der Auswahl der Linien auch darauf Rücksicht zu nehmen sein, daß sich längs derselben eine genügende Anzahl im Gelände markierter und zur Höhenbestimmung geeigneter Punkte (z. B. Marksteine ꝛc.) vorfinden, da der Wert der gemessenen Punkte nicht allein von ihrer genauen vertikalen, sondern auch von ihrer sicheren horizontalen Bestimmung und von ihrer deutlichen Bezeichnung im Gelände abhängig ist.

§ 60. Meßgehilfen.

Der Umfang und die Güte der innerhalb einer gewissen Zeit zu leistenden Arbeit hängt nicht allein von der Leistungsfähigkeit des Nivelleurs ab, sondern auch von der Tüchtigkeit und Verlässigkeit der Meßgehilfen. Als solche sind erforderlich ein Instrumenten- und zwei Lattenträger.

Der Instrumententräger soll Namen und Zweck der wichtigeren Teile des Instruments kennen und im Tragen und Aufstellen des Instruments sowie im Einstellen der Libelle geübt sein. Die Geschicklichkeit desselben hat nicht nur Einfluß auf den glatten Gang der Arbeit, sondern auch auf die gute Erhaltung des Instruments und die seltener eintretende Notwendigkeit einer Berichtigung desselben.

Die zweckmäßige Auswahl der Aufstellungspunkte des Instruments sollte ihm überlassen werden können; doch empfiehlt es sich nicht, den Meßgehilfen mit Arbeiten zu beauftragen, welche eigentlich Sache des Nivelleurs sind, so z. B. mit dem Ein- und Auspacken, Reinigen des Instruments, Einstellung des Fernrohrs auf die Latte u. dgl.

Die Lattenträger sollen kräftige und flinke sowie im Schätzen und Abschreiten von Entfernungen geübte Leute sein. Da ihnen durch den Nivelleur nicht immer die Aufstellungspunkte angewiesen werden können, so müssen sie die geeigneten Punkte mit Rücksicht auf die Steigungsverhältnisse, die möglichste Ausnutzung der Lattenhöhe sowie auf die für die Kotierung in Betracht kommenden Geländegegenstände (Mark-Grenz-Bezeichnungssteine, Deckplatten an Durchlässen, Brücken u. dgl.) selbständig zu finden wissen. Da der Aufstellungspunkt der im Vorblick stehenden Latte für den nächsten Aufstellungspunkt des Instruments bestimmend ist, muß der Lattenträger darauf achten, daß seine Latte auch nach dem Wechsel des Instrumentstandes aus günstiger Entfernung anvisiert werden kann, was besonders an Straßen mit Alleebäumen, im Walde und an Wegkurven wichtig ist.

Über die Nachtteile, welche durch Schiefhalten oder Verrücken der Latten entstehen, soll der Lattenträger unterrichtet sein. Bei günstigen Gelände- und Witterungsverhältnissen läßt sich eine tadellose Lattenhaltung stets erzielen. Sollte aber einmal (z. B. bei heftigem Winde) eine Änderung der Lattenaufstellung zwischen Vor- und Rückblick stattfinden, so darf dies der Lattenträger nicht verheimlichen, sondern muß es dem Nivelleur sofort angeben.

§ 61. Instrumente und Latten.

Die Ausführung eines guten Nivellements erfordert nicht nur, daß ein gutes Instrument zur Verfügung steht, sondern daß man dasselbe bis in seine kleinsten Teile genau kennt und in der Prüfung, Berichtigung, Behandlung und im Gebrauche desselben geübt ist (vgl. § 44) — Von den beiden gebräuchlichen Konstruktionen von Nivellierinstrumenten, nämlich:

1. Libelle mit Fernrohr und Fußgestell fest verbunden,
2. Libelle und Fernrohr beweglich,

verdient die zweite wegen der Raschheit, Sicherheit und Bequemlichkeit der Prüfung und Berichtigung sowie wegen der Möglichkeit, den Einfluß etwaiger Mängel unschädlich zu machen, gegenüber der ersten den Vorzug.

Es wird gegen das bewegliche Fernrohr der Einwand erhoben, daß die Lagerringe desselben sich zu rasch abnutzen, und hieraus gefolgert, daß Libelle und Fernrohr fest verbunden werden müßten. In Wirklichkeit ist jedoch diese Abnutzung bei sachgemäßer Behandlung kaum nennenswert[1]) und jedenfalls nicht größer als die der übrigen Teile des Instruments.

[1]) Mit dem im topographischen Bureau befindlichen Ertelschen Nivellier-Instrument Nr. 2 sind bis jetzt Linien in einer Gesamtlänge von ca. 8000 km nivelliert worden, ohne daß die Abnutzung der Lagerringe die Brauchbarkeit des Instruments merklich beeinträchtigt hätte.

Aber selbst wenn im Laufe der Zeit die Lagerringe wirklich einer Wiederherstellung bedürfen sollten, so stehen die Kosten hierfür zu den bedeutenden Vorteilen, welche das um seine optische Achse drehbare und in seinen Lagern umlegbare Fernrohr und die umsetzbare Libelle bietet, nicht in einem solchen Verhältnisse, daß man aus diesem Grunde sich für eine minder zweckmäßige Konstruktion entscheiden müßte. Die sowohl für das bayerische Präzisionsnivellement als auch für die Nivellements des topographischen Bureaus verwendeten Ertelschen Instrumente haben sich sehr gut bewährt. Ihr Vorzug besteht hauptsächlich darin, daß jeder Teil für sich rasch und sicher geprüft und berichtigt werden kann. Anderseits bieten diese Instrumente die Möglichkeit, in zwei Fernrohr- und Libellenlagen ablesen zu können, wodurch der große Vorteil erreicht wird, daß etwaige Mängel, deren Beseitigung nicht sofort möglich ist (z. B. schiefer Gang des Okularauszuges 2c.), dadurch unschädlich gemacht werden können, daß man in einer zweiten Fernrohrlage abliest (nachdem das Fernrohr in seinem Ringlager um 180° gedreht wurde) und den Mittelwert aus beiden Ablesungen für die Höhenberechnung benutzt.

Die Latten bedürfen vor ihrer Verwendung einer Prüfung auf die Richtigkeit ihrer Teilung. Würde z. B. eine Teilung von 0 bis 6 m nicht die wirkliche Länge von 6 m, sondern vielleicht von 6,0005 m haben, so würde dieser Teilungsfehler die unrichtige Bestimmung eines Höhenunterschiedes von 600 m um 0,050 m bewirken. Unter den verschiedenen Arten der Teilung empfiehlt sich eine solche, welche die Ablesung bzw. Schätzung der Millimeter in zwei Feldern (schwarz und weiß) ermöglicht, als die einer sicheren Schätzung günstigste.

§ 62. Arbeitseinteilung.

Hinsichtlich der Reihenfolge der Arbeiten ist zu bemerken, daß es nicht notwendig, ja nicht einmal empfehlenswert ist, die Hauptlinien vor den Linien 2. oder 3. Ordnung zu nivellieren. Die zweckmäßigste Arbeitseinteilung ist jene, bei welcher alle unnötigen Zeitverluste, wie z. B. durch mehrmaliges Zurücklegen desselben Weges usw., möglichst vermieden werden. Notwendig ist nur, daß man bei der Berechnung und der Ausgleichung des Nivellementsnetzes nach den in § 59 besprochenen Grundsätzen verfährt.

Ein allgemeiner, mit Rücksicht auf die Eisenbahn- und Straßenverbindungen, Quartiere 2c. aufgestellter Arbeitsplan ist notwendig, ein auf einzelne Wochen oder gar Tage festgesetztes Programm aber nicht zweckmäßig, da es ohne Nachteil für die Arbeiten doch nicht eingehalten werden kann. Die Tage mit günstiger Witterung müssen für das Nivellement der Hauptlinien ausgenutzt werden, während Linien 2. und 3. Ordnung auch bei weniger gutem Wetter gemessen werden können. Bei starkem Winde kann in freiem Gelände nicht gearbeitet werden, während Nivellements durch Waldungen sich meist ohne Störung ausführen lassen.

Die Leistung bei Wind und Wetter beträgt $1/3$ bis $1/2$ der normalen Arbeitsleistung[1]), und zwar nicht nur hinsichtlich des Umfangs, sondern auch der Güte der Arbeit. Es empfiehlt sich daher, günstige Witterungsverhältnisse so gründlich als möglich auszunutzen und die Tage mit ganz ungünstigem Wetter für die rechnerischen Arbeiten zu verwenden.

§ 63. Besondere Angaben über die Ausführung der Nivellements.

a) Der Gang der Arbeit soll möglichst geregelt sein; je exakter, auch der Zeit nach, die Arbeiten betrieben werden, desto mehr gewinnen dieselben an Genauigkeit. Unnötiger Aufenthalt auf den Stationen muß wegen der Möglichkeit von Höhenänderungen (durch Rutschen oder Senkungen) von Instrument und Latten vermieden werden. Aus diesem Grunde sollten auch Seitenblicke und Punkteinschaltungen, wenigstens bei der Messung der Hauptlinien, auf das Nötigste beschränkt werden.

b) Die Prüfung des Instrumentes und besonders der Libelle vor Beginn der Tagesarbeit darf nicht unterlassen werden. Handelt es sich nicht um Hauptlinien und hat man keine großen Höhenunterschiede, so schadet eine kleine Unrichtigkeit der Libelle der Brauchbarkeit der Messung nicht. Sorgfältige Reinigung der Lagerringe, mäßiges Einölen derselben sowie der übrigen, der Reibung ausgesetzten Teile des Instrumentes ist wichtig.

c) Die durch mangelhafte Berichtigung des Instruments und auch durch andere Fehlerquellen verursachten Fehler heben sich in der Differenz von Rück- und Vorblick gegenseitig auf, wenn das Instrument wirklich in der Mitte zwischen beiden Latten aufgestellt wird. Letzteres ist aber nur in verhältnismäßig flachem Gelände möglich; bei starkem Gefälle würden sehr kurze Zielweiten und daher sehr viele Instrumentstände nötig (z. B. bei 15^0 Steigung 100 Aufstellungen auf 1 km), wodurch das Nivellement außerordentlich zeitraubend würde. Wenn das Instrument gut berichtigt ist, beschränkt sich der Einfluß der Ungleichheit der Zielweiten auf die Unterschiede der Beträge der Erdkrümmung und Strahlenbrechung, welche aber

[1]) Die normale Tagesleistung eines geübten Nivelleurs ist:

auf ebenen Straßen und Eisenbahnen	10	bis	15 km,
in hügeligem Gelände	6	„	8 „
im Mittelgebirge	5	„	7 „
im Hochgebirge	2	„	3 „

unter der bei der Ablesung möglichen Genauigkeitsgrenze liegen und praktisch bedeutungslos sind, solange nicht sehr große und sehr ungleiche Lattenabstände genommen werden. (Für 80 m ist der Betrag der Erdkrümmung und Strahlenbrechung 0,44 mm, also für die Ablesung auf ganze Millimeter ohne Bedeutung.)

d) Die Zielweiten sollen bei Hauptlinien im allgemeinen nicht größer als 80 m, bei Linien 2. Ordnung nicht über 120 m genommen werden. Wenn aber in einzelnen Ausnahmefällen die Zielweite diese Beträge überschreitet, so sollte in beiden Lagen des Fernrohrs abgelesen und der Mittelwert in die Berechnung eingeführt werden.

e) Die Ablesungen dreier Fäden sind notwendig nicht nur zur Bestimmung der Lattenabstände, sondern auch zur Erzielung einer größeren Genauigkeit (diese verhält sich zu jener der Einfadenablesung wie $\sqrt{3} : 1$) sowie zur möglichsten Verhütung von Ablesefehlern. Bei den Linien 2. Ordnung kann man sich auch, wenn die Visur nur mit zwei Fäden die Latten trifft oder ein äußerer Faden durch Hindernisse gedeckt erscheint, mit der Ablesung zweier Fäden begnügen, welche aber dann besondere Sorgfalt erfordert.

f) Die Ablesungen sollen erfolgen, wenn die Libellenblase genau einspielt und das Bild der Latte im Fernrohr völlig ruhig steht. Indessen sind Schwankungen der Latte bei bewegter Luft nie völlig zu vermeiden. In diesem Falle entspricht (bei ruhiger Libelle) die kleinste während der Schwankung vom Faden abgeschnittene Lattenhöhe der normalen Ablesung auf die lotrechte Latte.

g) Die Libelle muß gegen ungleiche Erwärmung und den Einfluß der Sonnenstrahlen (durch den Schirm) geschützt werden. Die Berührung der Libelle mit der warmen Hand, das Anhauchen derselben, ein verdunstender Regentropfen usw. kann den Gang der Libellenblase beeinflussen und zur Fehlerquelle werden.

h) Um eine Änderung der Höhe des Lattenfußpunktes zwischen Vor- und Rückblick möglichst zu verhüten, empfiehlt es sich, besonders bei nicht sehr festem Boden oder starkem Winde, die Latte während des Wechsels des Instrumentstandes von der Fußplatte abzuheben.

i) Die günstigste Jahreszeit für die Ausführung umfangreicher Nivellementsarbeiten ist der Frühling. In dieser Jahreszeit sind nicht nur plötzliche Störungen durch Gewitter, Platzregen seltener, sondern auch die Belaubung z. B. an Straßen mit Alleebäumen und in Wäldern weniger hinderlich. Bei großer Hitze verkleinert sich die Libellenblase und wird träge und weniger empfindlich, daher das Nivellement weniger genau.

k) Hinsichtlich der Tageszeit ist zu erwähnen, daß die frühen Morgen- und Abendstunden für das Nivellement von Linien, die eine west-östliche

Richtung haben, ungünstig sind, da die in der Richtung der tiefstehenden Sonne stehende Latte dunkel, die Teilung blaß und verschwommen erscheint, wodurch eine scharfe Ablesung erschwert wird. In den Morgenstunden tritt noch die durch die Erwärmung des Bodens durch die Sonnenstrahlen entstehende zitternde Bewegung des Lattenbildes im Fernrohr hinzu. Beide Umstände erfordern, auch bei Benutzung einer Blende, eine Verkleinerung der Zielweiten, bewirken aber trotzdem eine Verminderung der bei guter Beleuchtung und normaler Zielweite erreichbaren Genauigkeit der Ablesungen.

l) Wird die Tagesarbeit abgebrochen, so empfiehlt es sich, die letzte Lattenstellung auf einem in der Natur gut versicherten Punkte (Markstein rc.) zu nehmen. In Ermangelung eines solchen kann auch ein wagerecht abgesägter, etwa 0,25 m langer bodengleich eingeschlagener Pflock benutzt werden. Da auch Gewitter rc. manchmal zu einer plötzlichen Unterbrechung der Arbeit zwingen, so ist die Mitführung einiger solcher Pflöcke zweckmäßig.

§ 64. Festpunkte.

Der Wert eines Nivellements hängt nicht nur von der Genauigkeit ab, mit welcher die Nivellementspunkte vertikal und horizontal bestimmt werden, sondern auch davon, daß dieselben so gewählt und bezeichnet werden, daß ihre spätere Wiederauffindung leicht und sicher erfolgen kann.

Man wählt daher für die nivellitische Höhenbestimmung hauptsächlich solche Geländegegenstände, welche einerseits eine sichere, jeden Zweifel ausschließende Bezeichnung der Lage des gemessenen Gegenstandes ermöglichen, anderseits aber durch ihre Beschaffenheit eine Gewähr dafür bieten, daß sie nicht in allzu kurzer Zeit der Veränderung oder Zerstörung unterliegen.

Die auf Kilometer-, Brüstungs-, Grenz- rc. Steinen festgelegten Punkte haben meist nur eine beschränkte Dauer. Das Auswechseln, Umsetzen, Geraderichten rc. solcher Steine an Straßen und Eisenbahnen ist gerade kein seltenes Ereignis; ganz abgesehen davon, daß schon die Frostwirkung oder ein Schiefwerden eines solchen Steines eine Änderung der gemessenen Höhe bewirkt.

Am besten eignen sich noch massive Sockel von Gebäuden, Denkmälern, Feldkreuzen und Bildstöcken, steinerne Treppen und Türschwellen an neueren Gebäuden oder festgewachsene große Felsblöcke (Findlinge), auf welchen mit Meisel und Hammer eine wagerechte Höhenmarke angebracht wird.

In einem Gelände, in welchem solche Gegenstände sich gar nicht oder nur in beschränkter Zahl vorfinden, muß man sich wohl auch mit solchen Bodenpunkten begnügen, deren sichere Bezeichnung möglich ist: Mitte von Weggabelungen, höchste und tiefste Straßenpunkte, Schnitte von Eigentumsgrenzen usw.

§ 65. Genauigkeit.

Unter günstigen Verhältnissen und bei Einhaltung der in § 59 u. f. angegebenen Regeln wird die Genauigkeit des Nivellements jenem der gegebenen Ableitungspunkte nicht erheblich nachstehen. Als letztere dienen die Festpunkte des Präzisions- und Eisenbahnnivellements, von welchen aber leider ein großer Teil durch Einsinken oder Versetzen der Steine, bauliche Änderungen u. dgl. im Laufe der Zeit verloren gegangen ist. Man wird daher einen als Anschlußpunkt zu benutzenden Festpunkt nicht nur auf das Vorhandensein der Höhenmarke, sondern auch hinsichtlich einer etwaigen Änderung seiner Lage — also auch seiner Höhe — zu prüfen haben.

Für den mittleren Fehler des Höhenunterschiedes der Endpunkte einer durchaus mit gleicher Genauigkeit nivellierten Linie besteht die Beziehung:

$$m = \sqrt{\mu_1^2 + \mu_2^2 + \ldots . \mu_n^2} = \sqrt{n \cdot \mu^2},$$

wenn μ der Fehler einer Lattenablesung und n die Anzahl der Ablesungen ist. Ist s die Streckenlänge und z die Zielweite, so ist $n = \frac{s}{z}$, daher:

$$m = \sqrt{\frac{s}{z}\,\mu^2}.$$

Ist ferner δ der Zielfehler in Bogenmaß, so ist $\mu = z\delta$ und $\mu^2 = z^2\delta^2$, daher:

$$m = \sqrt{\frac{s}{z}\,z^2\delta^2} = \sqrt{sz\delta^2}$$

oder, wenn sowohl δ als z konstant sind:

$$m = \varkappa\sqrt{s} \quad . \; . \; . \; . \; . \; . \; . \; . \; . \; . \quad 140)$$

Für $s = 1$ km wird $m = \varkappa$ der mittlere Kilometerfehler.

Bei dem Präzisionsnivellement beträgt der mittlere Kilometerfehler etwa 1 mm, und dies ist wohl auch die Grenze der Genauigkeit, mit welcher sich eine einzelne Kote angeben läßt. Die auf vier Dezimalen des Meters angegebenen Höhenzahlen, welche man an manchen Bahnhöfen antrifft, sind die aus der Nivellementsausgleichung gefundenen Rechnungsgrößen; die Angabe der Dezimillimeter hat natürlich keinen praktischen Zweck.

Für unsere Nivellements hat sich aus einer großen Anzahl von Anschlußdifferenzen[1]) ein mittlerer Kilometerfehler von 3,6 mm ergeben, so daß also die Angabe der nivellitisch bestimmten Höhenkoten auf Zentimeter ihrer wirklichen Genauigkeit vollkommen entspricht.

---

[1]) Für nivellierte Punkte an der Landesgrenze, welche später in das Netz des Kgl. Preuß. Präzisionsnivellements einbezogen wurden, lagen z. B. die Anschlußfehler stets in den beim Präzisionsnivellement zulässigen Grenzen.

§ 66. Höhenbestimmung mittels Nivellierlatten bei geneigter Absehlinie.

In ähnlicher Weise, wie bei der Methode des trigonometrischen Nivellements mittels des Vertikalwinkels, kann auch der Höhenunterschied zweier Punkte mittels Lattenablesungen bestimmt werden (Fig. 47).

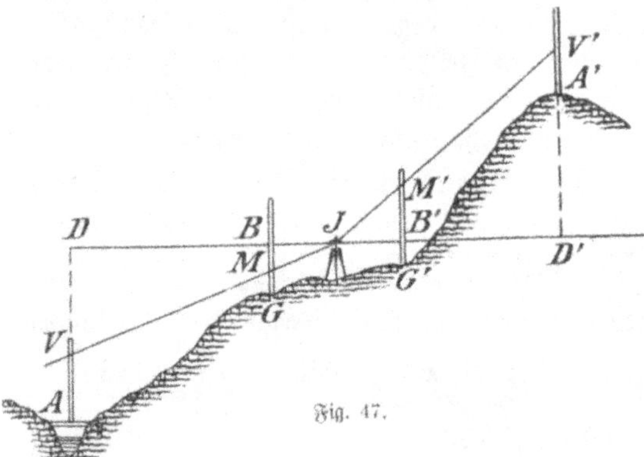

Fig. 47.

Aufgabe:

Von dem gegebenen Punkte J aus soll die Höhenlage des Punktes A bestimmt werden, wenn nur ein mit kippbarem Fernrohr versehenes Nivellierinstrument (ohne Höhenkreis) und zwei Nivellierlatten zur Verfügung stehen. Die wagerechte Absehlinie geht über das obere Lattenende hinweg nach D; zwischen A und J ist eine Aufstellung des Instruments nicht möglich; dagegen kann die Latte in dem Zwischenpunkte G aufgestellt werden.

Lösung:

Man stellt die Latte zwischen J und A, etwa im Punkte G, so auf, daß die Visierlinie des gekippten Fernrohrs beide Latten etwa in M und V trifft und liest auf beiden Latten die drei Fäden ab. Sodann stellt man das Fernrohr horizontal und liest die vom Mittelfaden abgeschnittene Höhe auf der in G stehenden Latte ab.

Bezeichnet nun:

$MG = x_1$, $VA = x_2$ } die Höhen der von der geneigten Ziellinie JV getroffenen Lattenpunkte über dem Boden,

l_1 das auf der in G stehenden, l_2 " " " " A " } Latte zwischen den äußeren Fäden abgeschnittene Lattenstück,

$BG = h_1$, $DA = h_2$ } die Höhenunterschiede der Fernrohrachse J über den beiden Lattenfußpunkten G und A,

so ist in dem $\triangle JDV$, weil sich die unter dem gleichen Winkel DJV abgelesenen Lattenstücke $l_1 : l_2$ wie ihre schiefen Entfernungen $JM : JV$ verhalten:

$$(h_2 - x_2) : (h_1 - x_1) = l_2 : l_1.$$

Hieraus wird der Höhenunterschied zwischen A und J:

$$h_2 = x_2 + (h_1 - x_1)\frac{l_2}{l_1} \quad . \quad . \quad . \quad . \quad . \quad . \quad . \quad 141)$$

Auf dieselbe Weise erhält man den Höhenunterschied zwischen A' und J:

$$h_2' = -\left(x_2' + (h_1' - x_1')\frac{l_2'}{l_1'}\right) \quad . \quad . \quad . \quad . \quad . \quad 142)$$

Werden die in A und A' stehenden Latten in gleicher Höhe anvisiert, so daß also $AV = A'V' = x_2$ ist, so heben sich bei der Berechnung des Höhenunterschiedes zwischen A und A' die Größen x_2 und x_2' gegenseitig auf, und man erhält diesen Höhenunterschied als Differenz des Rückblicks: $\frac{l_2}{l_1}(h_1 - x_1)$ und des Vorblicks: $\frac{l_2'}{l_1'}(h_1' - x_1')$, ganz wie bei dem geometrischen Nivellement.

Für die Bestimmung der Horizontalentfernung $JD = e_2$ hat man:

$$e_2 = l_2 \cos^2 \alpha.$$

Da aber auch:

$$BJ = e_1 = l_1 \cos^2 \alpha,$$

so wird:

$$e_2 = \frac{l_2 e_1}{l_1} \quad . \quad . \quad . \quad . \quad . \quad . \quad . \quad . \quad . \quad . \quad 142)$$

In dieser Gleichung ist e_1 die Horizontalentfernung BJ, welche durch die Ablesung unmittelbar gefunden wird.

Diese sehr einfache Messungsart kann mit Vorteil angewendet werden, wenn von einer Nivellementslinie aus Seitenpunkte von kleinem horizontalen, aber bedeutendem vertikalen Abstande gemessen werden sollen und die volle nivellitische Genauigkeit nicht verlangt wird (wenn z. B. von einem Wege aus, der einen steilen Talrand entlang zieht, die tief gelegene Talsohle oder eine seitwärts vom Wege liegende steile Felsspitze in ihrer Höhenlage bestimmt werden soll), besonders dann, wenn die Terrainverhältnisse der Aufstellung des Instruments in einer für die horizontale Visur geeigneten Höhe nicht gestatten.

Da die Überwindung eines Höhenunterschiedes von 60 m mittels des geometrischen Nivellements etwa eine Stunde Zeit, hingegen die hier angegebene Messungsart nur wenige Minuten erfordert, so empfiehlt sich deren Anwendung für Kotierungen und Messungen von Querprofilen in steilem und schwer gangbarem Terrain, wenn kein Theodolit oder Tachymeter, sondern nur ein Nivellierinstrument zur Verfügung steht.

Die Genauigkeit dieser Höhenbestimmung hängt hier wieder von der Genauigkeit der Entfernungsmessung ab, weshalb das Fernrohr in seiner Eigenschaft als Distanzmesser genau geprüft sein muß.

§ 67. Ausgleichung des Nivellementsnetzes.

Wenn ein Nivellement von einem Punkte ausgeht und wieder zu dem gleichen Punkte zurückkehrt, so soll die Summe aller Rückblicke gleich jener aller Vorblicke und der Höhenunterschied Null sein.

Dieses ist aber im allgemeinen nicht der Fall, da sich die bei der Messung auftretenden konstanten und zufälligen Fehler gewöhnlich nicht gegenseitig aufheben, sondern in ihrer Gesamtwirkung den sogenannten Schlußfehler des Nivellementspolygons erzeugen.

Letzterer gibt an sich noch keinen sicheren Maßstab für die Genauigkeit der Messung. Wenn man auch die Genauigkeit eines Nivellements, welches mit einem großen Schlußfehler[1]) endet, als gering bezeichnen muß, so darf man doch anderseits einen kleinen Schlußfehler nicht als einen Beweis für die Genauigkeit des Nivellements betrachten, denn der Schlußfehler ist nicht das Fehlermaximum, welches innerhalb der nivellierten Linie liegt, sondern nur die algebraische Summe der bald positiven, bald negativen Fehler, welche sich am Schlußpunkte der Linie ergibt. Ob dieser Schlußfehler vom Anfange bis zum Schlusse des Nivellements gleichmäßig angewachsen ist, oder ob derselbe bis zu irgend einem Punkte zugenommen und dann wieder abgenommen hat, oder ob die Größe des Fehlers innerhalb der Linie wellenförmige Schwankungen macht, kann aus dem Schlußfehler selbst noch nicht entnommen werden.

Wenn also eine Linie nur einmal gemessen ist, so besitzen wir keinen Anhaltspunkt für die Beurteilung der innerhalb der Linie liegenden Fehler; die Beseitigung des durch den Schlußfehler gegebenen Widerspruchs erfolgt daher in diesem Falle am einfachsten durch proportionale Verteilung des Fehlers auf die Lattenpunkte.

Wenn z. B. der Schlußfehler $f = +0{,}048$, die Anzahl der Lattenpunkte $s = 120$ ist, so ist die Verbesserung c der Höhenkote eines Punktes von der Nummer n:

$$c = \frac{fn}{s}$$

z. B. für den 100. Punkt: $\frac{100 \cdot 48}{120} = 40$ mm.

---

[1]) Für Nivellements in einem nicht allzu schwierigen Gelände darf die zulässige Grenze für $\varkappa$ (Gleichung 140) zu 10 mm angenommen werden, so daß also z. B. bei einer Streckenlänge von 16 km ein Fehler, welcher $10\sqrt{16} = 40$ mm überschreitet, als großer Schlußfehler zu betrachten ist.

Sind aber mehrere miteinander verbundene bzw. sich gegenseitig schneidende Linien gemessen worden, so erhalten wir aus den Widersprüchen, welche an den Knotenpunkten des Netzes erscheinen, auch über die innerhalb der Linien liegende Genauigkeit der Messung Aufschluß, und das Ausgleichsverfahren muß, wenn die Arbeiten gleichwertig sind, dem Gesamtergebnisse der Messungen gleichmäßig gerecht werden, d. h. die Ausgleichung darf nicht in jeder Linie für sich, sondern muß nach den durch das ganze Netz gegebenen Bedingungen erfolgen.

Das Verfahren läßt sich am besten an einem Beispiele zeigen (Fig. 48). Es sei von dem Festpunkte *a* ausgehend nivelliert worden:

1. die Linie *abcda*, welche zu ihrem Ausgangspunkte *a* zurückkehrt;
2. die Linie *aec* und } welche die Eckpunkte des Polygons *abcd*
3. die Linie *bed* } in diagonaler Richtung verbinden.

Die Länge der Teilstrecken *ab*, *bc*, *cd*, ... *ae* ... betrage ungefähr 10 km.

Die Kote des Festpunktes *a* sei 465,300 und das Nivellement habe nachstehende Koten ergeben:

	Linie 1	Linie 2	Linie 3
b	518,771	—	(518,771)
e	—	721,270	721,402
c	686,264	686,300	—
d	535,416	—	535,410
a	465,296	—	—
Schlußfehler	— 0,004	+ 0,036	— 0,006

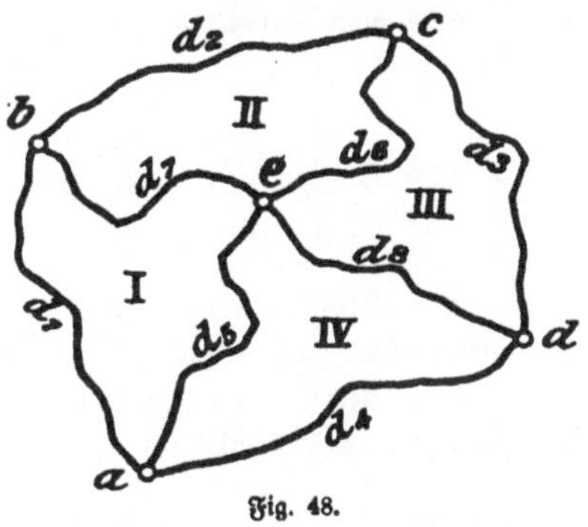

Fig. 48.

Jede der Strecken *ab*, *bc* ... *ae*, *be* ... 2c. hat eine Länge von annähernd 10 km, es ist demnach ein Schlußfehler für die Linie 1 bis zu 63 mm, für 2 und 3 bis zu 45 mm zulässig.

Nach den kleinen Schlußfehlern dieser Linien könnte man annehmen, das obige Nivellement sei ein sehr gutes. Der Unterschied der Kote *e* in Linie 2 und 3 von 132 mm widerspricht aber dieser Annahme, da der Anschlußfehler dieser nur 10 km langen Linie bei einem guten Nivellement den Betrag von 32 mm nicht überschreiten darf.

Wenn die Messungen gleichwertig sind, wie in diesem Beispiele angenommen wird, so kommt jedem Ergebnisse derselben die gleiche Wahrscheinlichkeit zu, welchem Umstande die Ausgleichung Rechnung zu tragen hat.

Aus dem Nivellement ergeben sich nachstehende Höhenunterschiede:

Linie 1	Linie 2	Linie 3
$a - b = d_1 = 53{,}471$	$a - e = d_5 = 255{,}970$	$b - e = d_7 = 202{,}631$
$b - c = d_2 = 167{,}493$	$e - c = d_6 = 34{,}970$	$e - d = d_8 = 185{,}992$
$c - d = d_3 = 150{,}848$		
$d - a = d_4 = 70{,}120$		

Bezeichnet man mit $v_1, v_2 \ldots v_8$ die Verbesserungen von $d_1, d_2 \ldots d_8$, so muß den nachstehenden Bedingungen genügt werden:

$$\begin{array}{rl} \text{I.} & (d_1 + v_1) + (d_7 + v_7) + (d_5 + v_5) = 0 \\ \text{II.} & (d_2 + v_2) + (d_7 + v_7) + (d_6 + v_6) = 0 \\ \text{III.} & (d_3 + v_3) + (d_6 + v_6) + (d_8 + v_8) = 0 \\ \text{IV.} & (d_4 + v_4) + (d_5 + v_5) + (d_8 + v_8) = 0 \\ \hline & d_1 + d_2 + d_3 + d_4 + v_1 + v_2 + v_3 + v_4 = 0. \end{array}$$

Aus dem Nivellementsergebnisse ist:

$$\begin{array}{rl} \text{I.} & d_1 + d_7 - d_5 = +0{,}132 = -v_1 - v_7 - v_5 = \Delta_1 \\ \text{II.} & d_2 - d_7 + d_6 = -0{,}168 = -v_2 - v_7 - v_6 = \Delta_2 \\ \text{III.} & -d_3 - d_6 + d_8 = +0{,}174 = -v_3 - v_6 - v_8 = \Delta_3 \\ \text{IV.} & -d_4 + d_5 - d_8 = +0{,}142 = -v_4 - v_5 - v_8 = \Delta_4. \end{array}$$

Die Ausgleichung beginnt mit dem Polygon, welches den größten Kilometerfehler hat, in obigem Falle also mit Polygon III, und verteilt denselben über den ganzen Umfang des Polygons proportional den Seitenlängen. Da hier die Seiten als nahezu gleichgroß angenommen sind, so wird:

$$d_3 = d_6 = d_8 = \frac{1}{3}\,\Delta_3.$$

Es folgt nun das Polygon II, welches mit d_6 an III anstößt. Indem man die für diese Seite gefundene Verbesserung beibehält, ist noch auf d_2 und d_7 zu verteilen:

$$v_2 = v_7 = \frac{1}{2}\,(\Delta_2 - v_6).$$

In IV bleibt die Verbesserung v_8 der Seite d_3 bestehen, daher ist:

$$v_4 = v_5 = \frac{1}{2}\,(\Delta_4 - v_8).$$

Schließlich ist in I, in welchem bereits v_5 und v_7 bestimmt sind, noch v_1 zu bestimmen:

$$v_1 = \Delta_1 - v_5 - v_7.$$

Indem wir die obigen Gleichungen auf das gegebene Beispiel anwenden, erhalten wir nachstehende Berechnung der **verbesserten Höhenunterschiede**:

III

$d_3 = -150,848;\quad v_3 = -0,058;\quad d_3' = 150,906$

$d_8 = +185,992;\quad v_8 = -0,058;\quad d_8' = 185,934$

$d_6 = \;\;-34,970;\quad v_6 = -0,058;\quad d_6' = \;\;35,028$

$+0,174$

$v_3 = v_8 = v_6 = \;\;-0,058$

II

$d_2 = +167,493;\quad v_2 = +0,055;\quad d_2' = 167,548$

$d_6 = \;\;+35,028;$

$d_7 = -202,631;\quad v_7 = +0,055;\quad d_7' = 202,576$

$-0,110$

$v_2 = v_7 = +0,055$

IV

$d_4 = \;\;-70,120;\quad v_4 = +0,042;\quad d_4' = \;\;70,078$

$d_5 = +255,970;\quad v_5 = +0,042;\quad d_5' = 256,012$

$d_8 = -185,934;$

$-0,084$

$v_4 = v_5 = +0,042$

I

$d_1 = \;\;+53,471;\quad v_1 = -0,035;\quad d_1' = \;\;53,436$

$d_7 = +202,576;$

$d_5 = -256,012;$

$+0,035$

$v_1 = \;\;-0,035$

Aus obigen Höhenunterschieden ergeben sich die **verbesserten Koten**:

$a =$	$465,300$	$=$	$465,300$
$+\,d_1' =$	$+53,436$	$+\,d_5' =$	$+256,012$
			$721,312 = e$
$b =$	$518,736$	$=$	$518,736$
$+\,d_2' =$	$+167,548$	$+\,d_7' =$	$+202,576$
			$721,312 = e$
$c =$	$686,284$	$=$	$686,284$
$-\,d_3' =$	$-150,906$	$+\,d_6' =$	$+35,028$
			$721,312 = e$
$d =$	$535,378$	$=$	$535,378$
$-\,d_4' =$	$-70,078$	$+\,d_8' =$	$+185,934$
$a =$	$465,300$		$721,312 = e$

Die **Unterschiede** u der hier berechneten Koten gegenüber den aus der Messung der einzelnen Linien gefundenen werden daher:

Linie 1	Linie 2	Linie 3
$u_{(b)} = +0{,}035$	$u_e = -0{,}042$	$u_e = +0{,}055$
$u_{(c)} = -0{,}020$	$u_c = +0{,}016$	$u_d = +0{,}003$
$u_{(d)} = +0{,}038$		
$u_{(a)} = -0{,}004$		

wobei selbstverständlich für Linie 3 die verbesserte Kote von b als Ausgangskote eingeführt ist.

Durch die obige Berechnung werden die Anschlußfehler der einzelnen Teilstrecken auf ihre wahrscheinlichen Größen (Maximum 55 mm) zurückgeführt und die Koten von b, c, d und e auf einen einzigen Wert gebracht, welcher dem Gesamtergebnisse der Messung am besten entspricht. Die Ausgleichung **innerhalb** der Teilstrecke ab, bc ... kann nunmehr proportional der Zahl der Stationen erfolgen.

Würde man aber jede Linie für sich ausgeglichen haben, so hätte man statt einer Verbesserung der Koten nur eine Verschlechterung erreicht. In Linie 2 müßte, dem Anschlußfehler zufolge, die Kote von e noch kleiner werden, während dieselbe in Linie 3 wegen des Schlußfehlers dieser Linie noch größer werden müßte. Die an sich schon bedeutende Verschiedenheit der Kote von e in Linie 2 und 3 würde also noch mehr vergrößert, daher die Fehler der ganzen Messung auf die inneren Teilstrecken geworfen. Da die Mängel eines solchen „Ausgleichsverfahrens" sich auf eingeschaltete und auf Nachbarlinien übertragen, so kann schließlich eine Unsicherheit des Höhennetzes entstehen, welche den Wert des ganzen Nivellements in Frage stellt. Hieraus ergibt sich nachstehende Folgerung:

Die Genauigkeit und damit der Wert einer nivellitischen Kotierung steigt mit der Anzahl der sorgfältig gemessenen, unter sich verbundenen und im Gesamtnetze ausgeglichenen Linien.

Besondere Regeln für den einzelnen Fall lassen sich indessen nicht aufstellen, sondern es wird stets von der Größe des zu kotierenden Gebietes, der Zahl und Lage der Festpunkte, der für die Hauptlinie geeigneten Straßen, und von der **richtigen Beurteilung** der für die einzelnen Linien in Betracht kommenden fehlererzeugenden Einflüsse abhängen, welche Art der Ausgleichung des Nivellementsnetzes als die **zweckmäßigste** zu wählen ist.

Schema für das Nivellier-Feldbuch.

+			−		
4750 4978 5205	4978	455	0147 0259 0370	0259	223
14933			776		
5027 5481 5936	5481	909	0000 0137 0273	0137	273
16444			410		
1922 2357 2792	2357	870	0880 1306 1731	1306	851
7071			3917		
0285 0462 0640	0462	355	2899 3132 3366	3132	467
1387			9397		
4308 4670 5032	4670	724	0252 0378 0503	0378	251
14010			1133		
5060 5286 5511	5286	451	0064 0134 0204	0184	140
15857	23234	3764	402	5346	2205
	17888				

Seite 60.

a	272881 +4978 277859 −0259	F. P. Nr. 586.	
		b c d	
e	277100 +5481 282581 −0137	Bahngrenzst. Ob. Fl. (Erdb. −0,28)	
		f g h 0815	Mst. Erdb. (Entf. = 15 m) = 281,766
i	282444 +2357 284801 −1306	Dchl. u. Deckst.	
		k 1985 l m	b. 37. Ob. Fl. (Erdb. − 0,3) = 282,816
n	283495 +0462 283957 −3132		
		o p q 2700	c. 37. Brüst. St. Ob. Fl. = 281,257
r	280825 +4670 285495 −0378		
		s 4330 t u	Kst. 38,5 Ob. Fl. (Erdb. − 0,40) = 281,165
v	285117 +5286 290403 −0134		
		w x y	Wggblg. 272381 17888 290269
	290269		

Bemerkung. Die Bezeichnung der Punkte im Katasterblatte geschieht übereinstimmend mit der im Feldbuche. Es ist z. B. 60 i (Durchlaß nördlicher Deckstein) der Standpunkt der ersten Latte; 60 l ist Instrumentstand und 60 n der Standpunkt der zweiten Latte. Wird ein zwischen Instrument- und Lattenaufstellung liegender Punkt gemessen, so erhält er z. B. die Bezeichnung 60 k, wenn er in der Rückblicksrichtung, und 60 m, wenn er in der Vorblicksrichtung liegt. Ist der Punkt nicht im Katasterblatte enthalten, so muß derselbe durch Messung der Entfernung festgelegt werden, z. B. 60 h.

Alphabetisches Sachregister.

(Die Zahlen bedeuten die Seiten.)